Excel
函数与公式
速查大全

博蓄诚品
/
编著

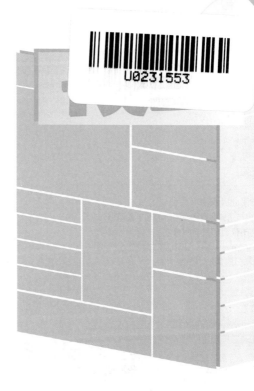

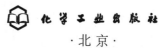

化学工业出版社
·北京·

内容简介

本书从实际应用角度出发，对Excel函数与公式的相关知识进行了全面讲解。全书共12章，内容涵盖Excel公式与函数基础知识、数学与三角函数、统计函数、逻辑函数、查找与引用函数、文本函数、日期与时间函数、财务函数、信息函数、数据库函数、工程函数以及Web函数等。

本书针对新版本Excel中的11大类352个函数，采用"语法格式＋语法释义＋参数说明＋应用举例"的形式进行了逐一剖析。"函数练兵"环节模拟了每个函数最贴切的应用场景，在实际案例中分析函数的使用方法和注意事项；"函数组合应用"环节打破了单个函数在功能上的局限性，通过多个函数的组合，让Excel在数据处理领域有了更多可能；随处可见的"提示"内容帮助读者拓展知识，规避错误。同时，对重点函数录制了同步教学视频，以提高读者的学习效率。

本书内容丰富实用，是一本易学易用易查的效率手册，非常适合Excel初学者、财会人员、统计分析师、人力资源管理者、市场营销人员等自学使用，也可用作职业院校及培训机构相关专业的教材。

图书在版编目（CIP）数据

Excel函数与公式速查大全/博蓄诚品编著. —北京：化学工业出版社，2022.6（2024.5重印）
ISBN 978-7-122-40999-7

Ⅰ.①E… Ⅱ.①博… Ⅲ.①表处理软件 Ⅳ.①TP391.13

中国版本图书馆CIP数据核字（2022）第046081号

责任编辑：耍利娜
文字编辑：师明远
责任校对：杜杏然
装帧设计：李子姮

出版发行：化学工业出版社
　　　　　（北京市东城区青年湖南街13号　邮政编码100011）
印　　装：三河市延风印装有限公司
710mm×1000mm　1/16　印张28　字数531千字
2024年5月北京第1版第4次印刷

购书咨询：010-64518888
售后服务：010-64518899
网　　址：http://www.cip.com.cn
凡购买本书，如有缺损质量问题，本社销售中心负责调换。

定　价：128.00元　　　　　　　版权所有　违者必究

本书针对所有 Excel 函数类型进行了精心筛选，挑选出绝大部分使用率高、实用性强、对工作帮助大的函数进行介绍，帮助读者将精力投入更有价值的内容上，从而提高学习和工作的效率。

这是一本随学随用的 Excel 函数与公式效率手册，也是职场人不可或缺的案头宝典。

内容概览

章	章名	要掌握的重点内容
第 1 章	探索 Excel 公式与函数的秘密	掌握公式与函数的基础知识
第 2 章	数学与三角函数的应用	掌握求和函数、除余函数、随机函数、四舍五入函数等函数的应用
第 3 章	统计函数的应用	掌握求平均值、计数、最大值或最小值等函数的应用
第 4 章	逻辑函数的应用	掌握 TRUE、FALSE、IF、AND、NOT 等函数的应用
第 5 章	查找与引用函数的应用	掌握 VLOOKUP、MATCH、INDIRECT、ROW 等函数的应用
第 6 章	文本函数的应用	掌握字符截取函数、字符转换函数、字符查找与替换函数的应用
第 7 章	日期与时间函数的应用	掌握年、月、日、星期等提取函数的应用
第 8 章	财务函数的应用	掌握各类固定资产折旧计算、票息结算天数、投资未来值的计算等函数的应用
第 9 章	信息函数的应用	掌握各类检查错误值的函数、判断数据奇偶性、判断数据类型的函数的应用
第 10 章	数据库函数的应用	掌握各类提取数据库数据的函数的应用
第 11 章	工程函数的应用	掌握各类进制转换函数、对数、复数等数值计算的函数应用
第 12 章	Web 函数的应用	掌握 ENCODEURL、FILTERXML 以及 WEBSERVICE 函数的应用

本书特色

◆ 常用函数一网打尽，为效率加分：352个函数与公式详细讲解，语言通俗明了，易学、易理解、易掌握。

◆ 案例精选，贴合实际，随学随用：实例操作全程图解，方便学习和实践，是工作中不可或缺的高效速查手册。

◆ 函数组合应用，解决更多数据处理问题：一个函数能解决的问题往往有限，但是多个函数组合应用就可以轻松解决大部分数据处理问题，真正达到"1+1＞2"的效果，让读者在全面学习函数的同时能够掌握综合应用的技巧。

◆ 重点函数同步视频讲解：在学习过程中，通过扫描书中二维码，查看教学视频，使学习效率大大提高。

◆ 大开本，版式轻松，方便阅读：16K大开本，容量更大，内容更加丰富，版式更加轻松。

◆ 双色印刷，脱离枯燥的"非黑即白"：脱离传统工具书的黑白印刷，学习时不枯燥，趣味性更高。

◆ "纸质+电子"书，学习方式多样化：本书融合纸质印刷和电子扫码两种形式，为读者提供更便利的学习途径，不受时间、地点的限制，随时随地可学习。

◆ 海量素材随书附赠，为学习函数助力：配套案例素材+办公模板+基础学习视频+在线答疑，方便读者更好地学习和掌握Excel函数知识。

◆ 软件版本通用，学习不受限制：本书适用于Excel 2019/2016/2013/2010等版本。

本书致力于为读者提供更全面、更丰富、更实用、更易懂的Excel函数与公式应用知识。编者在编写过程中力求尽善尽美，但由于函数种类繁多，受精力所限，书中难免存在不足之处，望广大读者批评指正。

编著者

目录

第 4 章　逻辑函数的应用　　171

第7章 日期与时间函数的应用

第8章　财务函数的应用　　314

扫码观看
本章视频

第 **1** 章

探索Excel公式与函数的秘密

Excel是一款具有强大数据分析和计算能力的电子表格软件，它不仅有专业的数据分析工具，还有出众的函数。新版本Excel中包含了400多个函数，借助这些函数编写公式往往可以轻松解决复杂的计算，从而大大提高工作效率。本章主要对Excel公式和函数的基础知识进行讲解，用轻松的方式帮助用户推开公式与函数这扇看似沉重的大门。

1.1 初来乍到先做自我介绍

既然要学习Excel公式，那肯定要先知道什么是公式，Excel中的公式能用来处理哪些工作，以及明确学Excel公式的目的。

1.1.1 学习Excel公式到底难不难

对于刚开始使用Excel的人来说，公式与函数似乎是一种让人望而生畏的存在。很多人还没开始学就打了退堂鼓，然而当意识到公式的强大和便捷之后便会觉得真好用。

那么Excel公式到底难不难，为什么一定要学公式呢？

在这里明确地告诉大家：Excel公式其实并不难！初学者需要先掌握基础知识，然后学会理解函数的语法格式以及参数设置方法，那么即使很复杂的公式也能按部就班地编写出来。

有的同学可能有这样的疑问：Excel中的函数种类那么多，如何判断何时该用何种函数？这些函数的参数又该如何记忆？其实函数的作用以及参数的设置方法并不需要死记硬背，学习这些都是有"套路"的，下文会对这些"套路"进行详细讲解。

1.1.2　什么是Excel公式

Excel公式是对Excel工作表中的值进行计算的等式。比如要根据每天的销量计算一段时间内的总销量，便可以使用一个简单的公式进行计算。下图中的"=5+8+6+9+3"就是一个Excel公式。

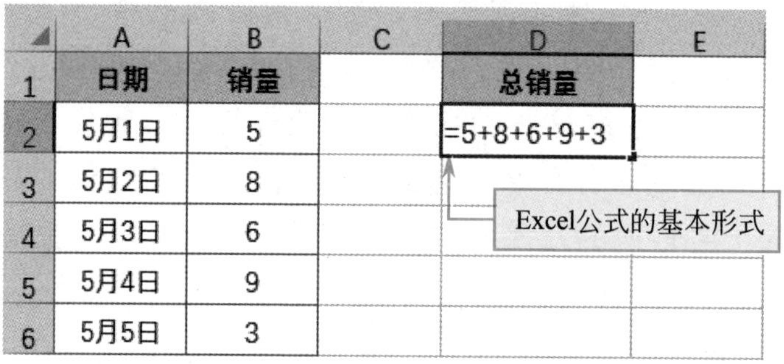

当然，这只是Excel公式的基本形式，对Excel有一定操作经验的人都不会这么输入公式。

正确的做法是在公式中引用需要参与计算的数据所在单元格，或使用函数公式。下面这两张图中的"=B2+B3+B4+B5+B6"和"=SUM(B2:B6)"是Excel中的常见公式类型。

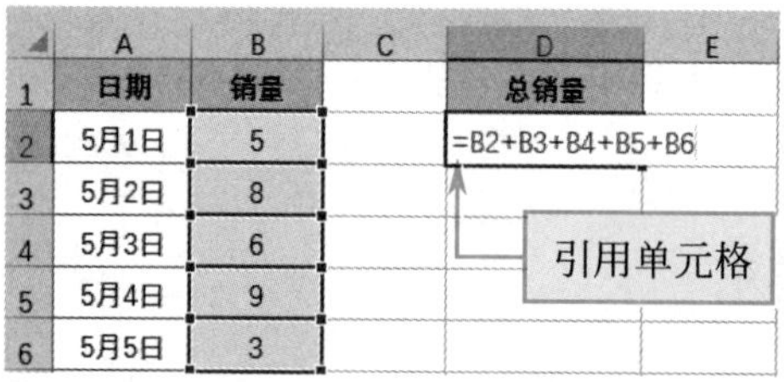

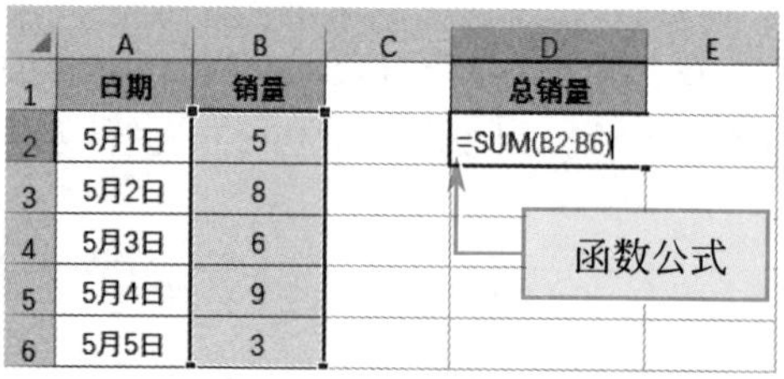

1.1.3　Excel公式具有哪些特点

Excel公式有哪些特点呢？我们可以从以下几个方面来分析。

（1）等号的位置

Excel公式和普通数学公式不同，普通数学公式等号写在公式的最后，而Excel公式的等号必须写在最前面。等号相当于一道指令，表示对写在等号后的内容进行计算。

正确写法

F3		:	×	✓	fx	=1+2+3+4		
	A	B	C	D	E	F	G	H
2		没有等号		等号在最后		等号在最前面		
3		1+2+3+4		1+2+3+4=		10		
4		错误写法		错误写法				

（2）单元格引用

公式中的单元格引用包括单个的单元格和单元格区域的引用。单元格引用让公式变得更灵活，输入更简单。

（3）自动计算

公式输入完成后，按下"Enter"键，可以自动返回计算结果。

	A	B	C	D	E
1	产品名称	产品单价	销售数量	销售总额	
2	商品1	50.00	5	=B2*C2	
3	商品2	42.60	6		
4	商品3	33.50			
5					

①等号必须在最前面
②公式中可以引用单元格

	A	B	C	D	E
1	产品名称	产品单价	销售数量	销售总额	
2	商品1	50.00	5	250.00	
	商品2	42.60	6		

③按"Enter"键自动返回计算结果

（4）函数嵌套

在Excel公式中可以将一个函数作为另一个函数的参数使用，以实现更复杂的计算。不同的函数可以互相嵌套，也可以与自身进行嵌套。

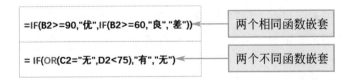

=IF(B2>=90,"优",IF(B2>=60,"良","差")) ← 两个相同函数嵌套

= IF(OR(C2="无",D2<75),"有","无") ← 两个不同函数嵌套

（5）批量计算

相邻区域内的数值具有相同运算规律时只需要输入一次公式，使用快速填充功能可以批量完成计算。

一个公式完成批量计算

（6）结果值自动刷新

当公式引用的单元格中的值发生变化时公式会自动重新计算，无须手动刷新。

1.1.4 组成Excel公式的主要零部件

一个完整的公式是由哪些元素构成的呢？由于每个公式都具有独特性，复杂程度也不同，因此不同公式中所包含的元素也不同。常见的公式组成元素包括等号、函数、参数分隔符、单元格区域引用、括号、运算符、常量等。

等号　　左括号　参数分隔符　文本常量　　比较运算符　文本运算符　数字常量　右括号

$$=SUMIFS(E2:E19,C2:C19,"男",E2:E19,">"\&LARGE(E2:E19,6))$$

函数　单元格区域引用　单元格区域引用　函数 单元格区域引用

这些公式元素在使用时也有一定的要求：

① 等号是公式中唯一不可缺少的元素，必须输入在公式的开始处。若一个公式中包含多个等号，除了开头处的等号，其余都是运算符。

② 函数的参数必须输入在括号中。

③ 函数的每个参数必须用逗号分隔开。

④ 一个公式中左括号的数量和右括号的数量必须相等。

⑤ 公式中的双引号有中文双引号和英文双引号两种形式，中文状态下输入的双引号只是普通的文本常量，英文状态下的双引号表示引用，通常用来引用文本或空值。

⑥ 文本常量必须输入在英文状态下的双引号中。

1.1.5 公式的运算原理是什么

公式之所以能够自动运算，除了函数起到重要作用外，便是各种运算符支配着公式进行运算。那么大家知道Excel中都有哪些运算符吗？不同类型的运算符作用分别是什么呢？

Excel中包含四种类型的运算符，分别是算术运算符、比较运算符、文本运算符以及引用运算符。大家可以通过下表查看各种运算符的详细信息。

（1）算术运算符

运算符	名称	作用	示例
+	加号	进行加法运算	=A1+B1
−	减号	进行减法运算	=A1-B1
	负号	求相反数	=-30
*	乘号	进行乘法运算	=A1*3
/	除号	进行除法运算	=A1/2
%	百分号	将数值转换成百分数	=50%
^	脱字号	进行乘幂运算	=2^3

（2）比较运算符

运算符	名称	含义	示例
=	等号	判断左右两边的数据是否相等	=A1=B1
>	大于号	判断左边的数据是否大于右边的数据	=A1 > B1
<	小于号	判断左边的数据是否小于右边的数据	=A1 < B1
> =	大于等于号	判断左边的数据是否大于或右边的数据	=A1 > =B1
< =	小于等于号	判断左边的数据是否小于或等于右边的数据	=A1 < =B1
<>	不等于	判断左右两边的数据是否相等（返回值与"="相反）	=A1 <> B1

（3）文本运算符

运算符	名称	含义	示例
&	连接符号	将两个文本连接在一起形成一个连续的文本	=A1&B1

（4）引用运算符

运算符	名称	含义	示例
:	冒号	对两个引用之间（包括两个引用在内）的所有单元格进行引用	=A1:C5
空格	单个空格	对两个引用相交叉的区域进行引用	=(B1:B5 A3:D3)
,	逗号	将多个引用合并为一个引用	=(A1:C5,D3:E7)

1.2 理解Excel专业术语

在学习或使用Excel的过程中经常会听说一些专业术语，例如常量、数组、活动单元格、语法、参数、填充柄等，对于初学者来说这些术语可能不太好理解，这样势必会让学习受阻。那么，Excel中都有哪些常用术语？这些术语究竟是什么意思呢？

1.2.1 Excel常用术语详解

下面将对常用的专业术语用简单直白的语言进行解释说明。

● 工作簿：Excel文件被称为工作簿，一个Excel文件就是一个工作簿。

我是工作簿　　我也是工作簿

● 工作表：工作表是工作簿中所包含的表。一个工作簿中可以包含很多张工作表。

● 工作表标签：即工作表的名称，默认名称为Sheet1、Sheet2、Sheet3、…，每个工作表标签名称都可以单独修改，用于区分工作表中所包含的内容。

● 活动工作表：指当前打开或正在操作的工作表。

● 功能区：工作簿顶部的用于盛放命令按钮的区域。

● 选项卡：包含在功能区中，将命令按钮按照功能分类存放的标签选项。

● 选项组：包含在选项卡中，将命令按钮的功能细分到不同的选项组，方便查找和调用。

● 对话框启动器：在选项组的右下角，用于打开与该选项组相关的对话框。不是每个选项组中都包含对话框启动器。

● 快速访问工具栏：在功能区的左上角，包含常用的命令按钮，可自行添加要在快速访问工具栏中显示的命令按钮。

● 文件菜单：在选项卡的左侧单击"文件"按钮可进入文件菜单。在文件菜单中可执行新建、打开、保存、打印、导出等操作。另外，"Excel选项"对话框也是在该对话框中打开。

● 命令按钮：用于执行某项固定操作的按钮。

● 编辑栏：在工作表区域的上方，用于显示或编辑单元格中的内容。

● 名称框：在编辑栏的左侧，用于显示所选对象的名称，或定位指定对象。

● 右键菜单：右击某个选项时弹出的快捷列表，其中包含可对当前选项执行操作的各种命令。

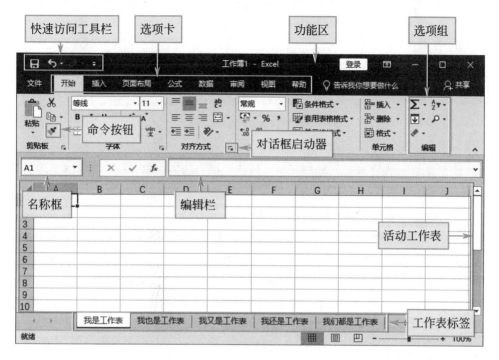

● 行号：工作表左侧的数字，一个数字对应一行。

● 列标：工作表上方的字母，一个字母对应一列

● 单元格：工作表中的灰色小格子，一个小格子就是一个单元格。

● 单元格名称：每个单元格都有一个专属名称。这个名称由单元格所在位置的列标和行号组成，列标在前行号在后。

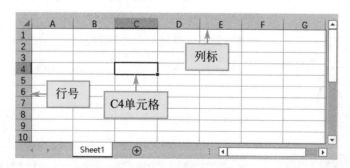

● 单元格区域：多个连续的单元格组成的区域叫单元格区域。单元格区域的名称由这个区域的起始单元格和末尾单元格的名称在中间加一个"："符号组成。

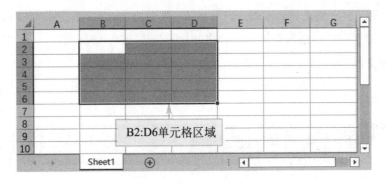

B2:D6单元格区域

● 活动单元格：当前选中的或正在编辑的单元格。

● 填充：将目标单元格的格式或内容批量复制到其他单元格中。

● 填充柄：选择单元格或单元格区域后，把光标放在单元格右下角时出现的黑色十字。

● 数据源：用于数据分析的原始数据。

● 参数：函数的组成部分之一。函数由函数名、括号、参数、分隔符组成。

● 数组：指一组数据。数组元素可以是数值、文本、日期、逻辑值、错误值等。

● 常量：表示不会变化的值，常量可以是指定的数字、文本、日期等

● 引用：引用的作用在于指明公式中所使用的数据的位置。通过引用，可以在公式中使用工作表不同位置的数据，或者在多个公式中使用同一单元格的数值。还可以引用同一工作簿不同工作表的单元格等。

● 定义名称：对单元格、单元格区域、公式等可以定义名称。在公式中使用名称可以简化公式，在工作表中使用名称可以快速定位名称所对应的对象。

1.2.2 详述行、列以及单元格的关系

学公式一定要了解单元格的概念。因为公式中经常要引用单元格。单元格是工作表中的最小单位，一个工作表中包含多少个单元格呢？你一定想象不到。一张工作表中包含了100多亿个单元格。是的，你没有看错，就是100多亿。

	XEX	XEY	XEZ	XFA	XFB	XFC	XFD
1048568							
1048569							
1048570							
1048571							
1048572							
1048573							
1048574							
1048575							
1048576			当前工作表中的最后一个单元格 →				

Sheet1

那么这些单元格是怎么来的呢？它是由10000多列和100多万行交叉形成的。大家看到的工作表中的这些灰色线条，纵向的是列线，横向的是行线，每4个交叉点就形成了一个单元格。

行线条和列线条就像地球仪上的经线和纬线，可以确定单元格在工作表中的坐标。例如D5单元格就表示这个单元格位于D列和第5行的相交位置。而D5则是这个单元格的名称。

单元格区域表示由相邻的单元格组成的区域。单元格区域在公式中也十分常见，属于最常用的公式元素之一，分为行方向、列方向以及同时包含两个方向的单元格区域。其名称是由起始和结束单元格组成，在这两个单元格之间用冒号"："连接。

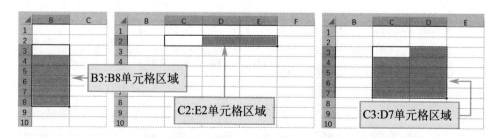

另外公式中也会直接引用整行或整列，将光标放在行号或列标上方，当光标变成黑色箭头形状时单击鼠标，即可将整行或整列中的所有单元格全部选中。

在公式中引用单元格、单元格区域以及行或列的方法会在1.3.1小节中进行详细介绍。

1.2.3 如何定义名称

定义名称其实很简单,下面将介绍对单元格区域定义名称。假设需要对销售金额所在单元格区域定义名称,步骤如下。

Step01:
选中需要定义名称的单元格区域,打开"公式"选项卡,在"定义的名称"组中单击"定义名称"按钮,如下图所示。

Step02:
系统随即弹出"新建名称"对话框,在"名称"文本框中输入"金额",保持"引用位置"文本框中的内容不变,单击"确定"按钮,如下图所示。

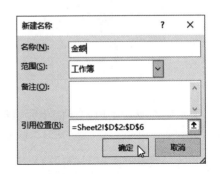

Step03:
此时单元格区域的名称便定义完成了。定义的名称可直接用在公式中,假设要对销售金额进行求和,可以在F2单元格中输入公式"=SUM(金额)",确认输入后公式便可返回求和结果,如下图所示。这个公式中的"金额"即刚刚定义的名称。

金额	▼		输入名称后按"Enter"键	

	A	B	C	D	E
1	产品名称	产品单价	销售数量	销售金额	
2	商品1	50.00	5	250.00	
3	商品2	42.60	6	255.60	
4	商品3	33.50	8	268.00	
5	商品4	26.00	4	104.00	
6	商品5	78.20	6	469.20	
7					

若要快速定位名称所指定的区域，可以直接在名称框中输入名称，然后按下"Enter"键即可。

1.3 怎样输入公式更快速

对公式的结构以及主要元素有了一定了解后，下面继续讲解怎样快速输入公式。

1.3.1 如何引用单元格或单元格区域

当公式中需要引用单元格或单元格区域时，可以自动引用，也可以手动输入。下面将根据销售数量、单价以及折扣计算销售金额。

（1）引用单元格

选择F2单元格，输入等号后，将光标移动到需要引用的单元格上方，然后单击鼠标，公式中即可引用该单元格名称。

C2	▼	× ✓	fx	=C2		

	A	B	C	D	E	F	G
1	销售日期	商品名称	销售数量	单价	折扣	销售金额	
2	2021/8/	①单击	5	2200.00	10%	=C2	
3	2021/8/1	智能电视	1	7800.00	5%		
4	2021/8/1	智能音箱	8	550.00	15%	②自动引用	
5	2021/8/1	电话手表	4	600.00	6%		
6	2021/8/2	智能冰箱	2	2050.00	8%		

公式中的运算符和括号等元素需要手动输入。接着继续引用需要参与计算的单元格。若想要引用的单元格被遮挡而无法直接用鼠标进行选择，也可手动录入。

F2	▼	:	×	✓	fx	=C2*D2* (1-)		
◢	A	B	C	D	E	F	G
1	销售日期	商品名称	销售数量	单价	折扣	销售金额	
2	2021/8/1	运动手表	5	2200.00	=C2*D2* (1-		
3	2021/8/1	智能电视	1	7800.00	5%		

此处想要引用的E2单元格被公式遮挡，只能手动录入单元格名称

4	2021/8/1					
5	2021/8/1					
6	2021/8/2	智能冰箱	2	2050.00	8%	
7	2021/8/2	学习台灯	2	180.00	5%	

在公式中的光标位置手动输入E2，公式输入完成后按"Enter"键即可返回计算结果。

F2	▼	:	×	✓	fx	=C2*D2* (1-E2)		
◢	A	B	C	D	E	F	G
1	销售日期	商品名称	销售数量	单价	折扣	销售金额	
2	2021/8/1	运动手表	5	2200.00	=C2*D2* (1-E2)		Enter
3	2021/8/1	智能电视	1	7800.00	5%	
4	2021/8/1	智能音箱	8		手动录入E2	销售金额
5	2021/8/1	电话手表	4	600.00	6%	9900.00
6	2021/8/2	智能冰箱	2	2050.00	8%	
7	2021/8/2	学习台灯	2	180.00	5%	

提示：除了按"Enter"键返回计算结果外，也可通过编辑栏左侧的"输入"按钮确认公式的输入，从而自动返回计算结果。

×	✓	fx	=C2*D2*(1-E2)

（2）引用单元格区域

引用单元格区域的方法和引用单元格的方法基本相同。单元格区域的引用一般出现在函数公式或数组公式中。下面以函数公式为例进行介绍。

假设需要对销售金额进行汇总，可以选择F10单元格，输入等号、函数名以及左括号后，需要引用销售金额所在的单元格区域。

将光标放在F2单元格上方，按住鼠标左键，此时公式中出现了F2，继续按住鼠标左键向下方拖动，拖动到F9单元格时松开鼠标，此时公式中便自动引用了F2:F9单元格区域。

	A	B	C	D	E	F
1	销售日期	商品名称	销售数量	单价	折扣	销售金额
2	2021/8/1	运动手表	5	2200.00	10%	9900.00
3	2021/8/1	智能电视	1	7800.00	5%	7410.00
4	2021/8/1	智能音箱	8	550.00	15%	3740.00
5	2021/8/1	电话手表	4	600.00	6%	2256.00
6	2021/8/2	智能冰箱	2	2050.00	8%	3772.00
7	2021/8/2	学习台灯	2	180.00	5%	342.00
8	2021/8/2	运动手表	2	1650.00	20%	2640.00
9	2021/8/2	学习台灯	6	2450.00	15%	12495.00
10	合计					=SUM(F2
11						SUM(number

从起始单元格开始，按住鼠标左键拖动到最后一个单元格

9900.00
7410.00
3740.00
2256.00
3772.00
342.00
2640.00
12495.00

=SUM(F2:F9 | 8R x 1C
SUM(**number1**, [number2

1.3.2 如何修改公式

若公式中出现了错误，或想将公式用到其他位置，可以对公式进行修改或重新编辑。

修改公式首先要让公式进入编辑状态，常用的方法有以下3种。

（1）双击公式所在单元格

选择公式所在单元格，双击鼠标可进入公式编辑状态。

G2			f_x	=AVERAGEIF(B2:B10,"青峰路",E2:E10)			

	A	B	C	D	E	F	G	H
1	姓名	门店	上半年	下半年	合计		青峰路平均销量	
2	莫小贝	青峰路	¥ 6,700.00	¥ 4,700.00	¥ 11,400.00		¥11,880.00	
3	张宁宁	青峰路	¥ 9,500.00	¥ 3,300.00	¥ 12,800.00			
4	刘宗霞	青峰路	¥ 3,300.00	¥ 5,100.00	¥ 8,			
5	陈欣欣	德政路	¥ 4,800.00	¥ 2,900.00	¥ 7,			
6	赵海清	青峰路	¥ 7,900.00	¥ 5,500.00	¥ 13,			
7	张宇	德政路	¥ 6,800.00	¥ 7,000.00	¥ 13,800.00			
8	刘丽英	德政路	¥ 5,900.00	¥ 3,100.00	¥ 9,000.00			
9	陈夏	德政路	¥ 5,600.00	¥ 8,700.00	¥ 14,300.00			
10	张青	青峰路	¥ 9,900.00	¥ 3,500.00	¥ 13,400.00			
11								

双击

合计	青峰路平均销量
¥ 11,40(=AVERAGEIF(B2:B10,"青峰路",E2:E10)	
¥ 12,800	AVERAGEIF(**range**, **criteria**, [average_range]

（2）按"F2"键

选择公式所在单元格，按"F2"键可进入公式编辑状态。

| DATEVALUE | ▼ | : | × | ✓ | f_x | =AVERAGEIF(B2:B10,"青峰路",E2:E10) | | | |

▲	A	B	C	D	E	F	G	H
1	姓名	门店	上半年	下半年	合计		青峰路平均销量	
2	莫小贝	青峰路	¥ 6,700.00	¥ 4,700.00	¥ 11,40(=AVERAGEIF(B2:B10,"青峰路",E2:E10)			
3	张宁宁	青峰路	¥ 9,500.00	¥ 3,300.00	¥ 12,800.00			
4	刘宗霞	青峰路	¥ 3,300.00	¥ 5,100.00	¥ 8,400.00		按"F2"键	
5	陈欣欣	德政路	¥ 4,800.00	¥ 2,900.00	¥ 7,700.00			
6	赵海清	青峰路	¥ 7,900.00	¥ 5,500.00	¥ 13,400.00			
7	张宇	德政路	¥ 6,800.00	¥ 7,000.00	¥ 13,800.00			
8	刘丽英	德政路	¥ 5,900.00	¥ 3,100.00	¥ 9,000.00			
9	陈夏	德政路	¥ 5,600.00	¥ 8,700.00	¥ 14,300.00			
10	张青	青峰路	¥ 9,900.00	¥ 3,500.00	¥ 13,400.00			
11								

（3）在编辑栏中修改

选中公式所在单元格，将光标定位在编辑栏中直接修改公式。

| DATEVALUE | ▼ | : | × | ✓ | f_x | =AVERAGEIF(B2:B10,"青峰路",E2:E10) | | | |

▲	A	B	C	D	E	F	G	H
1	姓名	门店	上半年	下半年	合计		青峰路平均销量	
2	莫小贝	青峰路	¥ 6,700.00	¥ 4,700.00	¥ 11,400.00		B10,"青峰路",E2: E10)	
3	张宁宁	青峰路	¥ 9,500.00	¥ 3,300.00	¥ 12,800.00			
4	刘宗霞	青峰路	¥ 3,300.00	¥ 5,100.00	¥ 8,400.00			
5	陈欣欣	德政路	¥ 4,800.00	¥ 2,900.00	¥ 7,700.00		在编辑栏中修改	
6	赵海清	青峰路	¥ 7,900.00	¥ 5,500.00	¥ 13,400.00			
7	张宇	德政路	¥ 6,800.00	¥ 7,000.00	¥ 13,800.00			
8	刘丽英	德政路	¥ 5,900.00	¥ 3,100.00	¥ 9,000.00			
9	陈夏	德政路	¥ 5,600.00	¥ 8,700.00	¥ 14,300.00			
10	张青	青峰路	¥ 9,900.00	¥ 3,500.00	¥ 13,400.00			
11								

ⓘ
注意：公式修改完成后仍要按"Enter"键进行确认。

1.3.3 如何复制和填充公式

当需在多个单元格中输入具有相同计算规律的公式时，可以只输入一遍公式，然后通过复制或填充的方式快速录入其他公式。

（1）复制公式

假设现在要根据基本工资、应扣各项保险计算实发工资。

第一步，先在H2单元格中输入公式"=C2-SUM(D2:G2)"，按下"Enter"键计算出第一位员工的实发工资。随后再次选中H2单元格，按"Ctrl+C"组合键复制该公式。

第二步，选择其他需要输入公式的单元格区域，按"Ctrl+V"组合键，即可将公式复制到所选择的单元格区域中。

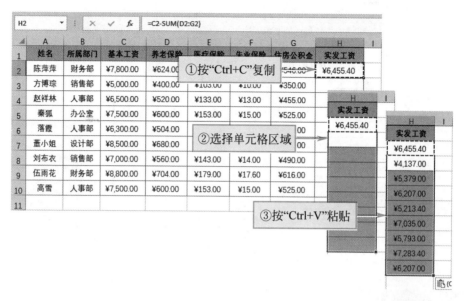

复制公式可使用快捷键操作，也可使用命令按钮操作。功能区中的复制粘贴命令按钮保存在"开始"选项卡中的"剪贴板"组中。

另外，使用右键菜单也可执行复制粘贴操作。先选择包含公式的单元格，在单元格上右击，在弹出的菜单中选择"复制"选项，随后选择要粘贴公式的单元格或单元格区域，再次右击选中的单元格，在弹出的菜单中选择以"公式"的方式粘贴即可。

（2）填充公式

填充公式其实也是对公式的一种复制，而且操作起来更方便快捷。在编辑公式的时候使用率非常高。填充公式的方法介绍如下。

① 选择公式所在单元格，将光标放在单元格的右下角，此时光标会变成黑色的十字形状（填充柄）；

② 按住鼠标左键，向目标单元格拖动，拖动到最后一个单元格时释放鼠标；

③ 此时被鼠标拖动过的区域即全部被填充了公式。

提示: 当要填充公式的区域为纵向的连续区域且单元格的格式相同时也可双击填充柄实现自动填充。

复制和填充各有优势，复制公式可一次性将公式复制到多个不相邻的区域中，而填充公式则操作起来更方便快捷。

1.4 单元格的三种引用形式

Excel公式中的单元格引用其实有三种形式，前面介绍过的，输入公式时通过单击单元格所产生的引用是相对引用，除此之外单元格的引用还包含绝对引用和混合引用。

1.4.1 相对引用的特点

相对引用是最常用的引用形式，"=A1"中的"A1"便是相对引用，相对引用的单元格会随着公式位置的变化自动改变所引用的单元格。

例如前面在计算员工实发工资时，公式中对单元格的引用是相对引用，当公式被填充到下方区域中后，随着位置的变化，公式中所引用的单元格和单元格区域一直在随着公式的位置自动发生变化。这些公式始终都遵循用公式所在行中的基本工资减去应扣金额总和的运算规律。

| H2 | : | × ✓ f_x | =C2-SUM(D2:G2) |

	C	D	E	F	G	H	I
1	基本工资	养老保险	医疗保险	失业保险	住房公积金	实发工资	
2	¥7,800.00	¥624.00	¥159.00	¥15.60	¥546.00	¥6,455.40	
3	¥5,000.00	¥400.00	¥103.00	¥10.00	¥350.00	¥4,137.00	
4	¥6,500.00	¥520.00	¥133.00	¥13.00	¥455.00	¥5,379.00	
5	¥7,500.00	¥600.00	¥153.00	¥15.00	¥525.00	¥6,207.00	
6	¥6,300.00	¥504.00	¥129.00	¥12.60	¥441.00	¥5,213.40	

← =C2-SUM(D2:G2)
← =C3-SUM(D3:G3)
← =C4-SUM(D4:G4)

本例展示的是向下方填充公式时引用的单元格所发生的变化。若向其他方向填充公式，相对引用的单元格同样会随着公式的位置自动发生改变。

由此可以得出结论：相对引用的单元格会随着公式位置的变化自动变化。

1.4.2　绝对引用的特点

绝对引用能够锁定单元格的位置，不让公式中引用的单元格随着公式位置的改变而发生变化。其特点是行号和列标前有"$"符号。"=$A$1"中的"$A$1便是绝对引用。

假设现在要对比商品不同折扣时的价格，下面将使用绝对引用完成计算。

在C2单元格中输入公式"=B2*$H$1/10"，按"Enter"键返回计算结果后，再次选中C2单元格，双击填充柄将公式自动填充至下方区域。此时便计算出了所有商品的5折价格。

| C2 | : | × ✓ f_x | =B2*$H$1/10 | 公式中的"$H$1"是绝对引用 |

	A	B	C	D	E	F	G	H	I	J	K
1	商品	吊牌价	5折价	8折价	9折价		折扣	5	8	9	
2	公主娃娃	¥199.00	¥99.50								
3	遮阳伞	¥89.00	¥44.50								
4	学生书包	¥255.00	¥127.50								
5	垃圾桶	¥39.00	¥19.50								
6	沙滩鞋	¥56.00	¥28.00								
7	情侣T恤	¥189.00	¥94.50								
8	防晒衣	¥156.00	¥78.00								
9											

公式在填充过程中只有相对引用的单元格发生了变化，绝对引用的单元格一直不变。

	A	B	C	D	E	F
1	商品	吊牌价	5折价	8折价	9折价	
2	公主娃娃	¥199.00	¥99.50			
3	遮阳伞	¥89.00	¥44.50			
4	学生书包	¥255.00	¥127.50			
5	垃圾桶	¥39.00	¥19.50			
6	沙滩鞋	¥56.00	¥28.00			
7	情侣T恤	¥189.00	¥94.50			
8	防晒衣	¥156.00	¥78.00			

=B2*$H$1/10

=B3*$H$1/10

=B4*$H$1/10

由此可以得出结论：绝对引用的单元格不会随着公式位置的变化而变化。

1.4.3　混合引用的特点

混合引用是相对引用与绝对引用的混合体，只对单元格的行或列进行锁定。混合引用存在两种情况，一种是绝对列相对行的引用，例如"=$A1"中的"$A1"；另一种是相对列绝对行的引用，例如"=A$1"中的"A$1"。通过观察可以发现，混合引用的单元格只会在被锁定的部分之前显示"$"符号。

使用绝对引用计算商品的不同折扣价时势必要输入三次公式（分别绝对引用不同的折扣所在单元格），但是如果使用混合引用，则只需要输入一次公式就能够完成计算。

选择C2单元格，输入公式"=$B2*H$1/10"，然先将公式向下方填充，再向右侧填充。

C2		× ✓ fx	=$B2*H$1/10								
	A	B	C	D	E	F	G	H	I	J	K
1	商品	吊牌价	5折价	8折价	9折价		折扣	5	8	9	
2	公主娃	¥199.00	¥99.50				先向下，再向右填充				
3	遮阳伞	¥89.00	¥44.50								
4	学生书包	¥255.00	¥127.50								
5	垃圾桶	¥39.00	¥19.50								
6	沙滩鞋	¥56.00	¥28.00								
7	情侣T恤	¥189.00	¥94.50								
8	防晒衣	¥156.00	¥78.00								
9											

松开鼠标后便可根据一个公式计算出所有商品不同的折扣价格。如果我们选择不同的包含公式的单元格会发现，当公式的位置移动后，混合引用的单元格中只有前面没有"$"符号的部分发生了变化，而前面有"$"符号的部分始终保持不变。

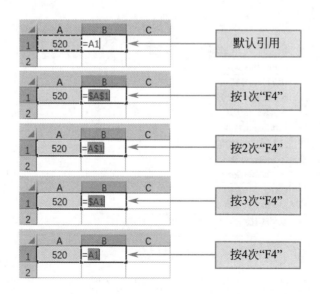

	A	B	C	D	E	F
1	商品	吊牌价	5折价	8折价	9折价	
2	公主娃娃	¥199.00	¥99.50	¥159.20	¥179.10	
3	遮阳伞	¥89.00	¥44.50	¥71.20	¥80.10	
4	学生书包	¥255.00	¥127.50	¥204.00	¥229.50	
5	垃圾桶	¥39.00	¥19.50	¥31.20	¥35.10	
6	沙滩鞋	¥56.00	¥28.00	¥44.80	¥50.40	
7	情侣T恤	¥189.00	¥94.50	¥151.20	¥170.10	
8	防晒衣	¥156.00	¥78.00	¥124.80	¥140.40	
9						

=$B4*H$1/10

=$B6*I$1/10

=$B5*J$1/10

由此可以得出结论：混合引用的单元格，绝对引用的部分（前面带$符号）不会随着公式位置的变化而变化，相对引用的部分（前面不带$符号）会随着公式位置的变化而发生变化。

1.4.4　快速切换引用方式

在切换引用方式时，除了手动输入"$"符号，还可以使用快捷键"F4"迅速进行切换。

默认情况下公式中引用的单元格为相对引用。选择相对引用的单元格名称，按一次"F4"键即可将单元格变成绝对引用；按两次"F4"键可变成相对列绝对行的混合引用；按三次"F4"键可变成绝对列相对行的混合引用；按4次"F4"键可将单元格重新变回相对引用。

	A	B	C
1	520	=A1	
2			

默认引用

	A	B	C
1	520	=$A$1	
2			

按1次"F4"

	A	B	C
1	520	=A$1	
2			

按2次"F4"

	A	B	C
1	520	=$A1	
2			

按3次"F4"

	A	B	C
1	520	=A1	
2			

按4次"F4"

1.5 数组公式是什么

要了解数组公式是什么，首先要理解什么是数组。数组是由一个或多个元素组成的集合。数组元素可以是数字、文本、日期、逻辑值等。

1.5.1 数组的类型

数组又分为常量数组、区域数组和内存数组三种类型。下面分别对这三种类型的数组进行介绍。

（1）常量数组

常量数组由常量组成，常量数组的特征如下：

● 有一对花括号"{}"；

● 所有常量必须输入在花括号中；

● 每个常量之间需要用分隔符分开，分隔符有半角英文逗号","和分号";"两种。逗号表示水平数组，分号表示垂直数组。

常见类型为 {1,5,12,108,3,11} 或 {0;88;12;37;22;111}。

（2）区域数组

区域数组即公式中对单元格区域的引用，例如下图中计算单日最高出库记录时公式中用到的两个A2:A12和C2:C12都是区域数组。

	E2	▼	:	× ✓	fx	{=MAX(SUMIF(A2:A12,A2:A12,C2:C12))}		
▲	A	B	C	D	E		F	
1	日期	产品名称	出库数量		单日最高出库量			
2	2021/7/1	法式碎花连衣裙	12		90			
3	2021/7/1	OL时装两件套	8					
4	2021/7/1	优雅桑蚕丝吊带衫	20					
5	2021/7/1	大码冰丝阔腿裤	11					
6	2021/7/2	小香风短裙套装	3					
7	2021/7/2	明星同款水晶凉鞋	16		=MAX(SUMIF(A2:A12 ,A2:A12 ,C2:C12))			
8	2021/7/2	OL时装两件套	12					
9	2021/7/3	坠珍珠牛仔喇叭裤	20					
10	2021/7/3	蝴蝶结雪纺衬衫	15					
11	2021/7/3	法式碎花连衣裙	30					
12	2021/7/3	欧根纱泡泡袖T恤	25					

（3）内存数组

内存数组存在于内存之中。内存数组是看不见的，也就是说它不在人们的视觉范围内。内存数组是通过公式计算返回的结果在内存中临时构成的,并且可以作为整体直接嵌入其他公式中继续参与计算。内存数组相对于常量数组和区域数组使用率要低,也比较难理解,这里不再进行展开介绍。

1.5.2 数组公式的表现形式

元素在数组中所处的位置用行和列来表示。根据行、列的特征又可以将数组分为一维数组和二维数组2种类型。这里的"维"可以理解成"方向",一维数组即一个方向上的数组,二维数组即两个方向上的数组。

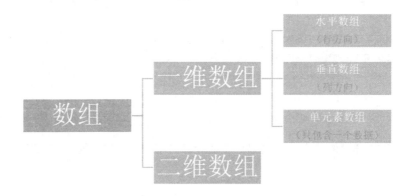

下面来看一下,下图中4个区域内的数组用常量数组的形式分别应该如何表示。

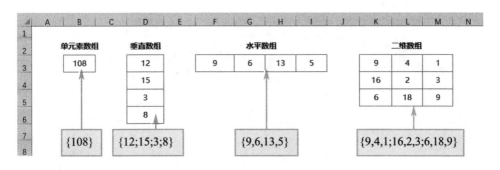

1.5.3 数组公式的运算原理

数组的运算分为多种情况,包括单元素数组与其他数组的运算、同方向的一维数组之间的运算、不同方向的一维数组之间的运算、一维数组和二维数组之间的运算等。

不同数组之间的运算规律见下表。

序号	数组之间的运算	运算规律
1	单元素数组与其他数组的运算	单值与其他数组中的值依次进行运算
2	同方向的一维数组之间的运算	两个数组中同位置元素——对应运算
3	不同方向的一维数组之间的运算	垂直数组中的每一个元素依次与水平数组中的每一个元素进行运算
4	水平数组与二维数组之间的运算	水平数组与二维数组中的每一行数据进行同位置元素——对应运算
5	垂直数组与二维数组之间的运算	垂直数组的每一个元素依次与二维数组各行中的每一个元素进行运算
6	二维数组之间的运算	同位置的元素进行一对一运算

注意：进行运算的两个数组必须具有相同的尺寸，否则存在尺寸差异的位置将会产生错误值。例如用数组 {2;3} 乘以 {1;2;3} 的运算结果将会是 {2;6;#N/A}。

1.5.4 数组公式的输入方法及注意事项

数组公式可以快速完成一些很复杂的计算。下面将用数组公式计算最大的男性年龄。

选择 G2 单元格，输入数组公式 "=MAX((D2:D12="男")*E2:E12)"，输入完成后按 "Ctrl+Shift+Enter" 组合键即可返回计算结果。可以发现，当确认输入后，公式的两侧自动被添加了花括号。

在使用数组公式时请注意以下事项：

① 必须按 "Ctrl+Shift+Enter" 组合键返回计算结果。若按 "Enter" 键会返回错

误值。

② 公式两侧的花括号为系统自动添加，不可手动输入。

③ 每次对数组公式进行重新修改或编辑都需要按"Ctrl+Shift+Enter"组合键进行确认。

④ 当使用一组数组公式进行计算时，不可以单独对其中的某一个数组公式进行修改，若修改其中一个数组公式，确认输入后所有数组公式都会一同被修改。

⑤ 若删除一组数组公式中的其中一个公式，按下"Ctrl+Shift+Enter"组合键后，一组数组公式都会被删除。

1.6 函数应用必不可少

函数在公式中起到了至关重要的作用，可以说在 Excel 公式的应用中函数才是重中之重。只有输入正确的函数名称及参数，公式才能正常运算并返回正确的结果。下面将对函数的基础知识进行详细讲解。

1.6.1 函数与公式的关系

函数与公式究竟有什么区别，它们的关系又是什么样的呢？下面将从以下几个方面进行比较。

（1）指代不同

公式：Excel 工作表中进行数值计算的等式。

函数：Excel 中的预定义的公式，函数使用参数按特定的顺序或结构进行计算。

（2）特点不同

公式：公式输入是以"="开始的。简单的公式有加、减、乘、除等计算。公式可以单独使用。

函数：用于建立可产生多个结果或可对存放在行和列中的一组参数进行运算的单个公式。函数不可以单独使用，必须在公式中使用。

（3）构成不同

公式：公式中可以包含函数、运算符、常量等元素。

函数：函数由函数名称、括号、参数以及参数分隔符构成。

1.6.2 Excel 函数有哪些类型

不同版本的 Excel 中所包含的函数类别和数量稍有不同，版本越新，包含的函数也就越全。拿本书使用的 Excel 2019 来说，一共包含了十几种类型的 400 多个函数。常用的函数类型见下表。

类型	涉及内容	常用函数
数学与三角	包含使用频率高的求和函数和数学计算函数。求和、乘方等的四则运算，及四舍五入、舍去数字等的零数处理及符号的变化等	SUM、ROUND、ROUNDUP、ROUNDDOWN、PRODUCT、INT、SIGN、ABS 等
统计	求数学统计的函数。除可求数值的平均值、中值、众数外，还可求方差、标准偏差等	AVERAGE、RANK、MEDIAN、MODE、VAR、STDEV 等
日期与时间	计算日期和时间的函数	DATE、TIME、TODAY、NOW、EOMONTH、EDATE 等
逻辑	根据是否满足条件，进行不同处理的 IF 函数，在逻辑表述中被利用的函数	IF、AND、OR、NOT、TRUE、FALSE 等
查找与引用	从表格或数组中提取指定行或列的数值，推断出包含目标值单元格位置，从符合 COM 规格的程序中提取数据	VLOOKUP、HLOOKUP、INDIRECT、ADDRESS、COLUMN、ROW、RTD 等
文本	用大 / 小写、全角 / 半角转换字符串，在指定位置提取某些字符等，用各种方法操作字符串的函数分类	ASC、UPPER、lOWER、LEFT、RIGHT、MID、LEN 等
财务	计算贷款支付额或存款到期支付额等，或与财务相关的函数。也包含求利率或余额递减折旧费等函数	PMT、IPMT、PPMT、FV、PV、RATE、DB 等
信息	检测单元格内包含的数据类型、求错误值种类的函数。求单元格位置和格式等的信息或收集操作环境信息的函数	ISERROR、ISBLANK、ISTEXT、ISNUMBER、NA、CELL、INFO 等
数据库	从数据清单或数据库中提取符合给定条件数据的函数	DSUM、DAVERAGE、DMAX、DMIN、DSTDEV 等
工程	科学进制转换函数、工程计算函数。复数的计算或将数值换算到 n 进制的函数、关于贝塞尔函数计算的函数	BIN2DEC、COMPLEX、IMREAL、IMAGINARY、BESSELJ、CONVERT 等
外部	为利用外部数据库而设置的函数，也包含将数值换算成欧洲单位的函数	EUROCONVERT、SQL.REQUEST 等

1.6.3 函数的组成结构

函数由函数名称和参数两部分组成，函数名称的作用是告诉 Excel 将要执行什么计算。参数告诉函数应该对哪些数据进行计算，进行什么样的计算。无论一个函数有多少参数，都应写在函数名称后面的括号里，每个参数之间用英文逗号隔开。

$$=SUMIF(B2:C8,">80",B2:C8)$$

函数名称　参数1　参数2　参数3

也有一些函数是没有参数的，但是也必须在函数名称后面加一对括号。例如计算当前日期的函数TODAY就没有参数，但是在使用时，函数名称后的括号必不可少，如下左图所示，若不输入括号公式将返回错误值，如下右图所示。

1.6.4　最常用的函数公式

一些使用频率非常高的计算，Excel已经内置好了函数公式，例如求和、求平均值、求最大值或最小值等。用户只需要点两下鼠标就能完成此类计算。

（1）快捷键求和

求和又是所有计算中最常用的计算，因此求和相比较其他计算拥有更多的特权，可以直接使用快捷键求和。选择B8单元格，按"Alt+="组合键，单元格中随即自动输入求和公式，求和的区域为所选单元格上方包含数值的单元区域，最后按下"Enter"键即可返回求和结果。

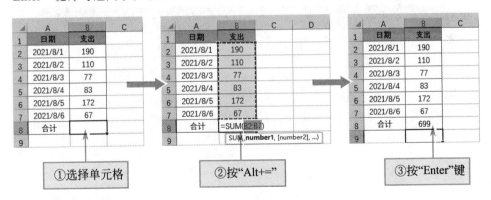

（2）其他快速计算公式

其他快速计算的操作按钮保存在"公式"选项卡的"函数库"组中。单击"求和"下拉按钮，在展开的列表中即可看到这些选项。

下面以计算一组数中的最大值为例：选择需要输入公式的单元格，单击"自动求和"下拉按钮，在下拉列表中选择"最大值"选项，如下左图所示。单元格中随即自动输入公式，按"Enter"键即可自动提取出最大值，如下右图所示。

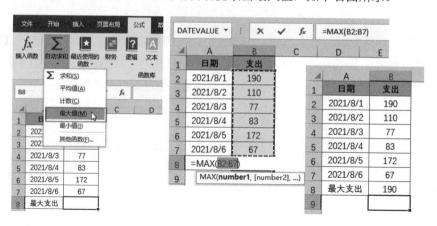

1.6.5 熟悉函数类型及作用

新版本的Excel一共包含了400多个函数，单是统计函数就有90多个。对于初学者来说很难在短时间内将每一个函数的种类和拼写方式都牢记到心里，那么函数究竟应该怎样记忆呢？

其实大家完全不用死记硬背，Excel根据函数的功能对其进行了详细的分类，在"公式"选项卡中的"函数库"组内可以看到大部分的函数类型，这种一目了然的分类方式可以帮助用户快速找到想调用的函数。

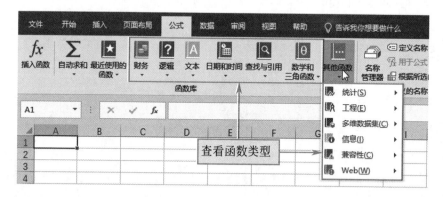

单击不同的函数类型按钮，都会展开一个下拉列表，显示出该类型的所有函数。当用鼠标指向某个函数时，屏幕中会出现该函数的语法格式以及作用说明。大家在空闲时不妨经常打开各类函数列表，查看每种函数类型都包含了哪些具体函数以及函数的作用是什么，不求全部记住，只求大概了解。这样在有需要的时候便可以快速想到该调用的函数。

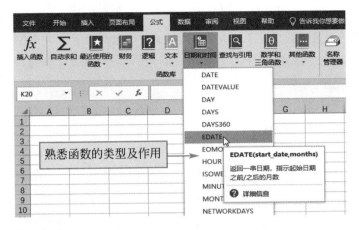

比如，在浏览函数的时候曾看到有个函数可以转换字母的大小写，那么，在工作中如果需要处理此类问题，便会快速想到这个函数，从而迅速从函数列表中进行调用。

1.6.6　快速输入函数

在 Excel 中输入函数也讲究方式方法，初学者和有一定基础的读者可以使用不同方法进行输入。

（1）在"函数库"中插入函数

假设需要根据生产记录表中的数据统计工作的总天数。选择 E2，先输入一个等号，随后打开"公式"选项卡，在"函数库"组中单击"其他函数"下拉按钮，在展开的列表中选择"COUNTA"选项。

系统随即弹出"函数参数"对话框。下面需要在该对话框中设置参数，本例通过统计日期的记录次数统计工作天数，所以需要将包含日期的单元格区域设置成第一个参数。其他不需要设置的参数保持空白，最后单击"确定"按钮即可。

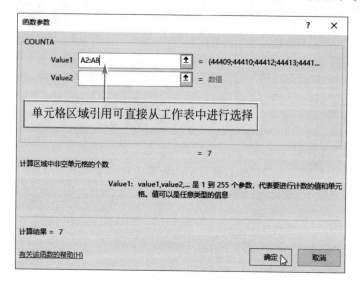

返回到工作表，可以查看到 E2 单元格中已经自动计算出了结果，在编辑栏中可以查看完整公式。

	A	B	C	D	E	F
1	日期	1车间	2车间		工作天数	
2	2021/8/1	90	83		7	
3	2021/8/2	75	76			
4	2021/8/4	83	70			
5	2021/8/5	72	85			
6	2021/8/6	67	79			
7	2021/8/9	94	65			
8	2021/8/10	66	84			

E2 栏：=COUNTA(A2:A8)

（2）使用"插入函数"对话框插入函数

在"插入函数"对话框中插入函数同样需要在"函数参数"对话框中设置参数。

假设需要根据生产记录统计 1 车间产量低于 70 的次数。选择 E2 单元格，打开"公式"选项卡，在"函数库"组中单击"插入函数"按钮。

提示："插入函数"的快捷键为"Shift+F3"。

此时系统会弹出"插入函数"对话框，选择函数类型为"统计"，"选择函数"列表中随即显示该类型的所有函数，选择需要使用的函数，此处选择"COUNTIF"函数，单击"确定"按钮。

提示：当选择函数后，对话框中也会显示出该函数的语法格式及作用说明。

打开"函数参数"对话框，分别设置参数为"B2:B8"(要进行统计的区域)、"＜70"(统计条件)。最后单击"确定"按钮关闭对话框。

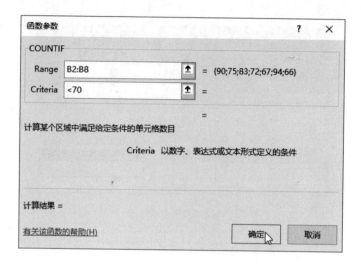

返回工作表，E2单元格中已经返回了计算结果，在编辑栏中可以看到具体公式。

	E2				fx	=COUNTIF(B2:B8,"<70")	
	A	B	C	D	E		F
1	日期	1车间	2车间		1车间产量低于70的次数		
2	2021/8/1	90	83		2		
3	2021/8/2	75	76				
4	2021/8/4	83	70				
5	2021/8/5	72	85				
6	2021/8/6	67	79				
7	2021/8/9	94	65				
8	2021/8/10	66	84				

提示：在"函数参数"对话框中设置常量参数时不需要手动添加英文双引号，系统可以识别出参数的性质并自动进行添加。

上述两种插入函数的方法适合初学者使用，在插入函数以及设置参数的时候可根据对话框中的文字提示完成操作。

另外，在"插入函数"对话框中还可以根据关键词快速搜索到可执行相应操作的函数。例如，在"搜索函数"文本框中输入"四舍五入"，单击"转到"按钮后，下方的列表框中随即会显示出可以执行四舍五入操作的函数。

初学者往往搞不清函数参数所代表的意思。在"函数参数"对话框中则可以根据文字提示轻松解读出每个参数的含义。

将光标放置在不同参数文本框中，对话框中会显示该参数的说明。

（3）手动输入函数

手动输入函数适合有函数基础的读者。如果熟悉函数的拼写方法，可直接手动输入函数名称，若只知道函数的前几个字母，可借助函数列表输入函数。

假设要对大于80的产量进行汇总。选择E2单元格，先输入等号，然后开始输入函数名称，当输入第一个字母后屏幕中便会出现一个下拉列表，显示以该字母开头的所有函数，若此时列表中显示的函数太多，不能快速找到想要使用的函数，可以多输入几个字母，缩小列表中显示的函数范围，最后双击需要使用的函数名称，即可将该函数插入到公式中。

函数右侧会自动录入一个左括号，在公式下方会显示该函数的语法格式。

继续手动设置函数的参数，当所有参数设置完成后输入右括号，按下"Enter"键即可返回计算结果。

提示：若公式缺少最后一个右括号，直接按"Enter"键系统会自动补上这个右括号，并不影响公式的计算。

1.6.7 嵌套函数的应用

嵌套函数是指将某函数作为另一函数的参数使用。在实际的应用中，嵌套函数又称作函数的组合应用。单个Excel函数的功能是有限的，当用户想要扩大计算的范畴，解决更复杂的问题时，可以对函数进行组合应用。

下面以IF嵌套AND函数，根据各项考核成绩自动返回考核结果为例。在G2单元格中输入公式"=IF(AND(C2＞=90,D2＞=80,E2＞=80,F2>=60),"通过","不通过")"返回计算结果后，再将公式向下方填充，即可以文本"不通过"或"通过"显示所有人员的考核结果。

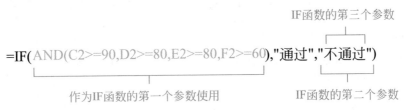

IF函数的第三个参数

$$=IF(AND(C2>=90,D2>=80,E2>=80,F2>=60),"通过","不通过")$$

作为IF函数的第一个参数使用   IF函数的第二个参数

　　这个公式，AND函数作为IF函数❶的第一个参数使用，AND函数❷对"C2＞=90,D2＞=80,E2＞=80,F2＞=60"中的这几个表达式进行判断，返回结果为逻辑值TRUE或FALSE。当AND函数返回TRUE（逻辑真，表示"是"）时,IF函数的返回结果为"通过"，AND函数返回FALSE(逻辑假，表示"否"）时，IF函数的返回结果为"不通过"。

---

❶ IF 函数的详细介绍详见本书第 4 章函数 3。
❷ AND 函数的详细介绍详见本书第 4 章函数 5。

第2章

数学和三角函数的应用

扫码观看
本章视频

Excel中的数学与三角函数种类繁多，使用这些函数可以轻松处理诸如求和、数字取整、四舍五入、求余、求乘积等计算。本章内容将对数学与三角函数的种类、用途以及使用方法进行详细介绍。

数学和三角函数速查表

新版本的Excel中包含了70多种数学和三角函数。下表将这些函数详细罗列了出来并对其作用进行了说明。

函数	作用
ABS	返回数字的绝对值
ACOS	返回数字的反余弦值
ACOSH	返回数字的反双曲余弦值
ACOT	返回数字的反余切值的主值
ACOTH	返回数字的反双曲余切值
AGGREGATE	返回列表或数据库中的合计
ARABIC	将罗马数字转换为阿拉伯数字
ASIN	返回数字的反正弦值
ASINH	返回数字的反双曲正弦值
ATAN	返回数字的反正切值
ATAN2	返回给定的 X 轴及 Y 轴坐标值的反正切值
ATANH	返回数字的反双曲正切值
BASE	将数字转换为具备给定基数的文本表示
CEILING.MATH	将数字向上舍入为最接近的整数或最接近的指定基数的倍数

函数	作用
COMBIN	返回从给定元素数目的集合中提取若干元素的组合数
COMBINA	返回给定数目的项的组合数（包含重复项）
COS	返回已知角度的余弦值
COSH	返回数字的双曲余弦值
COT	返回以弧度表示的角度的余切值
COTH	返回一个双曲角度的双曲余切值
CSC	返回角度的余割值，以弧度表示
CSCH	返回角度的双曲余割值，以弧度表示
DECIMAL	按给定基数将数字的文本表示形式转换成十进制数
DEGREES	将弧度转换为度
EVEN	返回数字向上舍入到的最接近的偶数
EXP	返回 e 的 n 次幂
FACT	返回数的阶乘
FACTDOUBLE	返回数字的双倍阶乘
FLOOR.MATH	将数字向下舍入为最接近的整数或最接近的指定基数的倍数
GCD	返回两个或多个整数的最大公约数
INT	将数字向下舍入到最接近的整数
LCM	返回整数的最小公倍数
LN	返回数字的自然对数
LOG	根据指定底数返回数字的对数
LOG10	返回数字以 10 为底的对数
MDETERM	返回一个数组的矩阵行列式的值
MINVERSE	返回数组中存储的矩阵的逆矩阵
MMULT	返回两个数组的矩阵乘积
MOD	返回两数相除的余数。结果的符号与除数相同
MROUND	返回舍入到所需倍数的数字
MULTINOMIAL	返回参数和的阶乘与各参数阶乘乘积的比值
MUNIT	返回指定维度的单位矩阵
ODD	返回数字向上舍入到的最接近的奇数
PI	返回数字 3.14159265358979（数学常量 π），精确到 15 个数字

函数	作用
POWER	返回数字乘幂的结果
PRODUCT	PRODUCT 函数使所有以参数形式给出的数字相乘并返回乘积
QUOTIENT	返回除法的整数部分
RADIANS	将度数转换为弧度
RAND	返回一个大于等于 0 且小于 1 的平均分布的随机实数
RANDBETWEEN	返回位于两个指定数之间的一个随机整数
ROMAN	将阿拉伯数字转换为文字形式的罗马数字
ROUND	ROUND 函数将数字四舍五入到指定的位数
ROUNDDOWN	朝着 0（零）的方向将数字进行向下舍入
ROUNDUP	朝着远离 0（零）的方向将数字进行向上舍入
SEC	返回角度的正割值
SECH	返回角度的双曲正割值
SERIESSUM	返回幂级数的和
SIGN	确定数字的符号
SIN	返回已知角度的正弦
SINH	返回数字的双曲正弦
SQRT	返回正的平方根
SQRTPI	返回某数与 π 的乘积的平方根
SUBTOTAL	返回列表或数据库中的分类汇总
SUM	求和函数，将单个值、单元格引用或是区域相加，或者将三者的组合相加
SUMIF	对范围中符合指定条件的值求和
SUMIFS	计算其满足多个条件的全部参数的总量
SUMPRODUCT	在给定的几组数组中，将数组间对应的元素相乘，并返回乘积之和
SUMSQ	返回参数的平方和
SUMX2MY2	返回两数组中对应数值的平方差之和
SUMX2PY2	返回两数组中对应值的平方和之和
SUMXMY2	返回两数组中对应数值之差的平方和
TAN	返回已知角度的正切
TANH	返回数字的双曲正切
TRUNC	将数字的小数部分截去，返回整数

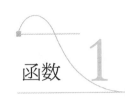

函数 1 SUM

——计算指定单元格区域中所有数字之和

SUM 函数的主要作用是求和，它是 Excel 中经常使用的函数之一。

语法格式：=SUM(number1,number2,…)

参数释义：=SUM(数值1,数值2,…)

参数说明：

参数	性质	说明	参数的设置原则
number1	必需	表示需要参与求和计算的第一个值	可以是单元格或单元格区域引用、数字、名称、数组、逻辑值等。参数如果为数值以外的文本，则返回错误值"#VALUE!"
number2，…	可选	表示需要参与求和计算的其他值	最多能设置 255 个参数，单元格中的逻辑值和文本会被忽略。但当作为参数键入时，逻辑值和文本有效

● 函数练兵 | ：**使用自动求和汇总销售数量**

使用自动求和功能可以快速对指定区域中的数值进行求和。

Step01：

自动求和

① 选择 D9 单元格；

② 打开"公式"选项卡；

③ 在"函数库"组中单击"自动求和"按钮；

④ D9 单元格中随即自动输入求和公式；

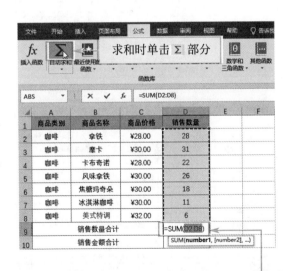

	A	B	C	D	E
1	商品类别	商品名称	商品价格	销售数量	
2	咖啡	拿铁	¥28.00	28	
3	咖啡	摩卡	¥30.00	31	
4	咖啡	卡布奇诺	¥28.00	22	
5	咖啡	风味拿铁	¥30.00	26	
6	咖啡	焦糖玛奇朵	¥30.00	18	
7	咖啡	冰淇淋咖啡	¥30.00	11	
8	咖啡	美式特调	¥32.00	6	
9		销售数量合计		142	
10		销售金额合计			

按"Enter"键

Step02:

计算出销售量总和

⑤ 按下"Enter"键，D2单元格中随即显示出求和结果。

提示：使用自动求和时，SUM函数会自动引用公式附近包含数字的单元格区域，若公式无法自动引用单元格区域或引用了错误的单元格区域，用户可以重新指定要求和的单元格区域。

● 函数练兵2：**汇总销售金额**

本例将使用数组公式对指定的两个单元格区域中数值的乘积进行求和。

ABS		× ✓ fx	=SUM(		
	A	B	C	D	E
1	商品类别	商品名称	商品价格	销售数量	
2	咖啡	拿铁	¥28.00	28	
3	咖啡	摩卡	¥30.00	31	
4	咖啡	卡布奇诺	¥28.00	22	
5	咖啡	风味拿铁	¥30.00	26	
6	咖啡	焦糖玛奇朵	¥30.00	18	
7	咖啡	冰淇淋咖啡	¥30.00	11	
8	咖啡	美式特调	¥32.00	6	
9		销售数量合计		142	
10		销售金额合计		=SUM(	
11				SUM(number1, [numb	

Step01:

输入函数名

① 选择D10单元格，输入等号和SUM函数名称以及左括号；

C2		× ✓ fx	=SUM(C2:C8		
	A	B	C	D	E
1	商品类别	商品名称	商品价格	销售数量	
2	咖啡	拿铁	¥28.00	28	
3	咖啡	摩卡	¥30.00	31	
4	咖啡	卡布奇诺	¥28.00	22	
5	咖啡	风味拿铁	¥30.00		
6	咖啡	焦糖玛奇朵	¥30.00		
7	咖啡	冰淇淋咖啡	¥30.00	11	
8	咖啡	美式特调	¥32.00	6	
9		销售数量合计		142	
10		销售金额合计		=SUM(C2:C8	
11				SUM(number1, [numb	

在公式中引用单元格区域

Step02:

引用单元格区域

② 拖动鼠标，选择C2:C8单元格区域，将该区域地址引用到公式中；

Step03：

完成公式编写

③ 继续在公式中输入乘号运算符，接着引用 D2:D8 单元格区域，最后输入右括号完成公式的编写；

对"商品价格"×"销售数量"的结果进行求和

	A	B	C	D	E
1	商品类别	商品名称	商品价格	销售数量	
2	咖啡	拿铁	¥28.00	28	
3	咖啡	摩卡	¥30.00	31	
4	咖啡	卡布奇诺	¥28.00	22	
5	咖啡	风味拿铁	¥30.00	26	
6	咖啡	焦糖玛奇朵	¥30.00	18	
7	咖啡	冰淇淋咖啡	¥30.00	11	
8	咖啡	美式特调	¥32.00	6	
9		销售数量合计		142	
10		销售金额合计	=SUM(C2:C8*D2:D8)		
11					

ABS × ✓ fx =SUM(C2:C8*D2:D8)

Step04：

返回数组公式结果

④ 按下"Ctrl+Shift+Enter"组合键，公式随即返回所有商品的销售总金额。

按"Ctrl+Shift+Enter"组合键，返回数组公式结果

D10 × ✓ fx {=SUM(C2:C8*D2:D8)}

	A	B	C	D	E
1	商品类别	商品名称	商品价格	销售数量	
2	咖啡	拿铁	¥28.00	28	
3	咖啡	摩卡	¥30.00	31	
4	咖啡	卡布奇诺	¥28.00	22	
5	咖啡	风味拿铁	¥30.00	26	
6	咖啡	焦糖玛奇朵	¥30.00	18	
7	咖啡	冰淇淋咖啡	¥30.00	11	
8	咖啡	美式特调	¥32.00	6	
9		销售数量合计		142	
10		销售金额合计		¥4,172.00	
11					

● 函数练兵 3：**求 3D 合计值**

在 SUM 函数中，跨多个工作表也能求和，这样的求和方式称为 3D 合计方法。下面将在"销售金额汇总"工作表中对"上旬""中旬"以及"下旬"三张工作表中的商品销售金额进行汇总。

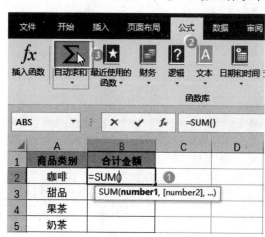

Step01：

插入函数

① 选择 B2 单元格。

② 打开"公式"选项卡。

③ 在"函数库"组中单击"自动求和"按钮。此时，B2 单元格中自动插入了 SUM 函数。接下来需要手动设置参数。

引用工作表名称

④ 先单击"上旬"工作表标签。

⑤ 按住"Shift"键再单击"下旬"工作表标签。

> **特别说明**：此时在编辑栏中可以查看到公式中已经成功引用了上旬至下旬的工作表标签。

Step03:
引用单元格

⑥ 继续在当前工作表中单击C2单元格，将该单元格名称引用到公式中。

Step04:
返回结计算结果

⑦ 公式输入完成后按"Enter"键即可返回计算结果。

> **特别说明**：输入公式的过程中不要乱点鼠标，否则很容易造成公式编写错误。

> !
> **注意**：进行3D求和时，作为计算对象的数据必须在各个工作表的同一位置。例如，"上旬"工作表中的C2单元格内存储的是"咖啡的销售金额"，那么在"中旬"以及"下旬"工作表的C2单元格中也必须是"咖啡的销售金额"，否则统计结果将会出错。

　　另外，参数中的"上旬:下旬!"是对连续工作表名称的引用。在公式中只能引用连续的工作表或单个工作表，不能引用不相邻的工作表。

函数 2 SUMIF
——对指定区域中符合某个特定条件的值求和

语法格式：=SUMIF(range,criteria,sum_range)

语法释义：=SUMIF(区域,条件,求和区域)

参数说明：

参数	性质	说明	参数的设置原则
range	必需	用于条件判断的单元格区域	可以是单元格区域、名称、数组等
criteria	必需	求和的条件	可以是数字、表达式、单元格引用、文本或函数等。可使用通配符
sum_range	可选	要求和的实际单元格	若省略，则在参数 1 指定的区域中求和

提示：参数 2 中可以使用通配符，通配符的类型包括问号（?）、星号（*）以及波形符（～）三种，具体含义见下表。

符号/读法	含义
*（星号）	和符号相同的位置处有多个任意字符
?（问号）	在和符号相同的位置处有任意的 1 个字符
～（波形符）	检索包含 * ? ～的文本时，在各符号前输入～

● 函数练兵1：计算不同类型消费所支出的金额

计算不同类型消费所支出的金额，需要在消费类型所在的单元格内指定检索条件。

Step01：

选择插入函数的方式

① 选择 G2 单元格。

② 单击编辑栏左侧的 "*fx*" 按钮。

	A	B	C	D	E	F	G	H
1	消费日期	消费项目	消费类型	消费金额		消费类型	支出总金额	
2	2021/1/1	买书	学习	¥58.00		学习		
3	2021/1/2	会客	工作	¥120.00		工作		
4	2021/1/3	买菜	生活	¥63.00		生活		
5	2021/1/4	买衣服	生活	¥200.00		交通		
6	2021/1/7	买零食	生活	¥30.00				
7	2021/1/8	电话费	工作	¥100.00				
8	2021/1/9	水电费	生活	¥150.00				
9	2021/1/11	买画笔	学习	¥46.00				
10	2021/1/12	打车费	交通	¥22.00				
11								

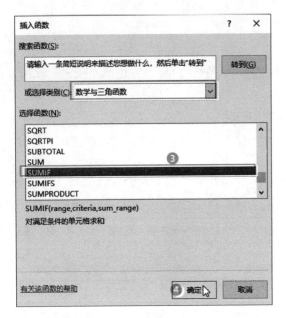

Step02:
选择函数

③ 在打开的"插入函数"对话框中选择函数类型为"数学与三角函数",随后在下方的列表框中选择"SUMIF"选项。

④ 设置好后,单击"确定"按钮。

Step03:
设置参数

⑤ 在弹出的"函数参数"对话框中,依次设置三个参数为:"$C$2:$C$10""F2""$D$2:$D$10"。

特别说明:由于后面需要填充公式,因此参数1和参数3必须使用绝对引用。

⑥ 设置完成后单击"确定"按钮。

Step04:
填充公式

⑦ 返回到工作表,此时G2单元格中以及计算出了第一项消费类型支出的总金额。选择G2单元格,向下拖动填充柄至G5单元格。

Step05：
完成计算

⑧ 松开鼠标后，便可计算出各项消费类型支出的总金额。

● 函数练兵 2：**设置比较条件计算超过 100 元的消费总额**

比较条件也是 SUMIF 函数经常使用的一种条件类型，下面将设置比较条件对大于 100 元的消费金额进行求和。

选择"F2"单元格，输入公式"=SUMIF(D2:D10,"＞100")"随后按下"Enter"键即可返回计算结果。

特别说明：由于本例中条件区域和求和区域是同一个区域，因此省略了第三参数。

=SUMIF(D2:D10,"＞100")

● 函数练兵 3：**使用通配符设置求和条件**

通配符可以模糊匹配符合条件的字符。比较常用的通配符有"*"和"？"，其中"*"表示任意文本字符串，"？"表示任意一个字符。

下面将使用通配符对第一个字是"买"的消费项目所产生的消费金额进行求和。

F2	▼	:	×	✓	fx	=SUMIF(B2:B10,"买*",D2:D10)

	A	B	C	D	E	F
1	消费日期	消费项目	消费类型	消费金额		对第一个字是"买"的消费项目求和
2	2021/1/1	买书	学习	¥58.00		397
3	2021/1/2	会客	工作	¥120.00		
4	2021/1/3	买菜	生活	¥60.00		
5	2021/1/4	买衣服	生活	=SUMIF(B2:B10,"买*",D2:D10)		
6	2021/1/7	买零食	生活	¥30.00		
7	2021/1/8	电话费	工作	¥100.00		
8	2021/1/9	水电费	生活	¥150.00		
9	2021/1/11	买画笔	学习	¥46.00		
10	2021/1/12	打车费	交通	¥22.00		

选择F2单元格，输入公式"=SUMIF(B2:B10," 买 *",D2:D10)"，按下"Enter"键后即可返回求和结果。

提示：若要将求和条件修改为以"买"开头的两个字的消费项目，那么可以将公式修改为"=SUMIF(B2:B10,"买?",D2:D10)"。

● 函数组合应用：**SUMIF+IF——根据总分判断是否被录取**

下面将使用SUMIF函数与IF[1]函数嵌套，从考生成绩表中查询指定人员是否被录取。假设"科目1"和"科目2"的总分大于等于160分时判定为"录取"，总分低于160分时判定为"未录取"。

F2	▼	:	×	✓	fx	=IF(SUMIF(A:A,E2,C:C)>=160,"录取","未录取")

	A	B	C	D	E	F	G	H
1	姓名	科目	分数		查询姓名	是否被录取		
2	张芳	科目1	98		张芳	录取		
3	张芳	科目2	96					
4	徐凯	科目3	73					
5	徐凯		=IF(SUMIF(A:A,E2,C:C)>=160,"录取","未录取")					
6	赵武							
7	赵武	科目6	73					
8	姜迪	科目7	64					
9	姜迪	科目8	43					
10	李嵩	科目9	51					
11	李嵩	科目10	61					
12	文琴	科目11	72					
13	文琴	科目12	86					
14								

Step01：
输入函数嵌套公式

选择F2单元格，输入公式"=IF(SUMIF(A:A,E2, C:C)>=160,"录取"," 未录取")"，按下"Enter"键即可返回查询结果。

特别说明：公式中的A:A和C:C是对A列和C列的引用。

---

❶ IF，用于判断一个条件是否成立，成立时返回一个指定值，不成立时返回另一个指定值。IF函数的使用方法可查阅本书第4章函数3。

Step02:

查询其他姓名

在E2单元格中输入其他姓名，按下"Enter"键后，F2单元格中的公式随即会重新计算，从而返回对应的查询结果。

输入其他姓名后，重新返回对应查询结果

注意：当输入了姓名列表中不存在的姓名或姓名查询单元格为空白时，查询结果会显示"未录取"。这是因为当SUMIF的条件参数（第二个参数）为空或不存在于查询区域（第一参数）中时，其结果值为"0"，"0"是满足"＞=160"这个条件的，所以公式返回"未录取"。

函数 3 SUMIFS

——对区域内满足多个条件的值进行求和

语法格式：=SUMIFS(sum_range,criteria_range1,criteria1,…)

语法释义：=SUMIFS(求和区域,区域1,条件1,…)

参数说明：

参数	性质	说明	参数的设置原则
sum_range	必需	要求和的单元格区域	可以是单元格区域、包含数字的名称、数组等。有且只有一个求和区域
criteria_range1	必需	第一个求和区域	和第一个条件成对出现
Criteria1	必需	第一个条件	可以是数字、表达式、单元格引用、文本或函数等。可使用通配符
criteria_range2	可选	第二个求和区域	和第二个条件成对出现，可忽略
Criteria2	可选	第二个条件	可忽略。最多可设置127对区域和条件

提示：SUMIFS函数不能在同一个区域中设置多重条件，否则公式将无法返回求和结果。

● 函数练兵1: **多个车间同时生产时计算指定车间指定产品的产量**

　　下面将使用SUMIFS函数在车间产量统计表中计算"一车间"生产的"怪味胡豆"的总产量。

▲	A	B	C	D	E	F	G
1	生产时间	生产车间	产品名称	生产数量		条件1	一车间
2	2021/11/5	一车间	怪味胡豆	50000		条件2	怪味胡豆
3	2021/11/5	二车间	小米锅巴	32000			
4	2021/11/8	二车间	红泥花生	22000			
5	2021/12/3	二车间	怪味胡豆	19000		求和:	
6	2021/12/12	四车间	咸干花生	20000			①
7	2021/12/5	四车间	怪味胡豆	13000			
8	2021/12/23	四车间	五香瓜子	11000			
9	2021/12/5	四车间	红泥花生	15000			
10	2021/12/12	二车间	鱼皮花生	3000			
11	2021/12/12	一车间	五香瓜子	2700			
12	2021/12/3	四车间	咸干花生	34000			
13	2021/11/18	三车间	鱼皮花生	25000			
14	2021/12/5	二车间	鱼皮花生	10000			
15	2021/11/12	三车间	怪味胡豆	13000			
16	2021/11/12	三车间	小米锅巴	12000			
17	2021/12/22	一车间	怪味胡豆	15000			
18	2021/12/14	二车间	小米锅巴	60000			

按"Shift+F3"组合键

Step01:
使用快捷键打开"插入函数"对话框

① 选择G5单元格,按"Shift+F3"组合键;

Step02:
选择函数

② 在弹出的"插入函数"对话框中设置函数类型为"数学与三角函数";
③ 选择SUMIFS函数;
④ 单击"确定"按钮;

Step03：

设置参数

⑤ 打开"函数参数"对话框，依次设置参数为"D2:D18""B2:B18""一车间""怪味胡豆"；
⑥ 参数设置完成后单击"确定"按钮，关闭对话框；

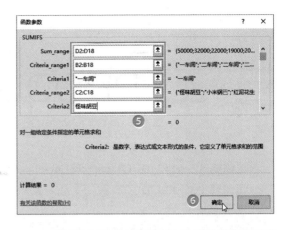

Step04：

返回求和结果

⑦ 返回到工作表，此时 G5 单元格中已经显示出了求和结果，在编辑栏中可查看到完整公式。

	A	B	C	D	E	F	G	H
1	生产时间	生产车间	产品名称	生产数量		条件1	一车间	
2	2021/11/5	一车间	怪味胡豆	50000		条件2	怪味胡豆	
3	2021/11/5	二车间	小米锅巴	32000				
4	2021/11/8	二车间	红泥花生	22000				
5	2021/12/3	二车间	怪味胡豆	19000		求和：	65000	
6	2021/12/12	四车间	咸干花生	20000				⑦
7	2021/12/5	四车间	怪味胡豆	13000				
8	2021/12/23	四车间	五香瓜子	11000				
9	2021/12/5	四车间	红泥花生	15000				
10	2021/12/12	二车间	鱼皮花生	30000				
11	2021/12/12	一车间	五香瓜子	27000				
12	2021/12/3	四车间	咸干花生	34000				
13	2021/11/18	三车间	鱼皮花生	25000				

G5 单元格公式： =SUMIFS(D2:D18,B2:B18,"一车间",C2:C18,"怪味胡豆")

● **函数练兵 2：** **统计指定日期之前"花生"类产品的生产数量**

　　SUMIFS 函数和 SUMIF 函数一样，也可以使用比较条件和通配符。下面将计算"2021/12/10"之前最后两个字是"花生"的产品合计产量。

选择 G5 单元格，输入公式 "=SUMIFS(D2:D18,A2:A18,"＜2021/12/10",C2:C18, "＊花生")"，按下"Enter"键即可返回求和结果。

=SUMIFS(D2:D18,A2:A18,"＜2021/12/10", C2:C18,"＊花生")

函数 4 PRODUCT

——计算所有参数的乘积

语法格式：=PRODUCT(number1,number2,…)

语法释义：=PRODUCT(数值1,数值2,…)

参数说明：

参数	性质	说明	参数的设置原则
number1	必需	表示需要参与求乘积计算的第一个值	可以是单元格或单元格区域引用、数字、名称、数组、逻辑值等。当参数为文本时，公式会返回错误值"#VALUE！"，逻辑值TRUE作为数值1被计算，逻辑值FALSE作为数字0被计算
number2,…	可选	表示需要参与求乘积计算的其他值	最多可设置255个参数。如果参数为数组或引用，则只有其中的数字会被计算。数组或引用中的空白单元格、逻辑值、文本或错误值将被忽略

● 函数练兵：**计算茶叶销售额**

下面将根据茶叶的数量、单价以及折扣率计算销售金额。使用PRODUCT函数可计算出这三项值相乘的结果。

Step01：

选择插入函数的方式

① 选中E2单元格。

② 单击编辑栏左侧的"f_x"按钮。

Step02：
选择函数

③ 打开"插入函数"对话框，选择
函数类型为"数学与三角函数"。

④ 选择"PRODUCT"函数。

⑤ 单击"确定"按钮。

Step03：
设置参数

⑥ 在弹出的"函数参数"对话框
中依次设置参数为"B2""C2""1-
D2"。

⑦ 单击"确定"按钮，关闭对话框。

特别说明：折扣率的百分比作为数值处
理时，10%作为0.1计算。

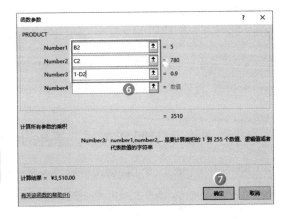

Step04：
填充公式

⑧ 返回工作表，此时E2单元格中已
经显示出了计算结果。保持E2单元
格为选中状态，将光标放在单元格右
下角，双击填充柄，将公式填充到下
方需要输入同样公式的单元格中。

提示：PRODUCT函数的参数中若存在0
值，公式会返回0。

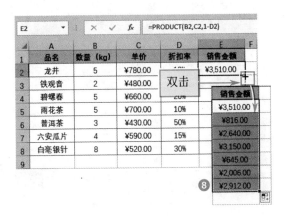

函数 **5** # SUMPRODUCT
——将数组间对应的元素相乘，并返回乘积之和

语法格式：=SUMPRODUCT(array1, array1,array3,…)

语法释义：=SUMPRODUCT(数组 1, 数组 2, 数组 3,…)

参数说明：

参数	性质	说明	参数的设置原则
array1	必需	表示其相应元素需要进行相乘并求和的第一个数组参数	其相应元素需要进行相乘并求和
array2,array3,…	可选	表示其余相应元素需要进行相乘求和的参数	最多可设置 255 个数组参数

提示：为 SUMPRODUCT 函数设置的数组参数必须具有相同的维数，否则 SUMPRODUCT 将返回错误值 "#VALUE!"。非数值型的数组元素将作为 0 处理。

此函数的重点是在参数中指定数组，或使用数组常量来指定参数。所有数组常量加 "{}" 指定所有数组，用 ","隔开列，用 ";"隔开行。

● 函数练兵： **计算所有种类茶叶的合计销售金额**

使用 SUMPRODUCT 函数可根据 "数量""单价"以及 "折扣率"直接计算出所有种类茶叶的合计销售金额，无须先计算出每种茶叶的销售额再对其进行合计。

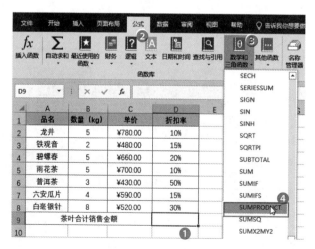

StepO1：

选择函数

① 选择 D9 单元格；

② 打开 "公式"选项卡；

③ 在 "函数库"组中单击 "数学和三角函数"下拉按钮；

④ 在展开的列表中选择 SUMPRODUCT 函数；

Step02:
设置参数

⑤ 在弹出的"函数参数"对话框中依次设置参数为"B2:B8""C2:C8""1-D2:D8";

⑥ 设置完成后单击"确定"按钮关闭对话框;

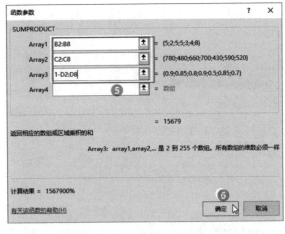

Step03:
查看计算结果

⑦ 返回工作表,此时 D9 单元格中已经计算出了"B2:B8""C2:C8"和"1-D2:D8"这三个数组的乘积。

	A	B	C	D	E	F
1	品名	数量(kg)	单价	折扣率		
2	龙井	5	¥780.00	10%		
3	铁观音	2	¥480.00	15%		
4	碧螺春	5	¥660.00	20%		
5	雨花茶	5	¥700.00	10%		
6	普洱茶	3	¥430.00	50%		
7	六安瓜片	4	¥590.00	15%		
8	白毫银针	8	¥520.00	30%		
9	茶叶合计销售金额			¥ 15,679.00 ⑦		
10						

D9 单元格公式:=SUMPRODUCT(B2:B8,C2:C8,1-D2:D8)

函数 6 SUMSQ

——求参数的平方和

语法格式: =SUMSQ(number1,number2,…)

语法释义: =SUMSQ(数值1,数值2,…)

参数说明:

参数	性质	说明	参数的设置原则
number1	必需	表示要对其求平方和的第 1 个参数	参数可以是数值、单元格引用或数组等当指定数值以外的文本时,将返回错误值"#VALUE!"
number2,…	可选	表示要对其求平方和的其他参数	最多可设置 255 个参数

● **函数练兵**： **计算温度测试结果的偏差平方和**

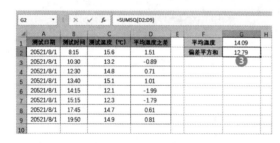

Step01：
计算平均温度

① 选择G1单元格，输入公式"=AVERAGE(C2:C9)"，根据所有时间段的测试温度算出平均温度。

> AVERAGE是求平均值函数，该函数的详细用法请翻阅本书第3章函数1。

Step02：
计算平均温度之差

② 选择D2单元格，输入公式"=C2-$G$1"，随后将公式向下方填充，计算出所有时间段的测试温度与平均温度之差。

Step03：
计算偏差平方和

③ 选择G2单元格，输入公式"=SUMSQ(D2:D9)"，按"Enter"键计算出偏差平方和。

提示：使用SUMSQ函数求数值的平方和时，不必求每个数据的平方。另外，可使用统计函数中的DEVSQ❶函数代替SUMSQ函数求偏差平方和。

● **函数组合应用**： **SUMSQ+SQRT——求二次方、三次方坐标的最大向量**

结合SUMSQ函数和求数值平方根的SQRT❷函数，能够求得二次方的（X，Y）坐标及三次方坐标（X，Y，Z）的最大向量。

---

❶ DEVSQ，用于返回数据点与各自样本平均值偏差的平方和，其使用方法详见第3章函数9。
❷ SQRT，用于返回正平方根，其使用方法详见第2章函数30。

在D2单元格中输入公式"=SQRT (SUMSQ(A2:C2))",随后将公式向下方填充得到三组坐的向量大小。

	A	B	C	D	E
1	X	Y	Z	向量大小	
2	/	/	/	0	
3	3	0	0	3	
4	2	1	0	2.236068	
5					

D2 =SQRT(SUMSQ(A2:C2))

函数 7 SUMX2PY2
——计算两数组中对应数值的平方和之和

语法格式：=SUMX2PY2(array_x,array_y)
语法释义：=SUMX2PY2(第一组数值,第二组数值)
参数说明：

参数	性质	说明	参数的设置原则
array_x	必需	表示第一组数值或区域	参数可以是数字，或包含数字的名称、数组或引用
array_y	必需	表示第二组数值或区域	和第一参数中的元素必须相等

● 函数练兵：**计算两数组中对应数值的平方和之和**

下面将计算两数组中对应数值的平方和之和。

选择D2单元格，输入公式"=SUMX2PY2(A2:A6,B2:B6)"，按下"Enter"键即可计算出"A2:A6"和"B2:B6"这两个单元格区域中数值的平方和之和。

D2 =SUMX2PY2(A2:A6,B2:B6)

	A	B	C	D	E
1	参数1	参数2		平方和之和	
2	78	78		25612	
3	63	5			
4	22	92		=SUMX2PY2(A2:A6,B2:B6)	
5	9	14			
6	15	0			
7					

❗ 注意：SUMX2PY2函数的所有参数，尺寸必须相同，否则将返回错误值。例如，左图中第一个参数与第二个参数所引用的单元格区域尺寸有差别，公式最终返回了错误值"#N/A"。

SUMPROD... =SUMX2PY2(A2:A6,B2:B5)

	A	B	C	D
1	参数1	参数2		平方和之和
2	78	78	=SUMX2PY2(A2:A6,B2:B5)	
3	63	5		
4	22	92		平方和之和
5	9	14		
6	15	0		#N/A
7				

SUMX2PY2(array_x, **array_y**)

● 函数练兵2: **SUMSQ❶+SUM 函数计算平方和之和**

除了使用SUMX2PY2函数直接计算这两组参数的平方和之和，用户也可以使用SUMSQ函数先计算出两组参数中对应位置数值的平方和，再对计算结果进行求和。最终的计算结果是一样的。

	A	B	C	D	E
	参数1	参数2	平方和		
1					
2	78	78	12168	❶	
3	63	5	3994		
4	22	92	8948	← 计算平方和	
5	9	14	277		
6	15	0	225		
7	平方和之和		❷		

C2　=SUMSQ(A2:B2)

Step01:
计算平方和

① 在C2单元格中输入公式"=SUMSQ(A2:B2)"，按"Enter"键返回两组参数中的第一个数值的平方和。

② 将公式向下填充至C6单元格，得到所有对应数值的平方和。

	A	B	C	D	E
	参数1	参数2	平方和		
1					
2	78	78	12168		
3	63	5	3994		
4	22	按"Alt+="	8948		
5	❸		277		
6	15	0	225	Enter ❹	
7	平方和=SUM(C2:C6)				25612
8	SUM(**number1**, [number2], ...)				

SUMPROD...　=SUM(C2:C6)

Step02:
计算平方和之和

③ 选择C7单元格，按"Alt+="组合键，自动输入求和公式。

④ 按"Enter"键，返回所有平方和之和。

函数 8 SUMX2MY2
——计算两数组中对应数值的平方差之和

语法格式：=SUMX2MY2(array_x,array_y)
语法释义：=SUMX2MY2(第一组数值,第二组数值)
参数说明：

参数	性质	说明	参数的设置原则
array_x	必需	表示第一组数值或区域	参数可以是数字，或包含数字的名称、数组或引用
array_y	必需	表示第二组数值或区域	和第一参数中的元素必须相等

❶ SUMSQ，求数值的平方和，其使用方法详见第 2 章函数 6。

● 函数练兵 1：求两数组元素的平方差之和

下面将使用SUMX2MY2函数求两数组的平方差之和。

选择D2单元格，输入公式"=SUMX2MY2(A2:A6,B2:B6)"，按下"Enter"键后即可返回两个单元格区域中对应数值的平方差之和。

D2	▼	: × ✓ fx	=SUMX2MY2(A2:A6,B2:B6)	
▲	A	B	C	D	E
1	参数1	参数2		平方差之和	
2	55	21		100520	
3	108	73			
4	57	220			
5	370	12			
6	0	2			
7					

D2	▼	: × ✓ fx	=SUMX2MY2(B2:B6,A2:A6)	
▲	A	B	C	D	E
1	参数1	参数2		平方差之和	
2	55	21		-100520	
3	108	73			
4	57	220		调换两个参数的顺序，	
5	370	12		公式返回不同的结果	
6	0	2			
7					

提示：SUMX2MY2函数的两个参数，顺序不能调换，否则将会返回不同的计算结果。

提示：SUMX2PY2函数同样要求参数中数组的尺寸相同，否则会返回错误值。

● 函数练兵 2：POWER+SUM分步求平方差之和

POWER❶函数可以计算数值的乘幂，通过指定其参数，可以计算出数据的平方值。接下来将利用POWER统计出两组数中对应数据的平方差，然后求和，得到平方差之和。

Step01：
计算平方差

① 选择C2单元格，输入公式"=POWER(A2,2)-POWER(B2,2)"。随后按"Enter"键返回计算结果。

特别说明：POWER函数的第二参数是2，表示计算平方值。

▲	A	B	C	D	E
1	参数1	参数2	平方差		
2	55	21	=POWER(A2,2)-POWER(B2,2)		
3	108	73	❶		
4	57	220			
5	370	12			
6	0	2			
7	平方差之和				
8					

---

❶ POWER，求数值的乘幂，该函数的使用方法详见第 2 章函数 51。

计算平方差之和

② 将 C2 单元格中的公式向下方填充至 C6 单元格。

③ 选择 C7 单元格，按"Alt+="组合键，输入自动求和公式，最后按"Enter"键即可返回两组数据的平方差之和。

	A	B	C	D	E
	C7		fx	=SUM(C2:C6)	
1	参数1	参数2	平方差		
2	55	21	2584		
3	108	73	6335		
4	57	220	-45151	②	
5	370	12	136756		
6	0	2	-4		
7	平方差之和		100520	③	
8					

函数 9 SUMXMY2

——求两数组中对应数值差的平方和

语法格式：=SUMXMY2(array_x,array_y)

语法释义：=SUMXMY2(第一组数值,第二组数值)

参数说明：

参数	性质	说明	参数的设置原则
array_x	必需	表示第一组数值或区域	参数可以是数字，或包含数字的名称、数组或引用
array_y	必需	表示第二组数值或区域	和第一参数中的元素必须相等

● 函数练兵：**求两数组中对应数值差的平方和**

下面将利用SUMXMY2函数来求两数组中对应数值差的平方和。

	A	B	C	D	E
1	参数1	参数2		差的平方和	
2	150	98	=SUMXMY2(A2:A6,B2:B6)		
3	76	360			
4	11	18			
5	53	2		差的平方和	
6	110	55		89035	
7					

选择 D2 单元格，输入公式"=SUMXMY2(A2:A6,B2:B6)"，按下"Enter"键即可返回两组数的差的平方和。

● **函数练兵2：** **分步计算两数组数值差的平方和**

POWER函数也可计算两个数值差的平方。下面将使用POWER函数和SUM函数分步完成两组数值差的平方和。

Step01：
计算差的平方

① 选择C2单元格，输入公式 "=POWER (A2−B2,2)"；

	A	B	C	D
1	参数1	参数2	差的平方	
2	150	98	=POWER(A2-B2,2)	❶
3	76	360		
4	11	18		
5	53	2		
6	110	55		
7	差的平方之和			
8				

Step02：
计算差的平方之和

② 将C2单元格中的公式向下填充至C6单元格；
③ 选择C7单元格，按"Alt+="组合键输入自动求和公式。计算出两组数据差的平方之和。

C7　×　✓　fx　=SUM(C2:C6)

	A	B	C	D	E
1	参数1	参数2	差的平方		
2	150	98	2704		
3	76	360	80656		
4	11	18	49	❷	
5	53	2	2601		
6	110	55	3025		
7	差的平方之和		89035	❸	
8					

函数 10 SUBTOTAL
——计算数据列表或数据库中的分类汇总

语法格式：=SUBTOTAL(function_num,ref1,…)
语法释义：=SUBTOTAL(函数序号,引用1,…)
参数说明：

参数	性质	说明	参数的设置原则
function_num	必需	用来指定分类汇总所使用的汇总函数	是 1～11 或 101～111 的数字
ref1,…	必需	表示要进行分类汇总的区域	可以设置 1～254 个区域，至少需要设置 1 个区域

不同参数所对应的汇总方法可参照下表。

参数		对应函数	汇总方式
1	101	AVERAGE	求数据的平均值
2	102	COUNT	求数据的数值个数
3	103	COUNTA❶	求数据非空值的单元格个数
4	104	MAX	求数据的最大值
5	105	MIN	求数据的最小值
6	106	PRODUCT	求数据的乘积
7	107	STDEV.S	求样本的标准偏差
8	108	STDEV.P	求样本总体的标准偏差
9	109	SUM	求数据的和
10	110	VAR.S	求样本总体的方差
11	111	VAR.P	计算总体样本的方差

● 函数练兵 1：**计算网络投票的票数**

下面将使用SUBTOTAL 函数统计网络投票的票数，并通过自动筛选分析不同情况下的票数变化。

	A	B	C	D	E	F
1	NO	账号	地区	性别	网络得票	
2	1	1156038	天津	男	32	
3	2	7565221	广州	男	45	
4	3	6985422	上海	女	56	
5	4	3694212	北京	女	78	
6	5	3987545	北京	男	62	
7	6	6985212	广州	男	19	
8	7	3698542	天津	男	71	
9	8	1226420	厦门	男	156	
10	9	9875452	武汉	女	211	
11	10	6215300	武汉	男	69	
12	11	9875422	北京	女	16	
13	12	6212551	天津	男	98	
14		总票数			=SUB ❶	
15					ⓕ SUBSTITUTE ❷	
16					ⓕ SUBTOTAL	
17					ⓕ IMSUB	

Step01：

手动录入函数

① 选择E14 单元格，输入等号，然后输入SUBTOTAL 函数的前几个字母。
② 从公式下方的函数列表中双击SUBTOTAL 函数选项。

---

❶ COUNTA，计算指定单元格区域中非空单元格的数量，该函数的使用方法详见第 3 章函数 13。

Step02:
选择分类汇总要使用的函数

③ 公式中被自动输入SUBTOTAL函数及左括号的同时会显示第一个参数的选项列表，用户可以在此选择要使用的函数，这里我们需要使用求和函数，所以，双击"9-SUM"选项。

	A	B	C	D	E	F
12	11	9875422	北京	女	16	
13	12	6212551	天津	男	98	
14			总票数		=SUBTOTAL(	

SUBTOTAL(**function_num**, ref1, ...)

- 1 - AVERAGE
- 2 - COUNT
- 3 - COUNTA
- 4 - MAX
- 5 - MIN
- 6 - PRODUCT
- 7 - STDEV.S
- 8 - STDEV.P
- **9 - SUM** ③
- 10 - VAR.S
- 11 - VAR.P
- 101 - AVERAGE

选择求和函数

Step03:
完成公式录入

④ 公式中的第一参数位置随即自动录入数字"9"。

⑤ 继续在第二参数位置引用E2:E13单元格区域。

⑥ 公式输入完成后按"Enter"键即可返回所有账号的网络得票总数。

	A	B	C	D	E	F
1	NO	账号	地区	性别	网络得票	
2	1	1156038	天津	男	32	
3	2	7565221	广州	男	45	
4	3	6985422	上海	女	56	
5	4	3694212	北京	女	78	
6	5	3987545	北京	男	62	
7	6	6985212	广州	男	19	
8	7	3698542	天津	男	71	
9	8	1226420	厦门	男	156	
10	9	9875452	武汉	女	211	
11	10	6215300	武汉	男	69	
12	11	9875422	北京	女	16	
13	12	6212551	天津	男	98	
14			总票数		=SUBTOTAL(9,E2:E13)	
15					④⑤⑥	

对"网络得票"数求和

Step04:
筛选男性的网络得票

⑦ 选中数据区域中的任意一个单元格，按"Ctrl+Shift+L"组合键，为表格创建筛选。

⑧ 单击"性别"右侧的下拉按钮，从筛选器中勾选"男"复选框，随后单击"确定"按钮。

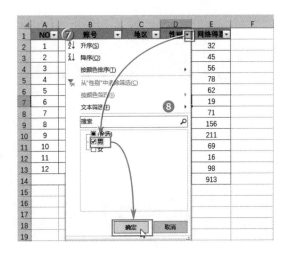

E14				f_x	=SUBTOTAL(9,E2:E13)

	A	B	C	D	E
1	NO▼	账号 ▼	地区▼	性别▼	网络得票▼
2	1	1156038	天津	男	32
3	2	7565221	广州	男	45
6	5	3987545	北京	男	62
7	6	6985212	广州	男	19
8	7	3698542	天津	男	71
9	8	1226420	厦门	男	156
11	10	6215300	武汉	男	69
13	12	6212551	天津	男	98
14		总票数			552
15					⑨

Step05:

返回新的分类汇总结果

⑨ 此时E14单元格中的公式虽然没有发生变化，但是求和结果已经根据筛选结果自动进行了重新计算。

特别说明：现在只对筛选出的"男性"网络得票进行了汇总。

E14				f_x	=SUBTOTAL(9,E2:E13)

	A	B	C	D	E
1	NO▼	账号 ▼	地区▼	性别▼	网络得票▼
5	4	3694212	北京	女	78
6	5	3987545	北京	男	62
12	11	9875422	北京	女	16
14		总票数			156
15					⑩

Step06:

筛选指定地区的总得票

⑩ 若继续执行其他筛选，分类汇总结果会发生相应变化，例如筛选地区为"北京"的信息，网络得票结果又发生新的变化。

● 函数练兵2：**计算参与比赛的男性或女性人数**

若要计算"性别"列中包含的男性人数或女性人数，可以将SUBTOTAL函数的第一参数设置成"3"。

E14				f_x	=SUBTOTAL(3,D2:D13)

	A	B	C	D	E
1	NO▼	账号 ▼	地区▼	性别▼	网络得票▼
2	1	1156038	天津	男	32
3	2	7565221	广州	男	45
4	3	6985422	上海	女	56
5	4	3694212	北京	女	78
6	5	3987545	北京	男	62
7	6	6985212	广州	男	19
8	7	3698542	天津	男	71
9	8	1226420	厦门	男	156
10	9	9875452	武汉	女	211
11	10	6215300	武汉	男	69
12	11	9875422	北京	女	16
13	12	6212551	天津	男	98
14		人数			12

所有人数

①

Step01:

输入公式

① 选择E14单元格，输入公式"=SUBTOTAL(3,D2:D13)"，按下"Enter"键，返回参与比赛的总人数；

Step02：
筛选男性

② 在数据表中筛选出所有男性信息，E14单元格中随即计算出男性人数；

| | E14 | | ▼ | : | × | ✓ | fx | =SUBTOTAL(3,D2:D13) |

	A	B	C	D	E
1	NO	账号	地区	性别	网络得票
2	1	1156038	天津	男	32
3	2	7565221	广州	男	45
6	5	3987545	北京	男	62
7	6	6985212	广州	男	19
8	7	3698542	天津	男	71
9	8	1226420	厦门	男	156
11	10	6215300	武汉	男	69
13	12	6212551	天津	男	98
14		人数		②	8

男性人数

Step03：
筛选女性

③ 在数据表中筛选出所有女性信息，E14单元格中即可计算出女性人数。

| | E14 | | ▼ | : | × | ✓ | fx | =SUBTOTAL(3,D2:D13) |

	A	B	C	D	E
1	NO	账号	地区	性别	网络得票
4	3	6985422	上海	女	56
5	4	3694212	北京	女	78
10	9	9875452	武汉	女	211
12	11	9875422	北京	女	16
14		人数		③	4

女性人数

● 函数练兵3：**去除小计求平均票数**

若用SUBTOTAL函数对表格中的数据进行小计，再用该函数进行总计，SUBTOTAL函数可以自动忽略这些小计单元格，以避免重复计算。

分别使用SUBTOTAL函数计算出男性和女性的票数，最后仍用SUBTOTAL函数统计总人数，公式会自动排除包含小计的单元格。

| | E16 | | ▼ | : | × | ✓ | fx | =SUBTOTAL(9,E2:E15) |

	A	B	C	D	E	F	G
1	NO	账号	地区	性别	网络得票		
2	1	1156038	天津	男	32		
3	2	7565221	广州	男	45		
4	5	3987545	北京	男	62		
5	6	6985212	广州	男	19		
6	7	3698542	天津	男	71		
7	8	1226420	厦门	男	156		
8	10	6215300	武汉	男	69		
9	12	6212551	天津	男	98		
10		男性票数小计			552		
11	3	6985422	上海	女	56		
12	4	3694212	北京	女	78		
13	9	9875452	武汉	女	211		
14	11	9875422	北京	女	16		
15		女性票数小计			361		
16		总票数			913		

=SUBTOTAL(9,E2:E9)

=SUBTOTAL(9,E11:E14)

=SUBTOTAL(9,E2:E15)

函数 11 QUOTIENT

——计算两数相除商的整数部分

语法格式：=QUOTIENT(numerator,denominator)

语法释义：=QUOTIENT(被除数,除数)

参数说明：

参数	性质	说明	参数的设置原则
numerator	必需	表示被除数	被除数为非数值型数据时会返回错误值
denominator	必需	表示除数	除数为非数值性数据或0时会返回错误值

● 函数练兵：**求在预算内能购买的商品数量**

已知商品单价和预算金额，下面将使用QUOTIENT函数计算在预算允许的范围内最多可以购买多少件商品。

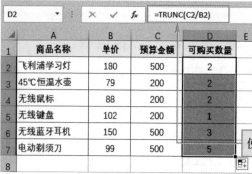

选择D2单元格，输入公式"=QUOTIENT(C2,B2)"，随后将公式向下方填充即可计算出所有商品可购买的数量。

提示：QUOTIENT函数可以求除法的整数商。除此之外用户也可使用TRUNC❶函数对两数相除的商取整。

使用TRUNC函数完成计算

---

❶ TRUNC，用于将数字的小数部分截去，保留整数。该函数的使用方法详见第2章函数20。

函数 **12 MOD**

——计算两数相除的余数

第2章

语法格式：=MOD(number,divisor)

语法释义：=MOD(数值，除数)

参数说明：

参数	性质	说明	参数的设置原则
number	必需	表示被除数	被除数为非数值型数据时会返回错误值
divisor	必需	表示除数	除数为非数值型数据或 0 时会返回错误值

● 函数练兵：**计算采购商品后的余额**

已知商品单价和预算金额，下面将使用MOD函数计算采购商品后剩余多少金额。

① 选择D2单元格，输入公式"=MOD(C2,B2)"，按下"Enter"键计算出购买第一件商品后剩余的金额。

② 随后再次选中D2单元格，双击填充柄，计算出购买其他商品后的剩余金额。

	A	B	C	D	E
	商品名称	单价	预算金额	可剩余金额	
1					
2	飞利浦学习灯	180	500	140	①
3	45℃恒温水壶	79	200	42	
4	无线鼠标	88	200	24	
5	无线键盘	102	200	98	
6	无线蓝牙耳机	150	500	50	
7	电动剃须刀	99	500	5	
8				②	

D2 ⬝ : × ✓ fx =MOD(C2,B2)

提示：MOD 函数和QUOTIENT 函数一样，除数不能为0、空值或文本，否则会返回错误值。逻辑值TRUE 会作为数字1被计算，而FALSE 会作为数字0被计算。

C2 ⬝ : × ✓ fx =MOD(A2,B2)

	A	B	C	D
1	被除数	除数	可剩余金额	
2	100	0	#DIV/0!	
3	100		#DIV/0!	
4	100	TRUE	0	
5	100	FALSE	#DIV/0!	
6	100	文本	#VALUE!	
7	100	15	10	
8				

除数为0，返回"#DIV/0!"错误

除数为空值，返回"#DIV/0!"错误

除数为FALSE，返回"#DIV/0!"错误

除数为文本型数据，返回"#VALUE!"错误

函数 13 ABS

——求数值的绝对值

语法格式：=ABS(number)

语法释义：=ABS(数值)

参数说明：

参数	性质	说明	参数的设置原则
number	必需	表示需要计算绝对值的实数	参数为非数值时会返回错误值

● 函数练兵1：**计算数值的绝对值**

假设有一组数字需要计算其绝对值，可以使用ABS函数。

B2	▼	:	× ✓ fx	=ABS(A2)

◢	A	B	C
1	**数值**	**计算绝对值**	
2	-120	120	❶ ❷
3	30		
4	-199		
5	-178		
6	66		
7	100		
8	-200		
9			

Step01：
输入公式

① 选择B2单元格，输入公式"=ABS (A2)"。

② 按"Ctrl+Enter"组合键返回计算结果。

特别说明：公式输入完成按"Ctrl+ Enter"组件返回计算结果时，不会自动向下切换单元格。

B2	▼	:	× ✓ fx	=ABS(A2)

◢	A	B	C
1	**数值**	**计算绝对值**	
2	-120	120	
3	30	30	
4	-199	199	
5	-178	178	
6	66	66	❸
7	100	100	
8	-200	200	
9			

Step02：
填充公式

③ 双击B2单元格填充柄，将公式向下方填充，计算出其他数值的绝对值。

● 函数练兵2: **计算两组数字的差值**

计算两组数字的差值时，为了防止出现负数，也可以使用ABS函数。

选择C2单元格，输入公式"=ABS
(A2–B2)"，返回计算结果后将公式
向下方填充，即可计算出两组数中
所有对应位置数字的差值。

	A	B	C	D
	C2		fx =ABS(A2-B2)	
1	第一组数	第二组数	差值	
2	150	260	110	
3	110	98	12	
4	36	47	11	
5	180	120	60	
6	222	360	138	
7	113	87	26	
8	189	150	39	
9				

● 函数组合应用: **ABS+IF——对比两次考试的进步情况**

使用ABS函数与IF函数进行嵌套，可以根据考生的两次考试成绩计算是否有进步。
要求公式以"进步*分"或"退步*分"的形式直观体现两次考试成绩的对比情况。

Step01:
输入公式

① 选 择 D2 单 元 格，输 入 公 式
"=IF(C2＞B2,"进 步","退 步")&
ABS(B2–C2)&"分""，随后按"Enter"
键返回第一位考生的成绩分析结果。

特别说明："&"符号起到连接左右两部
分内容的作用。

	A	B	C	D	E	F
	D2		fx =IF(C2>B2,"进步","退步")&ABS(B2-C2)&"分"			
1	考生姓名	第1次成绩	第2次成绩	成绩分析		
2	考生1	80	87	进步7分	❶	
3	考生2	79	65			
4	考生3	66	98			
5	考生4	98	98			
6	考生5	65	72			
7	考生6	63	60			
8	考生7	78	79			
9	考生8	62	70			
10	考生9	57	60			
11	考生10	89	80			
12						

Step02:
填充公式

② 双击D2单元格填充并返回所有
考生两次考试成绩的分析情况。

提示：编辑此公式时要注意文本参数必
须加双引号，且双引号需在英文状态下
录入，否则会返回错误值。

	A	B	C	D	E	F
	D2		fx =IF(C2>B2,"进步","退步")&ABS(B2-C2)&"分"			
1	考生姓名	第1次成绩	第2次成绩	成绩分析		
2	考生1	80	87	进步7分		
3	考生2	79	65	退步14分		
4	考生3	66	98	进步32分		
5	考生4	98	98	退步0分		
6	考生5	65	72	进步7分		
7	考生6	63	60	退步3分		
8	考生7	78	79	进步1分	❷	
9	考生8	62	70	进步8分		
10	考生9	57	60	进步3分		
11	考生10	89	80	退步9分		
12						

函数 **14** SIGN

——求数值的正负号

语法格式：=SIGN(number)

语法释义：=SIGN(数值)

参数说明：

参数	性质	说明	参数的设置原则
number	必需	表示任意实数	参数不能是单元格区域或除数值以外的文本

提示：使用SIGN函数，可以求数值的正负号。当数字为正数时返回1，为零时返回0，为负数时返回−1。由于SIGN函数的返回值为"±1"或者"0"，因此可以把销售金额是否完成作为条件，判断是否完成了销售目标。

● 函数练兵：**判断业绩是否达标**

使用SIGN函数，可以根据目标业绩以及实际完成业绩间接判断是否达标。

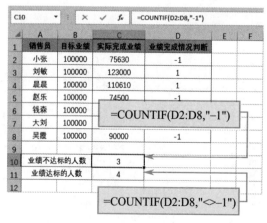

选择D2单元格，输入公式"=SIGN(C2−B2)"，按"Enter"键返回计算结果后，再次选中D2单元格，双击填充柄，将公式向下方填充。此时便可根据公式的返回值判断业绩是否达标，"−1"代表不达标，"1"和"0"表示达标。

提示：根据公式返回的三种数字，可以借助COUNTIF❶函数分别统计出业绩达标和不达标的人数。

---

❶ COUNTIF，用于计算指定区域中满足指定条件的单元格数目。该函数的使用方法详见本书第3章函数15。

● 函数组合应用： SIGN+IF——用文字形式直观展示业绩完成情况

使用SIGN函数的返回结果有"–1""1"或"0"三种情况，利用这一特性可让SING函数与IF函数进行嵌套，以文字形式直观展示业绩完成情况。

选择D2单元格，输入公式"=IF(SIGN(C2-B2)=–1,"不达标","达标")"，随后将公式向下方填充，即可返回文本形式的业绩判断结果。

	A	B	C	D	E	F
	销售员	目标业绩	实际完成业绩	业绩完成情况判断		
2	小张	100000	75630	不达标		
3	刘敏	100000	123000	达标		
4	晨晨	100000	110610	达标		
5	赵乐	100000	74500	不达标		
6	钱森	100000	145000	达标		
7	大刘	100000	100000	达标		
8	吴霞	100000	90000	不达标		
9						

D2 ▼ ｜ × ✓ fx =IF(SIGN(C2-B2)=–1,"不达标","达标")

函数 15 GCD
——求最大公约数

语法格式： =GCD(number1,number2,…)
语法释义： =GCD(数值1,数值2,…)
参数说明：

参数	性质	说明	参数的设置原则
number1	必需	表示要计算最大公约数的第1个数字	如果参数中含有小数，则只保留整数部分参与运算
number2,…	可选	表示要计算最大公约数的第2～255个数字	同上

提示：
① 参数必须为数值类型，即数字、文本格式的数字或逻辑值。如果是文本，则返回错误值"#VALUE!"。
② 如果参数小于0，GCD函数将返回错误值"#NUM!"。

● 函数练兵： 求最大公约数

下面将计算两组数值的最大公约数。

| E2 | ▼ : × ✓ fx | =GCD(B2:B8,C2:C8) |

▲	A	B	C	D	E
1	编号	第一组数据	第二组数据		最大公约数
2	1	15	75		5
3	2	35	40		
4	3	70	105		
5	4	90	5		
6	5	150	30		
7	6	75	0		
8	7	70	100		
9					

选择E2单元格，输入公式"=GCD(B2:B8,C2:C8)"，按下"Enter"键后即可求出最大公约数。

特别说明：由于本例中这两组数据在相邻的区域中，因此也可将参数设置为"B2:C8"。

| E2 | ▼ : × ✓ fx | =GCD(B2:B8) |

▲	A	B	C	D	E
1	编号	第一组数据	第二组数据		第一组数据最大公约数
2	1	15	75		#NUM!
3	2	-35	40		
4	3	70	105		第二组数据最大公约数
5	4	90	5		#VALUE!
6	5	150	30		
7	6	75	文本		
8	7	70	100		
9					

提示：若参数中包含文本或负数，则公式会返回错误值。

参数中包含负数

参数中包含文本

函数 16 LCM

——求最小公倍数

使用LCM函数可以求两个以上正整数的最小公倍数。

语法格式：=LCM(number1,number2,…)

语法释义：=LCM(数值1,数值2,…)

参数说明：

参数	性质	说明	参数的设置原则
number1	必需	表示要计算最小公倍数的第1个数字	如果参数中含有小数，则只保留整数部分参与运算
number2,…	可选	表示要计算最小公倍数的第2～255个数字	同上

提示：LCM函数的用法和注意事项跟GCD函数相同。

● 函数练兵：**求最小公倍数**

下面将使用LCM函数计算两组数据的最小公倍数。

选择E2单元格，输入公式"=LCM(B2:C8)"，按下"Enter"键即可求出两组数据中所包含数字的最小公倍数。

编号	第一组数据	第二组数据		最小公倍数
1	11	75		35521200
2	23	40		
3	15	66		
4	18	5		
5	6	30		
6	16	13		
7	27	1		

函数 **17** **RAND**
——求大于等于0及小于1的均匀分布随机数

语法格式：=RAND()

RAND函数没有参数。在单元格或编辑栏内直接输入函数"=RAND()"，按下"Enter"键即可返回一个大于等于0小于1的任意随机数字。若为RAND函数指定参数，则公式无法返回结果，并弹出如下图所示对话框。

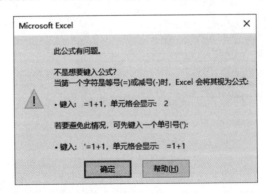

● 函数练兵：**随机安排值班人员**

随机函数经常被应用在随机排班、随机安排座位、随机抽奖、生成随机密码等工作中，下面将使用RAND函数制作一份最简易的随机排班表。

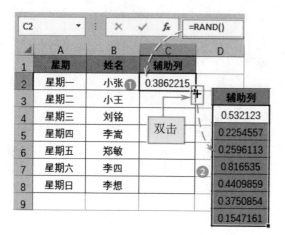

Step01:
生成一组随机数

① 选择C2单元格，输入公式"=RAND()"，按"Enter"键返回一个随机数；

② 再次选中D2单元格，双击填充柄，将公式自动填充到下方单元格区域中，生成一组随机数；

Step02:
对表格指定区域排序

③ 选择B1:C8单元格区域；

④ 打开"数据"选项卡；

⑤ 在"排序和筛选"组中单击"排序"按钮；

Step03:
设置随机数所在列为关键字

⑥ 在打开的"排序"对话框中设置主要关键字为"辅助列"，其他选项保持默认；

⑦ 单击"确定"按钮执行排序；

Step04:

查看随机排班效果

⑧ 返回到工作表，此时姓名列中的姓名已经随着辅助列中的随机数进行了重新排序，从而完成随机排班的效果。

特别说明：之后若要再次随机排班，可重复执行上述排序操作。

	A	B	C	D
1	星期	姓名	辅助列	
2	星期一	李想	0.1125232	
3	星期二	小王	0.6663714	
4	星期三	刘铭	0.8748896	
5	星期四	李四	0.0997679	
6	星期五	郑敏	0.1165245	
7	星期六	小张	0.5163792	⑧
8	星期日	李嵩	0.7044102	
9				

💡 提示：RAND函数在下列情况下会自动刷新产生新的随机数。
● 按 "F9" 键或 "Shift+F9" 键时；
● 打开文件的时候；
● 在单元格中录入新内容时；
● 重新编辑单元格内容时；
● 执行某些命令时（例如排序、筛选、插入或删除行列等）。

● 函数练兵2： **批量生成指定范围内的随机数**

在通常情况下使用RAND函数，都会在大于等于0及小于1的范围内产生随机数，如果公式是 "=RAND()*(b–a)+a"，则会在大于等于a小于b的范围内产生随机数。

另外，如果提前选择好存放随机值的单元格区域，还可批量生成随机数。例如，要生成50个大于等于10小于30的随机数，可参照本例进行操作。

Step01:

编写公式

① 先在工作表中选择50个单元格。这些单元格可以是连续的，也可以是不连续的，这里选择A2:E11单元格区域。

② 在编辑栏中输入公式 "=RAND()*(30–10)+10"。

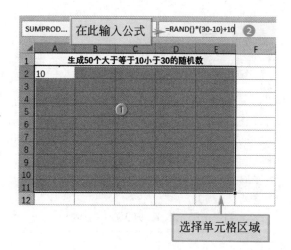

在此输入公式 =RAND()*(30-10)+10 ②

选择单元格区域

批量返回随机数

③ 按"Ctrl+Enter"组合键，选中的单元格区域中，每一个单元格内都自动生成了一个大于等于10且小于30的随机数。

| A2 | ▼ | : | × | ✓ | fx | =RAND()*(30-10)+10 |

	A	B	C	D	E	F
1	生成50个大于等于10小于30的随机数					
2	18.81281	20.78285	17.28533	29.79595	11.87352	
3	28.33586	27.2664	16.35641	28.77687	17.82937	
4	20.33757	22.47492	17.63466	16.67168	20.29059	
5	20.39272	20.51451	27.01132	25.11874	26.87742	
6	17.58978	27.89311	24.88025	20.38539	12.52893	
7	24.27954	20.10431	24.04489	29.10182	11.86387	
8	10.78641	11.97676	19.53522	16.54559	22.71291	
9	29.62977	20.14454	24.78472	22.23752	24.73567	
10	12.79082	26.06196	15.82885	16.13844	23.2221	
11	22.62812	27.06053	26.33091	29.72689	12.79953	
12						

按"Ctrl+Enter"组合键，批量填充公式

刷新随机数

④ 按"F9"键可对这些随机数进行刷新。

	A	B	C	D	E	F
1	生成50个大于等于10小于30的随机数					
2	15.42832	20.6066	10.65734	18.87683	17.82687	
3	25.47598	25.35932	17.94285	25.28876	15.44716	
4	20.19495	23.10592	10.29768	17.71889	15.54649	
5	28.70263	25.99285	13.91501	21.84107	17.97557	
6	29.81905	21.27476	17.60341	26.68268	13.18572	
7	15.00283	16.66247	25.48349	10.40648	27.33107	
8	27.11432	19.61275	15.52153	13.17896	11.22556	
9	10.92433	29.56196	26.76011	23.32295	16.01737	
10	11.24898	26.12325	29.02763	18.44921	15.6893	
11	29.9824	26.24533	17.70945	18.60955	14.05538	
12						

按"F9"键自动刷新

● 函数练兵3: **求圆周率 π 的近似值**

下面将使用RAND函数求圆周率π的近似值。

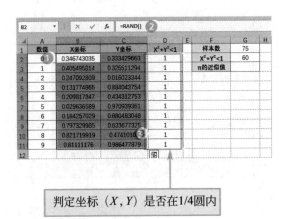

判定坐标 (X, Y) 是否在1/4圆内

求X坐标和Y坐标的随机数

① 选择B2:C11单元格区域；

② 在编辑栏中输入公式"=RAND()"；

③ 按"Ctrl+Enter"组合键返回X坐标和Y坐标的随机值；

Step02:
求 π 的近似值

④ 选择G3单元格，输入公式"=4*G2/G1"，按"Enter"键即可从输入的样本数和1/4圆的圈数中求出π的近似值。

	A	B	C	D	E	F	G	H
1	数值	X坐标	Y坐标	$X^2+Y^2<1$		样本数	75	
2	0	0.822382836	0.068360564	1		$X^2+Y^2<1$	60	
3	1	0.046151132	0.089909884	1		π的近似值	3.2	
4	2	0.122059056	0.167364673	1				
5	3	0.205205725	0.672066631	1				
6	4	0.334248827	0.203327694	1				
7	5	0.108405121	0.777492431	1				
8	6	0.54528824	0.446407742	1				
9	7	0.392776359	0.684997794	1				
10	8	0.865248519	0.876846571	1				
11	9	0.935111737	0.155709884	1				
12								

> 提示：使用随机数求近似解的计算方法，称为蒙特卡罗法。本例求圆周率π的近似值的样本数是100个，使用随机数，进一步得出相近的样本数据，计算更接近圆周率的近似值。

● 函数组合应用： **RAND+RANK——随机安排考生座位号**

前面介绍过可以用RAND函数配合排序功能实现随机安排值班人员的效果。但是每次重新排班都需要执行排序操作，比较麻烦。下面将利用RANK❶函数辅助RAND函数制作可自动刷新的随机座位分配表。

Step01:
创建辅助列

① 选择D2：D11单元格区域；
② 在编辑栏中输入公式"=RAND()"；
③ 按"Ctrl+Enter"组合键，在所选单元格区域中的每个单元格中内都生成一个随机数字；

D2 ▼ fx =RAND()

	A	B	C	D	E
1	准考证号	姓名	随机座位号	辅助列	
2	0111	艾山		0.095453084	
3	0112	陈英		0.362401356	
4	0113	君真真		0.578385614	
5	0114	赵宝		0.787804384	
6	0115	李白		0.98857189	
7	0116	吴勇		0.674675189	
8	0117	王美玲		0.585841637	
9	0118	李明明		0.922663027	
10	0119	刘海		0.882775759	
11	0120	周胜男		0.88003539	
12					

Step02:
输入排名公式

④ 选择C2单元格，输入公式"=RANK(D2,$D$2:$D$11)"，随后按"Enter"键返回计算结果；

D2 ▼ fx =RANK(D2,$D$2:$D$11)

	A	B	C	D	E
1	准考证号	姓名	随机座位号	辅助列	
2	0111	=RANK(D2,$D$2:$D$11)			
3	0112	RANK(number, ref, [order])		0.052880523	
4	0113	君真真		0.024045804	
5	0114	赵宝		0.616937772	
6	0115	李白		0.199206568	
7	0116	吴勇		0.217654454	
8	0117	王美玲		0.083664084	
9	0118	李明明		0.86723054	
10	0119	刘海		0.667746617	
11	0120	周胜男		0.982487129	
12					

---

❶ RANK，返回某个数字在一组数中的相对排名，该函数的使用方法详见本书第3章函数31。

Step03:

对随机数字排名，生成随机座位号

⑤ 将C2单元格中的公式向下方填充即可为每位考生随机分配一个座位号。

	A	B	C	D	E
1	准考证号	姓名	随机座位号	辅助列	
2	0111	艾山	9	0.223722428	
3	0112	陈英	4	0.725052723	
4	0113	君真真	2 ⑤	0.914159282	
5	0114	赵宝	5	0.723683644	
6	0115	李白	3	0.776102927	
7	0116	吴勇	1	0.931064888	
8	0117	王美玲	7	0.601014933	
9	0118	李明明	8	0.275853359	
10	0119	刘海	6	0.664671233	
11	0120	周胜男	10	0.078029167	
12					

C2 ✕ ✓ fx =RANK(D2,$D$2:$D$11)

函数 18 RANDBETWEEN
——自动生成一个介于指定数字之间的随机整数

语法格式：=RANDBETWEEN(bottom,top)

语法释义：=RANDBETWEEN(最小整数,最大整数)

参数说明：

参数	性质	说明	参数的设置原则
bottom	必需	表示能返回的最小整数	必须是数字，当参数为非数字时公式返回错误值
top	必需	表示能返回的最大整数	同上

提示：

① 当参数为非数值型数据时公式返回"#VALUE!"错误；

② 第二参数不能比第一参数大，否则公式返回"#NUM!"错误；

③ 当参数为小数时，第一参数向上舍入到最接近的整数，第二参数向下舍入到最接近的整数。

● 函数练兵：**随机生成6位数密码**

生活中需要使用密码的情况有很多，下面将使用RANDBETWEEN函数生成6位数的随机数字密码。

Step01：
输入公式

① 选择B2单元格，输入公式 "=RANDBETWEEN (100000,999999)" 随后按 "Enter" 键返回第一个密码；

	A	B	C
1	使用部门	6位数密码	
2		=RANDBETWEEN(100000,999999)	
3	部门2	❶	
4	部门3		
5	部门4		
6	部门5		
7	部门6		
8			

Step02：
填充公式

② 将公式向下方填充即可得到供所有部门使用的6位数密码。

提示：密码生成后随着在工作表中执行其他操作，这些密码会不断不刷新，为了防止密码被刷新，可去除公式，只保留密码。

	A	B	C
1	使用部门	6位数密码	
2	部门1	895798	
3	部门2	552125	
4	部门3	330455	❷
5	部门4	389415	
6	部门5	584338	
7	部门6	548546	
8			

想要去除公式，只保留公式结果，可以选择包含公式的单元格区域，按 "Ctrl+C" 组合键进行复制，然后在所选区域上方右击，在弹出的菜单中选择以 "值" 方式粘贴即可。

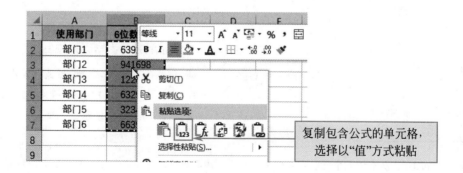

● 函数组合应用：VLOOKUP+IFERROR+RANDBETWEEN—— 根据随机中奖号码同步显示中奖者姓名

使用VLOOKUP[1]嵌套IFERROR[2]函数可查询抽奖号码对应的姓名，并屏蔽未产生中奖号码时所形成的错误值，RANDBETWEEN函数可随机生成指定范围内的中奖号码。

Step01：

输入查询中奖者姓名的公式

① 选择E2单元格，输入公式"=IFERROR((VLOOKUP (E1,A2:B11,2,FALSE)),"")"，按下"Enter"键返回查询结果。

特别说明：此时公式返回的是空白值，这是由于，公式引用的E2单元格中还没有输入内容。

Step02：

输入抽取随机号码的公式

② 选择E1单元格，输入公式"=RANDBETWEEN(1,10)"，输入完成后按"Enter"键进行确认。

特别说明：RANDBETWEEN函数的两个参数分别是1和10，表示返回1～10的任意随机数。

按"F9"键自动刷新

Step03：

同步显示中奖者号码和姓名

③ 最后在工作表中按"F9"键即可刷新中奖号码，中奖者姓名也会随着中奖号码同步显示。

---

[1] VLOOKUP，从查询表中返回指定位置的数据，该函数的使用方法详见本书第5章函数1。

[2] IFERROR，屏蔽公式产生的错误值，该函数的使用方法详见本书第4章函数9。

函数 19 INT

——将数值向下取整为最接近的整数

使用INT函数可以将数字向下舍入到最接近的整数。当参数为正数时,直接舍去小数点部分返回整数。当参数为负数时,由于舍去小数点后所取得的整数大于原数值,因此返回不能超过该数值的最大整数,求舍去小数点部分后的整数时,该参照TRUNC函数。

语法格式：=INT(number)

语法释义：=INT(数值)

参数说明：

参数	性质	说明	参数的设置原则
number	必需	表示需要进行向下舍入取整的实数	如果指定数值以外的文本,则会返回错误值 "#VALUE!"

● 函数练兵1：**舍去金额中的零钱部分**

下面将使用INT函数对代表金额的数值进行取整。

选择D2单元格,输入公式"=INT(C2)",返回结果后,将公式向下方填充,得到所有金额向下取整的结果。

D2				fx	=INT(C2)	
	A	B	C	D	E	
1	日期	项目	金额	向下取整		
2	2021/8/1	收入	118.5	118		
3	2021/8/2	收入	357.23	357		
4	2021/8/3	收入	224.99	224		
5	2021/8/4	支出	-50.7	-51		
6	2021/8/5	收入	188	188		
7	2021/8/6	支出	-712.2	-713		
8						

● 函数练兵2：**计算固定金额在购买不同价格的商品时最多能买多少个**

假设有一笔500元的固定资金,现在需要计算在购买不同单价的商品时最多能买多少个。

| C2 | ▼ | : | × | ✓ | fx | =INT(500/B2) |

▲	A	B	C	D
1	商品	单价	可购买数量	
2	商品1	28	17	
3	商品2	16	31	
4	商品3	30	16	
5	商品4	25	20	
6	商品5	36	13	
7	商品6	40	12	
8				

选择C2单元格，输入公式"=INT(500/B2)"，随后将公式向下方填充即可返回计算结果。

● 函数组合应用：**INT+SUM——舍去合计金额的小数部分**

使用INT函数和SUM函数嵌套可将求和结果的小数部分舍去，只保留整数部分。

| D9 | ▼ | : | × | ✓ | fx | =INT(SUM(D2:D8)) |

▲	A	B	C	D	E
1	商品名称	单价	数量	金额	
2	洋槐蜂蜜	49.8	2	99.6	
3	水果麦片	39.5	1	39.5	
4	脱脂牛奶	99.8	1	99.8	
5	茉莉花茶	12.3	2	24.6	
6	威化饼干	11.2	2	22.4	
7	巧克力豆	8.5	1	8.5	
8	豚骨拉面	23.4	1	23.4	
9		合计金额		317	
10					

选择D9单元格，输入公式"=INT(SUM(D2:D8))"，按下"Enter"键，返回的结果中只保留了合计金额的整数部分，小数部分已经被舍去。

函数 20 TRUNC
——截去数字的小数部分，保留整数

语法格式：=TRUNC(number,num_digits)
语法释义：=TRUNC(数值,小数位数)
参数说明：

参数	性质	说明	参数的设置原则
number	必需	表示需要截尾的数字	参数可以是数值或包含数值的单元格，不能是单元格区域
num_digits	可选	表示要保留的小数位数	若忽略则默认使用0，即舍去所有小数，返回整数

● 函数练兵1：**用TRUNC函数舍去数值中的小数**

INT函数和TRUNC函数都可以舍去数值的小数部分。当数值为正数时，INT函数和TRUNC函数返回的结果相同。但是，当数值为负数时，INT函数和TRUNC函数却会产生不同的结果，TRUNC函数返回舍去小数部分的整数，而INT函数则返回不大于该数值的最大整数。

选择D2单元格，输入公式"=TRUNC(C2)"，随后将公式向下方填充，即可将C列中所有数值中的小数直接舍去。

	D2	▼	:	×	✓	fx	=TRUNC(C2)	
▲	A		B		C		D	E
1	日期		项目		金额		向下取整	
2	2021/8/1		收入		118.5		118	
3	2021/8/2		收入		357.23		357	
4	2021/8/3		收入		224.99		224	
5	2021/8/4		支出		-50.7		-50	
6	2021/8/5		收入		188		188	
7	2021/8/6		支出		-712.2		-712	
8								

● 函数练兵2：**舍去百位之后的数值，并以万元为单位显示**

下面将使用TRUNC函数舍去百位之后的数值，并将销售金额以万元为单位进行显示。

Step**01**：
输入销售概算公式

① 选择G3单元格；

② 输入公式"=TRUNC(D3*E3,-3)"；

③ 随后按"Enter"键返回计算结果；

SUMPROD...	▼	×	✓	fx	=TRUNC(D3*E3,-3)			
	A	B	C	D	E	F	G	H
1				8月销售统计表				
2	销售员	负责地区	产品名称	销售数量	产品单价	销售金额	销售概算	销售金额（万元）
3	苏威	淮北	制冰机	91	4398	400218	=TRUNC(D3*E3,-3)	
4	李超越	淮北	消毒柜	47	2108	99076	❶❷❸	
5	李超越	淮北	制冰机	32	2460	78720		
6	蒋钦	华东	风淋机	43	880	37840		
7	赵宝刚	淮南	制冰机	20	6800	136000		
8	赵宝刚	淮南	净化器	52	550	28600		
9	苏威	淮北	消毒柜	94	1128	106032		
10	蒋钦	华东	热水器	43	1800	77400		
11	蒋钦	华东	制冰机	32	2808	89856		
12								

Step02:

填充公式

④ 再次选中G2单元格，双击填充柄，将公式向下方填充，得到所有舍去百位之后的销售概算金额；

Step03:

输入公式，将销售额以万元为单位显示

⑤ 选择H3单元格，输入公式 "=TRUNC(D3*E3,–3)/10000&"万元""；

⑥ 按 "Enter" 键返回计算结果后，再次选中H3单元格，拖动填充柄，将公式向下方填充，计算出所有以万元为单位的销售金额。

函数 21 ROUND

——按指定位数对数值四舍五入

语法格式：=ROUND(number,num_digits)

语法释义：=ROUND(数值,小数位数)

参数说明：

参数	性质	说明	参数的设置原则
number	必需	表示需要进行四舍五入的数字	参数可以是数值或包含数值的单元格，不能是单元格区域
num_digits	可选	表示要保留的小数位数	若忽略则默认使用0，即舍去所有小数，返回整数

提示：ROUND函数的第二个参数可以是正数、负数或0，不同类型的参数作用如下。
① 正数：表示保留指定的小数位数，例如，公式 "=ROUND(158.727,2)" 返回结果为 "158.73"；
② 负数：表示从整数部分开始取整；例如，公式 "=ROUND(158.727,–2)" 返回结果为 "200"；
③ 0，或省略：表示截去所有小数。例如，公式 "=ROUND(158.727,0)" 返回结果为 "159"。

● 函数练兵1: **计算销售金额，并对结果值四舍五入保留一位小数**

下面将计算商品销售金额，并同时对结果值进行四舍五入，只保留一位小数。

选择D2单元格，输入公式"=ROUND(B2*C2,1)"，按下"Enter"键返回结果后，再次选中D2单元格，将公式向下方填充即可计算出所有商品的销售金额，并自动四舍五入保留一位小数。

	A	B	C	D	E
1	商品名称	单价	销量/kg	销售金额	
2	草莓	15.88	3	47.6	
3	苹果	4.55	3.3	15	
4	香蕉	2.88	1.5	4.3	
5	火龙果	6.52	4	26.1	
6	橙子	8.3	2.6	21.6	
7	西瓜	1.2	15.3	18.4	
8	榴莲	15.8	20.8	328.6	
9	车厘子	15.1	3	45.3	
10	猕猴桃	6.3	4.5	28.4	
11	柚子	3.5	5	17.5	
12	水蜜桃	6.3	7	44.1	
13	山竹	15.6	1.2	18.7	
14					

提示：由于用"单价"乘以"销量"所返回的结果值中，有一些值本身就不包含小数，例如数字"15"，因此ROUND函数无法让其显示出一位小数。若现让这些数值拥有统一的小数位数，可以通过"设置单元格格式"对话框进行设置。

选择包含数值的单元格区域后按"Ctrl+1"组合键即可打开"设置单元格格式"对话框。在"数字"选项卡中选择"数值"分类，然后在对话框右侧调整小数位数，最后单击"确定"按钮，即可将所选区域中的所有数值设置成相应的小数位数。

● 函数练兵2: **四舍五入不足1元的折扣金额**

在结算商品总价时，要求将不足1元的金额四舍五入，例如"15.37"元，经过四舍五入后需要返回"15"元。此时可以使用ROUND函数进行计算。

	A	B	C	D	E
	商品名称	单价	销量/kg	销售金额	
1	草莓	15.88	3	47.6	
2	苹果	4.55	3.3	15	
3	香蕉	2.88	1.5	4.3	
4	火龙果	6.52	4	26.1	
5	橙子	8.3	2.6	21.6	
6	西瓜	1.2	15.3	18.4	
7	榴莲	15.8	20.8	328.6	
8	车厘子	15.1	3	45.3	
9	猕猴桃	6.3	4.5	28.4	
10	柚子	3.5	5	17.5	
11	水蜜桃	6.3	7	44.1	
12	山竹	15.6	1.2	18.7	
14	实际总额			615.6	
15	会员9折结算总额			554	

D15 = ROUND(D14*(9/10),)

选择D15单元格，输入公式"=ROUND(D14*(9/10),)"，按下"Enter"键即可计完成计算。

特别说明：
① 本例公式中"D14*(9/10)"部分是第一参数，作用是对实际总额进行9折的计算。
② 第二参数被忽略，但是第一参数后面的逗号不能省略，否则公式无法返回结果，并弹出警告对话框。

函数 22 ROUNDUP
——按指定的位数向上舍入数字

语法格式：=ROUNDUP(number,num_digits)
语法释义：=ROUNDUP(数值,小数位数)
参数说明：

参数	性质	说明	参数的设置原则
number	必需	表示需要进行向上舍入的数字	参数可以是数值或包含数值的单元格，不能是单元格区域
num_digits	可选	表示要保留的小数位数	若忽略则默认使用 0，即舍去所有小数，返回整数

提示：ROUNDUP 函数的第二个参数可以是正数、负数或0，不同类型的参数作用如下。
① 正数：表示保留指定的小数位数。例如，公式"=ROUNDUP(112.111,2)"返回结果为"112.12"。
② 负数：表示从整数部分开始取整。例如，公式"=ROUNDUP(112.111,-2)"返回结果为"200"。
③ 0，或省略：表示截去所有小数。例如，公式"=ROUNDUP(112.111,0)"返回结果为"113"。
使用 ROUNDUP 函数可按指定位数对数值向上舍入后的值。如对保险费的计算或对额外消费等金额的零数处理等。通常情况下，对数值四舍五入时，是舍去4以下的数值，舍入5以上的数值。但 ROUNDUP 函数进行舍入时，与数值的大小无关。

● 函数练兵： **计算快递计费重量**

货物在托付运输时，往往不是按照实际重量收费，例如1kg以下不计重量只收起送费。超过1kg，不满2kg按2kg计算运费。下面将使用ROUNDUP函数计算快递的计费重量。

Step01：
输入公式

① 选择C2单元格；

② 输入公式"=ROUNDUP(B2,0)"；

	A	B	C	D
1	快递编号	实称重量（kg）	计费重量（kg）	
2	01111	0.8	=ROUNDUP(B2,0)	
3	01112	0.5	❶ ❷	
4	01113	1.62		
5	01114	2.3		
6	01115	0.4		
7	01116	10.2		
8				

（SUMPROD... ✕ ✓ fx =ROUNDUP(B2,0)）

Step02：
填充公式

③ 按"Enter"键返回计算结果后再次选中C2单元格；

④ 双击填充柄，计算出所有快递的计费重量。

特别说明：本例也可忽略第二参数"0"，将公式编写为"=ROUNDUP(B2,)"。

	A	B	C	D
1	快递编号	实称重量（kg）	计费重量（kg）	
2	01111	0.8	1	❸
3	01112	0.5	1	
4	01113	1.62	2	
5	01114	2.3	3	
6	01115	0.4	1	
7	01116	10.2	11	❹
8				

（C2 ✕ ✓ fx =ROUNDUP(B2,0)）

● 函数组合应用： **ROUNDUP+SUMIF——计算促销商品的总金额并对结果向上舍入保留1位小数**

现在需对将商品性质为"促销"的商品金额进行求和，并且将求和结果向上舍入保留1位小数。下面将使用ROUNDUP与SUMIF❶函数嵌套完成计算。

---

❶ SUMIF，对满足条件的单元格求和。该函数的使用方法详见本书第2章函数2。

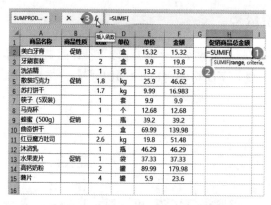

Step01:

输入函数名，选择参数设置方式

① 选择 H2 单元格。

② 输入等号、函数名及左括号 "=SUMIF("。

③ 单击编辑栏左侧的 "fx" 按钮。

特别说明： 函数名后面必须输入左括号，再单击 "fx" 按钮，才能启动 "函数参数" 对话框。

Step02:

在 "函数参数" 对话框中设置参数

④ 在打开的 "函数参数" 对话框中依次设置参数为 "B2:F15" "促销" "F2:F15"。

⑤ 单击 "确定" 按钮。

特别说明： 对于不熟悉使用方法的函数，可以在 "函数参数" 对话框中根据文字提示设置参数。

Step03:

返回促销商品的销售总额

⑥ 返回工作表，此时 H2 单元格中已经计算出了所有 "促销" 类商品的销售总金额。

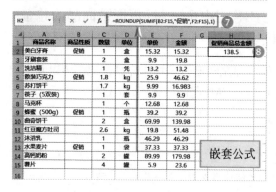

Step04:

返回向上舍入保留1位小数的销售总额

⑦ 将光标定位在编辑栏中，在 SUMIF 函数外侧嵌套 ROUNDUP 函数，将公式修改为 "=ROUNDUP(SUMIF(B2:F15,"促销",F2:F15),1)"。

⑧ 按下 "Enter" 键即可返回最终计算结果。

函数 23 ROUNDDOWN
——按照指定的位数向下舍入数值

语法格式：=ROUNDDOWN(number,num_digits)
语法释义：=ROUNDDOWN(数值,小数位数)
参数说明：

参数	性质	说明	参数的设置原则
number	必需	表示需要进行向下舍入的数字	参数可以是数值或包含数值的单元格，不能是单元格区域
num_digits	可选	表示要保留的小数位数	若忽略则默认使用0，即舍去所有小数，返回整数

提示：ROUNDDOWN函数的第二个参数可以是正数、负数或0，不同类型的参数作用如下。
① 正数：表示保留指定的小数位数。例如，公式"=ROUNDDOWN(159.567,1)"返回结果为"159.5"。
② 负数：表示从整数部分开始取整。例如，公式"=ROUNDDOWN(159.567,–1)"返回结果为"150"。
③ 0，或省略：表示截去所有小数。例如，公式"=ROUNDDOWN(159.567,0)"返回结果为"159"。

● 函数练兵：**对实际测量体重进行取整**

下面将使用ROUNDDOWN函数对实际测量得到的体重进行取整。

Step01：
向下舍去所有小数

① 在C2单元格中输入公式"=ROUNDDOWN(B2,0)"；
② 将公式向下方填充，返回所有体重向下舍去小数后的值；

	A	B	C	D
1	姓名	体重	舍入到整数	舍入到十位
2	1号	153.6	153	
3	2号	147.2	147	
4	3号	110.5	110	
5	4号	98.8	98	
6	5号	132.3	132	
7	6号	198.5	198	
8	7号	166.9	166	
9	8号	137	137	

C2 fx =ROUNDDOWN(B2,0)

D2		✕ ✓ fx	=ROUNDDOWN(B2,-1)	
	A	B	C	D	E

③

	姓名	体重	舍入到整数	舍入到十位
1	姓名	体重	舍入到整数	舍入到十位
2	1号	153.6	153	150
3	2号	147.2	147	140
4	3号	110.5	110	110
5	4号	98.8	98	90
6	5号	132.3	132	130
7	6号	198.5	198	190
8	7号	166.9	166	160
9	8号	137	137	130
10				

④

StepO2:

向下舍入到十位数

③ 在 D2 单 元 格 中 输 入 公 式 "=ROUNDDOWN(B2,–1)";

④ 向下填充公式返回将体重向下舍入到十位后的值。

函数 24 CEILING
——将参数向上舍入为最接近的基数的倍数

语法格式：=CEILING(number,significance)

语法释义：=CEILING(数值,舍入基数)

参数说明：

参数	性质	说明	参数的设置原则
number	必需	表示需要进行向上舍入的数字	参数可以是数值或包含数值的单元格，不能是单元格区域
significance	可选	表示用于向上舍入的基数	若忽略则默认使用 0

提示：

① 当第一参数为正数时第二参数不能为负数，否则将返回错误值"#NUM!"。

② 使用 CEILING 函数可求出向上舍入到最接近的基数倍数的值。CEILING 函数引用基数除参数后得出的余数值，然后成为加基数的值。由于 CEILING 函数是求准确数量的值，因此有可能有剩余的数量。

下表对 CEILING 函数的使用方法进行了详细说明。

公式	公式分析	返回结果
=CEILING(2.5,1)	将 2.5 向上舍入到最接近的 1 的倍数	3
=CEILING(–2.5,–2)	将 –2.5 向上舍入到最接近的 –2 的倍数	–4
=CEILING(–2.5,2)	将 –2.5 向上舍入到最接近的 2 的倍数	–2
=CEILING(2.5,–2)	两个参数符号不同，返回错误值	#NUM!
=CEILING(1.5,0.1)	将 1.5 向上舍入到最接近的 0.1 的倍数	1.5
=CEILING(0.13,0.01)	将 0.13 向上舍入到最接近的 0.01 的倍数	0.13

● 函数练兵： **计算不同数值在相同基数下的舍入结果**

下面将计算一组数值在舍入到最接近5的倍数时的返回值。

选择C2单元格，输入公式"=CEILING (A2,B2)"，随后将公式向下方填充即可返回所有待舍入的数值向上舍入到最接近5的倍数的结果。

	A	B	C	D
1	待舍入的数值	基数	返回结果	
2	15	5	15	
3	-22	5	-20	
4	10	5	10	
5	3	5	5	
6	-2	5	0	
7				

函数 25 FLOOR
——将参数向下舍入到最接近的基数的倍数

FLOOR 函数是引用基数除以参数后的余数值。求向上舍入到最接近的指定基数的倍数时，请参照CEILING函数。

语法格式：=FLOOR(number,significance)

语法释义：=FLOOR(数值,舍入基数)

参数说明：

参数	性质	说明	参数的设置原则
number	必需	表示需要进行向下舍入的数字	参数可以是数值或包含数值的单元格，不能是单元格区域
significance	可选	表示用于向下舍入的基数	若忽略则默认使用 0

提示：当第一参数为正数时第二参数不能为负数，否则将返回错误值"#NUM!"。

下表对CEILING函数的使用方法进行了详细说明。

公式	公式分析	返回结果
=FLOOR(2.5,1)	将 2.5 向下舍入到最接近的 1 的倍数	2
=FLOOR(–2.5,–2)	将 –2.5 向下舍入到最接近的 –2 的倍数	–2
=FLOOR(–2.5,2)	将 –2.5 向下舍入到最接近的 2 的倍数	–4
=FLOOR(2.5,–2)	两个参数符号不同，返回错误值	#NUM!
=FLOOR(1.5,0.1)	将 1.5 向下舍入到最接近的 0.1 的倍数	1.5
=FLOOR(0.13,0.01)	将 0.13 向下舍入到最接近的 0.01 的倍数	0.13

● 函数练兵：**计算员工销售提成**

假设实际销售额超过计划销售额1000元奖励100元，下面使用FLOOR函数计算员工的销售提成。

	A	B	C	D	E
	姓名	计划销售额	实际销售额	销售提成	
2	邢丽	8000	15000	7000	
3	王志华	8000	9800	1000	
4	鹿鸣路	8000	8000	0	
5	程芳	8000	8800	0	
6	夏宇	8000	11300	3000	
7	杨世杰	8000	23000	15000	
8	赵九龙	8000	12000	4000	

D2 = FLOOR(C2-B2,1000) ①

StepO1：

计算可以计算提成的金额

① 在D2单元格中输入公式"=FLOOR(C2-B2,1000)"；

② 将公式向下方填充，此时返回的是可以计算提成的金额；

	A	B	C	D	E
	姓名	计划销售额	实际销售额	销售提成	
2	邢丽	8000	15000	700	
3	王志华	8000	9800	100	
4	鹿鸣路	8000	8000	0	
5	程芳	8000	8800	0	
6	夏宇	8000	11300	300	
7	杨世杰	8000	23000	1500	
8	赵九龙	8000	12000	400	

D2 = FLOOR(C2-B2,1000)/1000*100 ③

StepO2：

计算销售提成

③ 修改D2单元格中的公式为"=FLOOR(C2-B2,1000)/1000*100"；

④ 重新向下方填充公式便可计算出所有销售提成。

提示：本案例中实际销售额不能小于计划销售额，否则公式会返回负值，当实际销售额小于计划销售额时，若想让公式不返回负数，可用IF函数指定返回值。

函数 26 MROUND
——按照指定基数的倍数对参数四舍五入

使用MROUND函数可按照基数的倍数对数值进行四舍五入。如果数值除以基数得出的余数小于倍数的一半，将返回和FLOOR函数相同的结果，如果余数大于倍数的一半，则返回和CEILING函数相同的结果。

语法格式：=MROUND(number,multiple)

语法释义：=MROUND(数值,舍入基数)

参数说明：

参数	性质	说明	参数的设置原则
number	必需	表示要舍入的数值	参数可以是数值或包含数值的单元格，不能是单元格区域
multiple	可选	表示要舍入的倍数	若忽略则默认使用0，若该参数为负数，则公式返回错误值

● 函数练兵： **计算供销双方货物订单平衡值**

下面将使用MROUND函数计算能够保证供销双方货物订单平衡的值。

Step01：
计算实际货箱数

① 在D2单元格中输入公式"=MROUND(B2,C2)/C2"；
② 将公式向下方填充，计算出每种商品实际发货箱数；

Step02：
计算双方订单平衡值

③ 选择2单元格，输入公式"=B2–MROUND(B2,C2)"；
④ 将公式向下方填充，计算出订购数量和实际发货箱数之间相差的数量。

特别说明： 返回值为负数说明发货数量大于订购数量；"0"说明两者相等；正数说明发货数量小于订购数量。

函数 **27** EVEN
——将数值向上舍入到最接近的偶数

使用EVEN函数可返回沿绝对值增大方向取整后最接近的偶数。不论数值是正数还是负数，返回的偶数值的绝对值比原来数值的绝对值大。如果要将指定的数值向上舍入到最接近的奇数值，请参照ODD函数。

语法格式：=EVEN(number)

语法释义：=EVEN(数值)

参数说明：

参数	性质	说明	参数的设置原则
number	必需	表示需要取偶数的值	参数不能是一个单元格区域。如果参数为数值以外的文本，则返回错误值 "#VALUE!"

提示：ENEN 函数的参数可以是逻辑值，逻辑值 TRUE 作为 1 处理，FALSE 作为 0 处理。

EVEN 函数的应用实例如下表所示。

公式	公式分析	返回结果
=EVEN(3)	将 3 向上舍入到最接近的偶数	4
=EVEN(3.3)	将 3.3 向上舍入到最接近的偶数	4
=EVEN(–3)	将 –3 向上舍入到最接近的偶数	–4
=EVEN(0.5)	将 0.5 向上舍入到最接近的偶数	2
=EVEN(4)	将 4 向上舍入到最接近的偶数	4

● 函数练兵：**将数值向上舍入到最接近的偶数**

由于将数值的绝对值向上舍入到最接近的偶整数，因此小数能够向上舍入到最接近偶整数。当数值为负数时，返回值为向下舍入到最近的偶数值。

Step01：
输入公式

① 选择 B2 单元格；

② 输入公式 "=EVEN(A2)"；

	A	B	C
1	数值	向上舍入到最接近的偶数	
2	2.5	4	
3	3.8	❶	
4	7		
5	0		
6	TRUE		
7	FALSE		
8	83		
9	十八		
10			

B2 ▼ ❷ =EVEN(A2)

Step02:
返回结果值

③ 将公式向下方填充，返回所有数值向上舍入到最接近的偶数值结果。

B2	▼	:	×	✓	fx	=EVEN(A2)

▲	A	B	C
1	数值	向上舍入到最接近的偶数	
2	2.5	4	
3	3.8	4	
4	7	8	❸
5	0	0	
6	TRUE	2	
7	FALSE	0	
8	83	84	
9	十八	#VALUE!	
10			

TRUE作为1处理，FALSE作为0处理

参数为文本时返回错误值"#VALUE!"

● 函数练兵2： **求每组所差人数**

某项工作至少需要2个人配合才能完成，目前每组人数不等，但是根据要求，每组人数必须是偶数才能完成任务。现在需要根据当前每组的人数计算需要补充的人数。

选择C2单元格，输入公式"=EVEN(B2)–B2"，随后将公式向下方填充即可计算出每组需要补充的人数。

C2	▼	:	×	✓	fx	=EVEN(B2)-B2

▲	A	B	C	D
1	组别	人数	补充人数	
2	1组	6	0	
3	2组	3	1	
4	3组	15	1	
5	4组	1	1	
6	5组	10	0	
7	6组	13	1	
8	7组	7	1	
9	8组	5	1	
10				

函数 28 ODD
——将数值向上舍入到最接近的奇数

语法格式： =ODD(number)
语法释义： =ODD(数值)
参数说明：

参数	性质	说明	参数的设置原则
number	必需	表示需要取偶数的值	参数不能是一个单元格区域。如果参数为数值以外的文本，则返回错误值"#VALUE!"

● 函数练兵： **将数值向上舍入到最接近的奇数值**

由于将数值的绝对值向上舍入到最接近的奇数数值，因此小数向上舍入到最接近的奇整数。当数值为负数时，返回值是向下舍入到最接近的奇数。

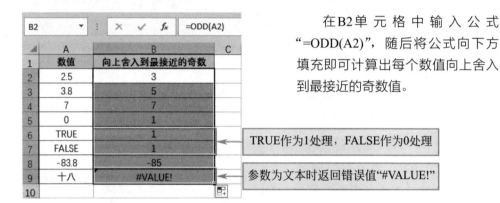

在B2单元格中输入公式"=ODD(A2)"，随后将公式向下方填充即可计算出每个数值向上舍入到最接近的奇数值。

TRUE作为1处理，FALSE作为0处理

参数为文本时返回错误值"#VALUE!"

函数 **29** PI

——计算圆周率 π 的值

语法格式：=PI()

使用PI函数可求圆周率的近似值。PI函数是为数不多的没有参数的函数之一。由于没有参数，当想要通过功能区中的函数选项或"插入函数"对话框插入函数时，会弹出下图所示对话框。

● 函数练兵：**求圆周率的近似值**

下面将使用 PI 函数求圆周率的近似值。

在单元格中输入公式"=PI()"，按下"Enter"键后即可返回圆周率的近似值。

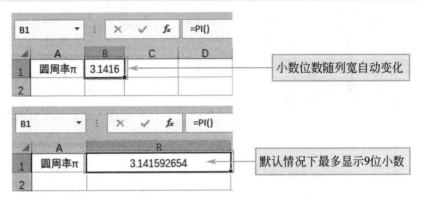

 提示：圆周率 π 是用圆的直径除以圆周长所得的无理数。π=3.14159265358979323846…，可无限延伸，PI 函数精确到小数点后第 15 位。默认情况下 PI 函数的返回值，其小数位数受列宽限制，缩小列宽时小数位数自动减少，增加列宽时小数位数自动增加，但是最多只能显示 9 位小数。

小数位数随列宽自动变化

默认情况下最多显示 9 位小数

若想显示更多小数位数，可打开"设置单元格公式"对话框，调整小数位数。

按"Ctrl+1"组合键打开对话框

函数 **30** SQRT

——求数值的平方根

数值的平方根有正负两个，SQRT 函数求的是正平方根。

语法格式：=SQRT(number)

语法释义：=SQRT(数值)

参数说明：

参数	性质	说明	参数的设置原则
number	必需	表示要计算其平方根的数值	如果参数为负数，则函数会返回错误值"#NUM!"。如果参数为数值以外的文本，则会返回错误值"#VALUE!"

● 函数练兵：**求正数的平方根**

当一组数值中包含各种类型的数据时，使用SQRT函数求平方根的效果如下：

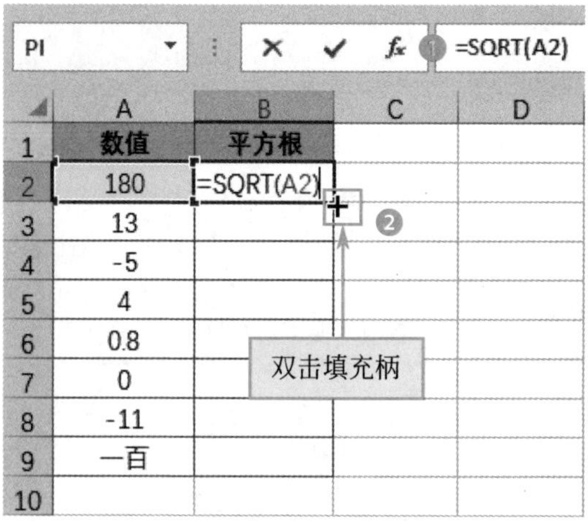

StepO1：
输入并填充公式

① 在B2单元格中输入公式"=SQRT(A2)"。

② 将光标放在单元格右下角，双击填充柄。

特别说明：公式输入完成后，在没有返回结果之前也可直接执行填充操作。在填充的过程中公式会自动完成计算。

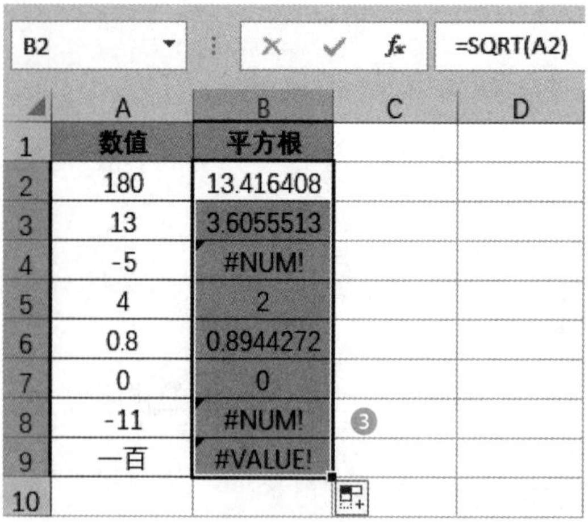

StepO2：
查看返回结果

③ 公式随即被填充到下方区域，此时可以查看到只有正数被计算出了平方根，负数和文本无法计算，返回错误值。

特别说明：0不是正数，也不是负数，其平方根还是0。

函数 31 SQRTPI

——求某数与 π 的乘积的平方根

使用SQRTPI函数，可按照下列公式求圆周率π的倍数的正平方根。

语法格式：=SQRTPI(number)

语法释义：=SQRTPI(数值)

参数说明：

参数	性质	说明	参数的设置原则
number	必需	表示 π 的乘数	参数为负数时返回错误值 "#NUM!"；参数为数值以外的文本时，返回错误值 "#VALUE!"

● 函数练兵：**求圆周率 π 的倍数的平方根**

下面将使用SQRTPI函数求圆周率π的倍数的平方根。

在B2单元格中输入公式"=SQRTPI(1)"，在B3单元格中输入公式"=SQRTPI(2)"，即可根据要求计算π的指定倍数的平方根。

	B2		× ✓ fx	=SQRTPI(1)	
	A	B	C	D	
1	要求	结果			
2	π的平方根	1.772453851			
3	2*π的平方根	2.506628275			
4					

● 函数组合应用：**SQRT+SUMSQ——求连接原点和坐标指向的向量大小**

组合使用SQRT函数和SUMSQ函数，可以求直角三角形的斜边长度，也可求连接原点和坐标 (x, y) 指向的向量大小。

在C2单元格中输入公式"=SQRT(SUMSQ(A2,B2))"，随后将公式向下方填充，即可求出x与y值的平方和的正平方根。

	C2		× ✓ fx	=SQRT(SUMSQ(A2,B2))	
	A	B	C	D	E
1	x	y	大小 (x^2+y^2)$^{1/2}$		
2	2	1	2.236067977		
3	3	2	3.605551275		
4	1	3	3.16227766		
5	5	5	7.071067812		
6					

函数 32 COMBIN
——求一组数所有可能的组合数目

语法格式：=COMBIN(number,number_chosen)

语法释义：=COMBIN(对象总数，每个排列中的对象数)

参数说明：

参数	性质	说明	参数的设置原则
number	必需	表示对象的总数量	参数为小数时会做截尾处理； 参数小于 0，或小于第二参数时，会返回错误值"#NUM!"； 参数为数值以外的文本时返回错误值"#VALUE!"
number_chosen	必需	表示为每一组合中对象的数量	参数为小数时会做截尾处理； 参数小于 0，或大于第一参数时，会返回错误值"#NUM!"； 参数为数值以外的文本时返回错误值"#VALUE!"

● 函数练兵1： **计算从10个数字中任选6个数有多少种排法**

下面将使用COMBIN函数从10个数字中抽取6个数的所有可能的组合数目。

C2		× ✓ fx	=COMBIN(A2,B2)	
▲	A	B	C	D
1	数字总数	抽取数量	排列方法	
2	10	6	210	
3				

选择C2单元格，输入公式"=COMBIN(A2,B2)"，按下"Enter"键，便可计算出从10个数字中任选6个数进行组合一共有多少种排列方法。

● 函数练兵2： **根据条件计算组合数**

假设有8个红色小球，6个蓝色小球，每个小球都对应一个数字。要从这14个小球中取出3个红色小球，2个蓝色小球。下面将计算一共有多少种组合方法。

BAHTTEXT		× ✓ fx	=COMBIN(B2,C2)*COMBIN(B3,C3)		
▲	A	B	C	D	E
1	小球颜色	小球数量	抽取数量		
2	红色	8	3		
3	蓝色	6	2		
4	小球混合取法	=COMBIN(B2,C2)*COMBIN(B3,C3)			
5		❶			

Step01：
输入公式

① 选择C4单元格，输入公式"=COMBIN(B2,C2)*COMBIN(B3,C3)"；

Step02:
返回计算结果

② 按下"Enter"键后便可返回两种小球混合取法的组合数目。

C4		× ✓ fx	=COMBIN(B2,C2)*COMBIN(B3,C3)		
	A	B	C	D	E
1	小球颜色	小球数量	抽取数量		
2	红色	8	3		
3	蓝色	6	2		
4	小球混合取法的组合数		840	②	
5					

提示：COMBIN 函数使用阶乘表示组合，所以求数值的阶乘的 FACT 函数也能求组合数。

函数 33 ROMAN
——将阿拉伯数字转换为罗马数字

语法格式：=ROMAN(number,form)
语法释义：=ROMAN(数值,类型)
参数说明：

参数	性质	说明	参数的设置原则
number	必需	表示要转换的阿拉伯数字	在 1 ～ 3999 范围内。参数为小数时自动截尾取整；参数为数值以外的文本，或者数字大于3999，则会返回错误值"#VALUE!"
form	可选	表示一个用于指定罗马数字类型的数字	包括 0、1、2、3、4 五种类型，若忽略默认使用 0

ROMAN 函数第二参数的五种类型表示形式见下表。

参数类型	罗马数字样式	对 999 的表示	计算方法		
0、TRUE或省略	标准罗马数字样式	CMXCIX	1000–100=900	100–10=90	10–1=9
			CM	XC	IX
1	更简洁的罗马数字样式	LMVLIV	1000–50=950	50–5=45	5–1=4
			LM	VL	IV
2	比 1 简化的格式	XMIX	1000–10=990		5–1=4
			XM		IV
3	比 2 简化的格式	VMIV	1000–5=995		5–1=4
			VM		IV
4 或 FALSE	简化的罗马数字样式	IM	1000–1=999		
			IM		

提示：阿拉伯数字即是日常使用的0，1，2，…的算术数字。罗马数字用Ⅰ，Ⅱ，Ⅲ，…表示，经常用于时钟的文字盘。ROMAN函数虽然用于文本操作，但它属于数学与三角函数。

阿拉伯数字的罗马字母对照表如下。

阿拉伯数字	1	5	10	50	100	500	1000
罗马数字	I	V	X	L	C	D	M

● 函数练兵：将指定阿拉伯数字转换成罗马数字

下面将为ROMAN函数设置不同的参数类型，将阿拉伯数字转换成标准型和简化型罗马数字。

B2 | ① =ROMAN(A2,0)

	A	B	C	D
1	阿拉伯数字	标准罗马数字	简化罗马数字	
2	99	XCIX		
3	199	CXCIX		
4	299	CCXCIX		
5	399	CCCXCIX		
6	499	CDXCIX		
7	599	DXCIX		
8	699	DCXCIX		
9	799	DCCXCIX	②	
10	899	DCCCXCIX		
11				

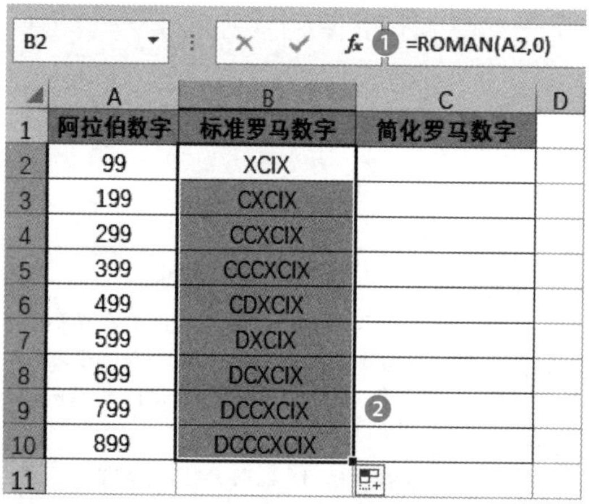

Step01：

转换为标准罗马数字

① 选择B2单元格，输入公式“=ROMAN(A2,0)”；

② 将公式向下方填充，将所有指定的阿拉伯数字转换成标准型的罗马数字；

C2 | ③ =ROMAN(A2,4)

	A	B	C	D
1	阿拉伯数字	标准罗马数字	简化罗马数字	
2	99	XCIX	IC	
3	199	CXCIX	CIC	
4	299	CCXCIX	CCIC	
5	399	CCCXCIX	CCCIC	
6	499	CDXCIX	ID	
7	599	DXCIX	DIC	
8	699	DCXCIX	DCIC	
9	799	DCCXCIX	DCCIC	④
10	899	DCCCXCIX	DCCCIC	
11				

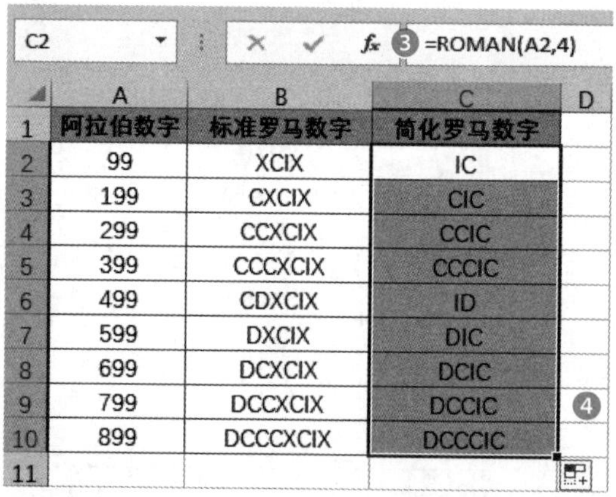

Step02：

转换成简化罗马数字

③ 在C2单元格中输入公式“=ROMAN(A2,4)”；

④ 双击C3单元格填充柄，将公式填充到下方单元格区域，将所有阿拉伯数字转换成简化型的罗马数字。

提示：如把999的每一位数分开，则表示为900、90和9，此表示方法为正式形式。相反，省略形式是把999看成1000-1，用表示1000的M和表示1的Ⅰ表示成IM。另外，在ROMAN函数中，由于转换的罗马数字作为文本处理，因此不用于计算。

函数 34 ARABIC
——将罗马数字转换成阿拉伯数字

语法格式：=ARABIC(text)

语法释义：=ROMAN(字符串)

参数说明：

参数	性质	说明	参数的设置原则
text	必需	表示要转换的罗马数字	当参数为手动输入的常量时必须添加双引号

提示：在使用ARABIC函数时，若text参数为无效值（包括不是有效罗马数字的数字、日期和文本），将返回错误值"#VALUE!"。若将空字符串("")用作输入值，则返回0。此外，虽然负罗马数字为非标准数字，但可支持负罗马数字的计算。在罗马文本前插入负号，例如"–MMXI"。

● 函数练兵：**将指定罗马数字转换成阿拉伯数字**

ARABIC函数与ROMAN函数执行相反的运算。下面将使用ARABIC函数把指定的罗马数字转换成阿拉伯数字。

选择B2单元格，输入公式"=ARABIC(A2)"，随后向下方拖动填充柄，填充公式，即可将指定的罗马数字转换成阿拉伯数字。

| B2 | ▼ | : | × | ✓ | fx | =ARABIC(A2) |

	A	B	C	D
1	罗马数字	阿拉伯数字		
2	I	1		
3	II	2		
4	III	3		
5	IV	4		
6	V	5		
7	VI	6		
8	VII	7		
9	VIII	8		
10	IX	9		
11	X	10		
12	XI	11		
13	XII	12		
14				

提示:

① ARABIC函数会忽略罗马数字的格式,不论是标准罗马数字或是简化罗马数字都能直接转换。

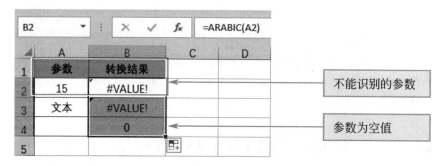

② 当为ARABIC函数设置非罗马数字类型的参数时,会返回错误值;当参数为空时,返回 "0"。

扫码观看
本章视频

为方便读者学习,函数35 ～函数61部分内容做成电子版,读者可以使用手机扫描二维码,有选择性地进行学习。

函数 35 SERIESSUM——求基于公式的幂级数的和

函数 36 RADIANS——将角度转换为弧度

函数 37 DEGREES——将弧度转换为角度

第 3 章

统计函数的应用

Excel中的统计函数常用于分析统计数据以及判定数据的平均值或偏差值的基础统计量。日常中常使用的求平均值或数据个数的函数也归于统计函数中。本章内容将对统计函数的种类、用途以及使用方法进行详细介绍。

统计函数速查表

新版本的Excel中包含了100多种数学和三角函数。下表将这些函数罗列了出来并对其作用进行了说明。

函数	作用
AVEDEV	返回一组数据点到其算术平均值的绝对偏差的平均值
AVERAGE	返回参数的平均值（算术平均值）
AVERAGEA	计算参数列表中数值的平均值（算术平均值）
AVERAGEIF	返回某个区域内满足给定条件的所有单元格的平均值（算术平均值）
AVERAGEIFS	返回满足多个条件的所有单元格的平均值（算术平均值）
BETA.DIST	返回 Beta 分布
BETA.INV	返回 Beta 累积概率密度函数 (BETA.DIST) 的反函数
BINOM.DIST	返回一元二项式分布的概率
BINOM.DIST.RANGE	使用二项式分布返回试验结果的概率
BINOM.INV	返回一个数值，它是使得累积二项式分布的函数值大于等于临界值的最小整数
CHISQ.DIST	返回 x_2 分布
CHISQ.DIST.RT	返回 x_2 分布的右尾概率
CHISQ.INV	返回 x_2 分布的左尾概率的反函数
CHISQ.INV.RT	返回 x_2 分布的右尾概率的反函数

函数	作用
CHISQ.TEST	返回独立性检验值
CONFIDENCE.NORM	使用正态分布返回总体平均值的置信区间
CONFIDENCE.T	使用学生 t- 分布返回总体平均值的置信区间
CORREL	返回 Array1 和 Array2 单元格区域的相关系数
COUNT	计算包含数字的单元格个数以及参数列表中数字的个数
COUNTA	计算范围中不为空的单元格的个数
COUNTBLANK	用于计算单元格区域中的空单元格的个数
COUNTIF	用于统计满足某个条件的单元格的数量
COUNTIFS	计算区域内符合多个条件的单元格的数量
COVARIANCE.P	返回总体协方差，即两个数据集中每对数据点的偏差乘积的平均值
COVARIANCE.S	返回样本协方差，即两个数据集中每对数据点的偏差乘积的平均值
DEVSQ	返回各数据点与数据均值点之差（数据偏差）的平方和
EXPON.DIST	返回指数分布
F.DIST	返回 F 概率分布
F.DIST.RT	返回两个数据集的（右尾）F 概率分布（变化程度）
F.INV	返回 F 概率分布函数的反函数值
F.INV.RT	返回（右尾）F 概率分布函数的反函数值
F.TEST	返回 F 检验的结果
FISHER	返回 x 的 Fisher 变换值
FISHERINV	返回 Fisher 逆变换值
FORECAST.ETS	通过使用指数平滑 (ETS) 算法的 AAA 版本，返回基于现有（历史）值的未来值
FORECAST.ETS.CONFINT	返回指定目标日期预测值的置信区间
FORECAST.ETS. SEASONALITY	返回 Excel 针对指定时间序列检测到的重复模式的长度
FORECAST.ETS.STAT	返回作为时间序列预测的结果的统计值
FORECAST.LINEAR	返回基于现有值的未来值
FREQUENCY	以垂直数组的形式返回频率分布
GAMMA	返回 γ 函数值
GAMMA.DIST	返回 γ 分布
GAMMA.INV	返回 γ 累积分布函数的反函数
GAMMALN	返回 γ 函数的自然对数
GAMMALN.PRECISE	返回 γ 函数的自然对数

函数	作用
GAUSS	返回小于标准正态累积分布 0.5 的值
GEOMEAN	返回几何平均值
GROWTH	返回指数趋势值
HARMEAN	返回调和平均值
HYPGEOM.DIST	返回超几何分布
INTERCEPT	返回线性回归线的截距
KURT	返回数据集的峰值
LARGE	返回数据集中第 k 个最大值
LINEST	返回线性趋势的参数
LOGEST	返回指数趋势的参数
LOGNORM.DIST	返回对数累积分布函数
LOGNORM.INV	返回对数累积分布的反函数
MAX	返回参数列表中的最大值
MAXA	返回参数列表中的最大值，包括数字、文本和逻辑值
MAXIFS	返回一组给定条件或标准指定的单元格之间的最大值
MEDIAN	返回给定数值集合的中值
MIN	返回参数列表中的最小值
MINA	返回参数列表中的最小值，包括数字、文本和逻辑值
MINIFS	返回一组给定条件或标准指定的单元格之间的最小值
MODE.MULT	返回一组数据或数据区域中出现频率最高或重复出现的数值的垂直数组
MODE.SNGL	返回在数据集内出现次数最多的值
NEGBINOM.DIST	返回负二项式分布
NORM.DIST	返回正态累积分布
NORM.INV	返回正态累积分布的反函数
NORM.S.DIST	返回标准正态累积分布
NORM.S.INV	返回标准正态累积分布函数的反函数
PEARSON	返回 Pearson 乘积矩相关系数
PERCENTILE.EXC	返回某个区域中的数值的第 k 个百分点值
PERCENTILE.INC	返回区域中数值的第 k 个百分点的值
PERCENTRANK.EXC	将某个数值在数据集中的排位作为数据集的百分点值返回
PERCENTRANK.INC	返回数据集中值的百分比排位
PERMUT	返回给定数目对象的排列数

函数	作用
PERMUTATIONA	返回可从总计对象中选择的给定数目对象（含重复）的排列数
PHI	返回标准正态分布的密度函数值
POISSON.DIST	返回泊松分布
PROB	返回区域中的数值落在指定区间内的概率
QUARTILE.EXC	基于百分点值返回数据集的四分位
QUARTILE.INC	返回一组数据的四分位点
RANK.AVG	返回一列数字的数字排位
RANK.EQ	返回一列数字的数字排位
RSQ	返回 Pearson 乘积矩相关系数的平方
SKEW	返回分布的不对称度
SKEW.P	返回一个分布的不对称度
SLOPE	返回线性回归线的斜率
SMALL	返回数据集中的第 k 个最小值
STANDARDIZE	返回正态化数值
STDEV.P	基于整个样本总体计算标准偏差
STDEV.S	基于样本估算标准偏差
STDEVA	基于样本（包括数字、文本和逻辑值）估算标准偏差
STDEVPA	基于样本总体（包括数字、文本和逻辑值）计算标准偏差
STEPYX	返回通过线性回归法计算纵坐标预测值所产生的标准误差
T.DIST	返回左尾学生 t- 分布的百分点（概率）
T.DIST.2T	返回双尾学生 t- 分布的百分点（概率）
T.DIST.RT	返回右尾学生 t- 分布
T.INV	返回作为概率和自由度函数的学生 t- 分布的 t 值
T.INV.2T	返回学生 t- 分布的反函数
T.TEST	返回与学生 t- 检验相关的概率
TREND	返回线性趋势值
TRIMMEAN	返回数据集的内部平均值
VAR.P	计算基于样本总体的方差
VAR.S	基于样本估算方差
VARA	基于样本（包括数字、文本和逻辑值）估算方差
VARPA	基于样本总体（包括数字、文本和逻辑值）计算标准偏差
WEIBULL.DIST	返回 Weibull 分布
Z.TEST	返回 Z 检验的单尾概率值

函数 1 AVERAGE

——计算数字的平均值

AVERAGE 函数用于求参数的平均值，它是 Excel 中使用比较频繁的函数。

语法格式：=AVERAGE(number1,number2,…)

语法释义：=AVERAGE(数值1,数值2,…)

参数说明：

参数	性质	说明	参数的设置原则
number1	必需	表示需要参与求平均值计算的第一个值	可以是单元格或单元格区域引用、数字、名称、数组等，如果参数为数值以外的文本，则返回错误值"#VALUE!"
number2, …	可选	表示需要参与求和计算的其他值	最多能设置 255 个数值参数。数组或引用参数中包含文本、逻辑值或空白单元格，则这些值将被忽略

● 函数练兵1: 使用自动求平均值功能计算平均基本工资

Excel 中内置了快速求平均值的操作按钮，使用该按钮即可快速录入求平均值公式，提高工作效率。

Step01:

使用自动求平均值功能

① 选择 D11 单元格；

② 打开"公式"选项卡；

③ 在"函数库"组中单击"自动求和"下拉按钮；

④ 从展开的列表中选择"平均值"选项；

BAHTTEXT	▼	:	×	✓	fx	=AVERAGE(D2:D10)	

⊿	A	B	C	D	E
1	工号	姓名	所属部门	基本工资	
2	DSN12	阿拉丁	财务部	¥4,200.00	
3	DSN13	爱丽丝	销售部	¥4,500.00	
4	DSN03	奥丽华	人事部	¥3,700.00	
5	DSN04	珍妮	办公室	¥3,900.00	
6	DSN05	道奇	人事部	¥3,500.00	
7	DSN06	狄托	设计部	¥5,000.00	
8	DSN07	吉儿	销售部	¥5,000.00	
9	DSN10	丽妲	办公室	¥3,600.00	
10	DSN11	费根	办公室	¥4,000.00	
11		平均基本工资		=AVERAGE(D2:D10)	⑤
12				AVERAGE(**number1**, [number2], ...)	

Step02:

自动录入求平均值公式

⑤ D11单元格中随即自动输入求平均值公式，公式中自动引用上方包含工资数值的单元格区域；

D11	▼	:	×	✓	fx	=AVERAGE(D2:D10)	

⊿	A	B	C	D	E
1	工号	姓名	所属部门	基本工资	
2	DSN12	阿拉丁	财务部	¥4,200.00	
3	DSN13	爱丽丝	销售部	¥4,500.00	
4	DSN03	奥丽华	人事部	¥3,700.00	
5	DSN04	珍妮	办公室	¥3,900.00	
6	DSN05	道奇	人事部	¥3,500.00	
7	DSN06	狄托	设计部	¥5,000.00	
8	DSN07	吉儿	销售部	¥5,000.00	
9	DSN10	丽妲	办公室	¥3,600.00	
10	DSN11	费根	办公室	¥4,000.00	
11		平均基本工资		¥4,155.56	⑥
12					

Step03:

返回求平均值结果

⑥ 按下"Enter"键即可返回所有员工的平均工资。

● 函数练兵2: **计算车间平均产量**

下面将使用AVERAGE函数计算1季度和4季度的平均产量。

E6	▼	:	×	✓	fx	❷	

⊿	A	B	C	D	E	F
1	车间	1季度	2季度	3季度	4季度	
2	1车间	1500	2800	2600	2300	
3	2车间	2200	2300	3300	3500	
4	3车间	2000	2100	1300	1800	
5	4车间	2500	2300	2800	3200	
6	1季度和4季度的平均产量					❶
7						

Step01:

选择插入函数的方式

① 选择E6单元格；

② 单击编辑栏左侧的"fx"按钮；

Step02：
选择需要使用的函数

③ 打开"插入函数"对话框，选择
函数类型为"统计"；
④ 在"选择函数"列表中选择
"AVERAGE"函数，单击"确定"
按钮；

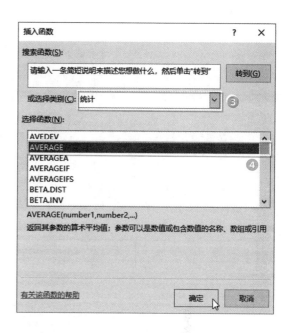

Step03：
设置参数

⑤ 打开"函数参数"对话框，依次
设置参数为"B2:B5""E2:E5"；
⑥ 设置完成后单击"确定"按钮，
关闭对话框；

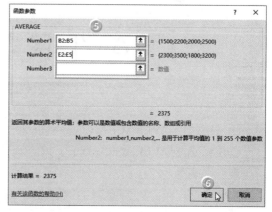

Step04：
返回结果

⑦ 返回工作表E6单元格中，已经显
示出了1季度和4季度的平均产量。

	A	B	C	D	E	F
1	车间	1季度	2季度	3季度	4季度	
2	1车间	1500	2800	2600	2300	
3	2车间	2200	2300	3300	3500	
4	3车间	2000	2100	1300	1800	
5	4车间	2500	2300	2800	3200	
6	1季度和4季度的平均产量				2375	⑦
7						

E6 fx =AVERAGE(B2:B5,E2:E5)

| C6 | ▼ | : | × | ✓ | fx | =AVERAGE(C2:C5) |

▲	A	B	C	D
1	车间	参数中包含0	参数中包含空值	
2	1车间	0		
3	2车间	2200	2200	
4	3车间	2000	2000	
5	4车间	2500	2500	
6	平均产量	1675	2233.333333	
7				

=AVERAGE(B2:B5)

=AVERAGE(C2:C5)

虽然其他参数相同，但是0值参数计算相当于分母是4，空值会被忽略，相当于分母是3，所以返回的计算结果不同。

函数 **2** AVERAGEA
——计算参数列表中非空单元格中数值的平均值

语法格式：=AVERAGEA(value1,value2,…)
语法释义：=AVERAGEA(数值1,数值2,…)
参数说明：

参数	性质	说明	参数的设置原则
value1	必需	表示需要参与求平均值计算的第一个值	可以是单元格或单元格区域引用、数字、名称、数组、逻辑值等
value2，…	可选	表示需要参与求和计算的其他值	最多可设置255个参数

● 函数练兵：**计算车间全年平均产量**

多个车间同时生产，有些车间在不同季度会有停产的情况。下面将使用AVERAGE函数统计不考虑"停产"因素时所有车间全年的平均产量；使用AVERAGEA函数统计加入"停产"因素时所有车间的全年平均产量。

Step01:

计算不考虑停产因素时的平均产量

① 选择E6单元格，输入公式"=AVERAGE(B2:E5)"。

② 按下"Enter"键即可计算出不包含"停产"值时所有车间的全年平均产量。

| E6 | ▼ | : | × | ✓ | fx | =AVERAGE(B2:E5) | ❶ |

▲	A	B	C	D	E	F
1	车间	1季度	2季度	3季度	4季度	
2	1车间	1500	2800	停产	2300	
3	2车间	2200	2300	3300	3500	
4	3车间	停产	2100	1300	1800	
5	4车间	2500	2300	停产	3200	
6	排除"停产"项计算平均产量				2392.308	❷
7	加入"停产"项计算平均产量					
8						

Step02:

计算加入停产因素时的平均产量

③ 选择E7单元格，输入公式"=AVERAGEA(B2:E5)"。

④ 按下"Enter"键，即可计算出加入"停产"值时所有车间全年的平均产量。

| E7 | ▼ | : | × | ✓ | fx | =AVERAGEA(B2:E5) | ❸ |

▲	A	B	C	D	E	F
1	车间	1季度	2季度	3季度	4季度	
2	1车间	1500	2800	停产	2300	
3	2车间	2200	2300	3300	3500	
4	3车间	停产	2100	1300	1800	
5	4车间	2500	2300	停产	3200	
6	排除"停产"项计算平均产量				2392.308	
7	加入"停产"项计算平均产量				1943.75	❹
8						

提示：AVERAGEA函数和求平均值的AVERAGE函数的不同之处在于，AVERAGE函数是把数值以外的文本或逻辑值忽略，而AVERAGEA函数却将文本和逻辑值也计算在内，逻辑值TRUE作为数字1被计算，文本和FALSE作为数字0被计算。这两个函数都会忽略空白单元格。

函数 3 AVERAGEIF

——求满足条件的所有单元格中数值的平均值

语法格式：=AVERAGEIF(range,criteria,average_range)

语法释义：=AVERAGEIF(区域,条件,求平均值区域)

参数说明：

参数	性质	说明	参数的设置原则
range	必需	表示条件所在区域，或包含条件和求平均值的整个区域	可以是单元格或单元格区域、数字、名称、数组或引用等
criteria	必需	是求平均值的条件	条件可以是数字、表达式或文本等
average_range	可选	是用于计算平均值的实际单元格	若忽略，默认使用第一个参数所指定的区域

● 函数练兵 1： 计算指定部门员工的平均工资

下面将使用 AVERAGEIF 函数计算销售部所有员工的平均工资。

StepO1：

选择函数

① 选择 E2 单元格；

② 打开"公式"选项卡，在"函数库"组中单击"其他函数"下拉按钮；

③ 选择"统计"选项，在其下级列表中选择"AVERAGEIF"选项；

StepO2：

设置参数

④ 弹出"函数参数"对话框，依次设置参数为"B2:B14""销售部""C2:C14"；

⑤ 参数设置完成后，单击"确定"按钮；

StepO3：

返回结果

⑥ 返回工作表，此时 E2 单元格中已经返回了结果。

● 函数练兵 2： 计算实发工资低于 5000 元的平均工资

用表达式作为 AVERAGEIF 函数的条件参数，可计算出高于、低于或等于某值的平均值。

① 选择D15单元格，输入公式"=AVERAGEIF(D2:D14,"<5000")"。

② 按下"Enter"键便可计算出实发工资低于5000的平均值。

特别说明：公式中省略了参数3，默认使用参数1所指定的区域。

	D15		✕ ✓ fx	=AVERAGEIF(D2:D14,"<5000")	
▲	A	B	C	D	E
1	姓名	部门	基本工资	实发工资	
2	汪小敏	财务部	¥4,500.00	¥5,040.00	
3	李佳航	人事部	¥3,800.00	¥4,260.00	
4	张无及	企划部	¥4,800.00	¥5,330.00	
5	周博通	销售部	¥4,200.00	¥9,900.00	
6	李明月	人事部	¥4,800.00	¥5,300.00	
7	魏子阳	人事部	¥4,500.00	¥4,900.00	
8	肖雨薇	财务部	¥4,800.00	¥5,420.00	
9	任盈盈	销售部	¥3,800.00	¥8,620.00	
10	张少侠	销售部	¥4,200.00	¥6,750.00	
11	周子秦	财务部	¥5,000.00	¥5,450.00	
12	王玉燕	企划部	¥5,000.00	¥4,470.00	
13	陈丹妮	销售部	¥4,200.00	¥4,300.00	
14	叶白衣	企划部	¥5,800.00	¥5,600.00	
15	实发工资低于5000的平均值			¥4,482.50	❷
16					

● 函数练兵3：**使用通配符设置条件求平均值**

AVERAGEIF函数支持通配符的使用，下面将计算所有名称中包含"智能"两个字的产品的平均销售额。

① 选择D13单元格，输入公式"=AVERAGEIF(C2:C12,"*智能*",D2:D12)"。

② 按下"Enter"键即可计算出名称中包含"智能"两个字的商品的平均销售金额。

特别说明："*智能*"表示"智能"前面和后面可以有任意个数的字符。

提示："*"通配符代表任意个数的字符。

	D13		✕ ✓ fx	=AVERAGEIF(C2:C12,"*智能*",D2:D12)	
▲	A	B	C	D	E
1	日期	订单号	商品名称	销售金额	
2	2021/6/1	01236	智能扫地机器人	¥3,500.00	
3	2021/6/1	01237	智能扫地机器人	¥3,500.00	
4	2021/6/1	01238	蓝牙智能音箱	¥800.00	
5	2021/6/2	01239	情侣组合装电动牙刷	¥360.00	
6	2021/6/2	01240	多功能空气消毒器	¥7,300.00	
7	2021/6/3	01241	无线蓝牙耳机	¥550.00	
8	2021/6/3	01242	车载智能导航一体机	¥1,200.00	
9	2021/6/4	01243	多功能空气消毒器	¥7,300.00	
10	2021/6/4	01244	超氧空气无水洗衣机	¥8,000.00	
11	2021/6/6	01245	蓝牙智能音箱	¥800.00	
12	2021/6/6	01246	车载智能导航一体机	¥1,200.00	
13	"智能"产品平均销售额			¥1,833.33	❷
14					

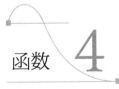

函数 4 AVERAGEIFS
——求满足多重条件的所有单元格中数值的平均值

语法格式：=AVERAGEIFS(average_range,criteria_range1,criteria1,criteria_range2,criteria2,…)

第3章
统计函数的应用

语法释义：=AVERAGEIFS(求平均值区域,区域1,条件1,区域2,条件2,…)
参数说明：

参数	性质	说明	参数的设置原则
average_range	必需	表示用于计算平均值的实际单元格	可以是单元格或单元格区域、数字、名称、数组或引用。区域中的文本和逻辑值会被忽略
criteria_range1	必需	表示第1个条件所在区域	区域的第一列中必须包含关联的条件，否则将返回错误值
criteria1	必需	表示第1个条件	条件可以是数字、表达式或文本等
criteria_range2,criteria2,…	可选	表示其他条件所在区域和条件	最多可设置127组区域和条件

● 函数练兵：**计算人事部女性的平均年龄**

下面将使用AVERAGEIFS函数设置两组条件，计算"人事部"性别为"女"的员工平均年龄。

Step01:
选择插入函数的方式

① 选择E15单元格；

② 单击编辑栏左侧的"*fx*"按钮；系统随即会弹出"插入函数"对话框，选择函数类型为"统计"，随后选择"AVERAGEIFS"函数，单击"确定"按钮；

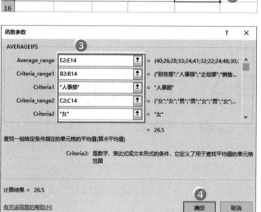

Step02:
设置参数

③ 在随后打开的"函数参数"对话框中依次设置参数为："E2:E14""B2:B14""人事部""C2:C14""女"；

④ 参数设置完成后单击"确定"按钮，关闭对话框；

Step03:
返回求平均值结果

⑤ 返回工作表，此时E16单元格中已经返回了计算结果。

	A	B	C	D	E	F	G
E15			fx	=AVERAGEIFS(E2:E14,B2:B14,"人事部",C2:C14,"女")			
1	姓名	部门	性别	出生日期	年龄		
2	汪小敏	财务部	女	1980/12/3	40		
3	李佳航	人事部	女	1995/3/12	26		
4	张无及	企划部	男	1993/5/2	28		
5	周博通	销售部	男	1987/10/28	33		
6	李明月	人事部	女	1997/3/20	24		
7	魏子阳	人事部	男	1979/9/15	41		
8	肖雨薇	财务部	女	1988/11/12	32		
9	任盈盈	销售部	女	1999/6/7	22		
10	张少侠	销售部	男	1996/8/20	24		
11	周子秦	财务部	男	1973/6/12	48		
12	王玉燕	人事部	女	1990/12/6	30		
13	陈丹妮	人事部	女	1995/5/19	26		
14	叶白衣	企划部	男	1998/7/7	23		
15		人事部女性的平均年龄			26.5	⑤	
16							

● 函数组合应用：**AVERAGEIFS+LARGE——求销售额前10名中智能产品的平均销售额**

下面将使用AVERAGEIFS和LARGE函数❶进行嵌套，计算销售额排名前10的商品中智能商品的平均销售额。

Step01:
输入公式

① 选择D17单元格，输入公式 "=AVERAGEIFS(D2:D16,C2:C16,"*智能*",D2:D16,">"&LARGE (D2:D16, 10))"。

	A	B	C	D	E	F
1	日期	订单号	商品名称	销售金额		
2	2021/6/1	01236	智能扫地机器人	¥3,500.00		
3	2021/6/1	01237	智能扫地机器人	¥5,200.00		
4	2021/6/1	01238	蓝牙智能音箱	¥800.00		
5	2021/6/2	01239	情侣组合装电动牙刷	¥360.00		
6	2021/6/2	01240	多功能空气消毒器	¥7,300.00		
7	2021/6/3	01241	无线蓝牙耳机	¥550.00		
8	2021/6/3	01242	车载智能导航一体机	¥1,200.00		
9	2021/6/3	01243	多功能空气消毒器	¥7,300.00		
10	2021/6/5	01244	超氧空气无水洗衣机	¥8,000.00		
11	2021/6/6	01245	蓝牙智能音箱	¥800.00		
12	2021/6/6	01246	车载智能导航一体机	¥1,200.00		
13	2021/6/6	01247	多功能空气消毒器	¥7,300.00		
14	2021/6/7	01248	智能扫地机器人	¥3,500.00		
15	2021/6/8	01249	蓝牙智能音箱	¥800.00		
16	2021/6/8	01250	智能扫地机器人	¥4,200.00		
17	①前10名中=	AVERAGEIFS(D2:D16,C2:C16,"*智能*",D2:D16,">"&LARGE(D2:D16,10))				
18						

特别说明：公式中的 ">"&LARGE (D2:D16,10)) 部分，用&（连接符）将大于号和LARGE函数提取出的第10个最大值相连接，组成第二个条件。

---

❶ LARGE，用于返回数据组中第 k 个最大值，其使用方法详见本书第3章函数32。

	A	B	C	D	E
1	日期	订单号	商品名称	销售金额	
2	2021/6/1	01236	智能扫地机器人	¥3,500.00	
3	2021/6/1	01237	智能扫地机器人	¥5,200.00	
4	2021/6/1	01238	蓝牙智能音箱	¥800.00	
5	2021/6/2	01239	情侣组合装电动牙刷	¥360.00	
6	2021/6/2	01240	多功能空气消毒器	¥7,300.00	
7	2021/6/3	01241	无线蓝牙耳机	¥550.00	
8	2021/6/3	01242	车载智能导航一体机	¥1,200.00	
9	2021/6/4	01243	多功能空气消毒器	¥7,300.00	
10	2021/6/5	01244	超氧空气无水洗衣机	¥8,000.00	
11	2021/6/6	01245	蓝牙智能音箱	¥800.00	
12	2021/6/6	01246	车载智能导航一体机	¥1,200.00	
13	2021/6/7	01247	多功能空气消毒器	¥7,300.00	
14	2021/6/7	01248	智能扫地机器人	¥3,500.00	
15	2021/6/8	01249	蓝牙智能音箱	¥800.00	
16	2021/6/8	01250	智能扫地机器人	¥4,200.00	
17	前10名中"智能"产品的平均销售额			¥4,100.00	❷
18					

Step02：

返回结果

② 按下"Enter"键即可返回求平均值结果。

函数 5 TRIMMEAN
——求数据集的内部平均值

TRIMMEAN 函数可先从数据集的头部和尾部除去一定百分比的数据点，再计算平均值。

语法格式：=TRIMMEAN(array,percent)

语法释义：=TRIMMEAN(数组,百分比)

参数说明：

参数	性质	说明	参数的设置原则
array	必需	表示用于截去极值后求取均值的数值数组或数值区域	若数组不包含数值数据，函数则会返回错误值"#NUM!"
percent	必需	表示百分数，用于指定数据点集中所要消除的极值比例	若该参数小于 0 或大于 1，则会返回错误值"#NUM!"，若参数为数值以外的文本，则会返回错误值"#VALUE!"

● 函数练兵： 去除测试分数指定比例的极值后，求平均值

假设在连续 4 天每天 5 次的测试中，测试分数记录在表格中，现在需要去除指定比例的最高分和最低分，再计算平均值。

Step01:
输入公式

① 选择B8单元格，输入公式 "=TRIMMEAN($B$2:$F$5,A8)"，随后按下"Enter"键返回去掉5%极值比例后的平均成绩；

② 再次选中B8单元格，将光标放在单元格右下角，双击填充柄；

B8		× ✓ fx	=TRIMMEAN($B$2:$F$5,A8) ❶			
	A	B	C	D	E	F	G
1	测试时间	第1次	第2次	第3次	第4次	第5次	
2	8月1日	9.53	8.77	9.21	9.36	8.69	
3	8月2日	8.77	8.32	8.13	8.65	8.8	
4	8月3日	9.53	9.61	8.89	8.72	9.19	
5	8月4日	8.98	8.71	9.22	9.65	9.81	
6							
7	去除极值比例	平均成绩					
8	5%	9.027	❷				
9	10%						
10	20%						
11							

Step02:
填充公式

③ 公式随即被填充到下方单元格区域中，此时便可计算出去除不同比例的极值后的平均成绩。

特别说明："$B$2:$F$5" 区域必须使用绝对引用，这样在填充公式后对需要求平均值的区域引用才不会发生变化。

B8		× ✓ fx	=TRIMMEAN $B$2:$F$5 A8)			
	A	B	C	D	E	F	G
1	测试时间	第1次	第2次	第3次	第4次	第5次	
2	8月1日	9.53	8.77	9.21	9.36	8.69	
3	8月2日	8.77	8.32	8.13	8.65	8.8	
4	8月3日	9.53	9.61	8.89	8.72	9.19	
5	8月4日	8.98	8.71	9.22	9.65	9.81	
6							
7	去除极值比例	平均成绩					
8	5%	9.027					
9	10%	9.033333					
10	20%	9.039375	❸				
11							

提示:

① 若要求将最大值和最小值分别去除指定比例再求平均值，可以将参数2乘以2。

=TRIMMEAN($B$2:$F$5,A8*2)

B8		× ✓ fx	=TRIMMEAN($B$2:$F$5,A8*2)			
	A	B	C	D	E	F	G
1	测试时间	第1次	第2次	第3次	第4次	第5次	
2	8月1日	9.53	8.77	9.21	9.36	8.69	
3	8月2日	8.77	8.32	8.13	8.65	8.8	
4	8月3日	9.53	9.61	8.89	8.72	9.19	
5	8月4日	8.98	8.71	9.22	9.65	9.81	
6							
7	去除极值比例	平均成绩					
8	5%	9.033333					
9	10%	9.039375					
10	20%	9.0125					
11							

② 当取极值比例为0时（参数2为0），内部平均值和全体数据的平均值相等。当比例指定为100%时（参数2为1），则表示除去所有值，这样数组中不存在计算对象的数据，因此会返回错误值"#NUM!"。

函数 6 GEOMEAN
——求正数数组或数据区域的几何平均值

语法格式：=GEOMEAN(number1,number2,…)

语法释义：=GEOMEAN(数值1,数值2,…)

参数说明：

参数	性质	说明	参数的设置原则
number1	必需	表示用于计算平均值的第1个值	参数可以是数字、名称、数组或对数值的引用
number2,…	可选	表示用于计算平均值的其他值	最多可设置255个参数

 提示：GEOMEAN函数的参数若直接指定数值以外的文本，会返回错误值"#VALUE!"；如果指定小于0的数值，则会返回错误值"#NUM!"。如果数组或引用参数包含文本、逻辑值或空白单元格，则这些值将被忽略。

● 函数练兵：**去除测试分数指定比例的极值后，求平均值**

使用GEOMEAN函数可计算公司业绩的几何平均值，然后根据几何平均值计算出平均增长率。

Step01:

计算几何平均值

① 选择D2单元格，输入公式"=GEOMEAN(B2:B6)"。

② 按下"Enter"键计算出几何平均值。

D2	:	× ✓	fx	=GEOMEAN(B2:B6) ❶	
▲	A	B	C	D	E
1	年度	与上年的比值		几何平均值	
2	2017	1.02		1.460954252 ❷	
3	2018	1.37		平均增长率	
4	2019	2.1			
5	2020	1.8			
6	2021	1.26			
7					

Step02:

计算平均增长率

③ 选择D4单元格，输入公式"=D2-1"。

④ 按下"Enter"键，计算出平均增长率。

D4	:	× ✓	fx	=D2-1 ❸	
▲	A	B	C	D	E
1	年度	与上年的比值		几何平均值	
2	2017	1.02		1.460954252	
3	2018	1.37		平均增长率	
4	2019	2.1		46% ❹	
5	2020	1.8			
6	2021	1.26			
7					

提示：通常情况下，几何平均值和算术平均值的关系是"几何平均值≤算术平均值"。如果各数据不分散，则几何平均值接近算术平均值。组合使用POWER函数、PRODUCT函数和COUNT函数，也能求几何平均值，但使用GEOMEAN函数求几何平均值的方法更简便。根据公式，用各数据的积的n次方根求几何平均值，所以根号中的数必须是正数。如果指定小于0的数值，则会返回错误值"#NUM!"。

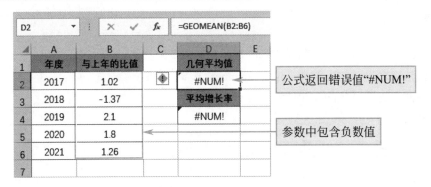

公式返回错误值"#NUM!"

参数中包含负数值

算术平均数与几何平均数区别如下：

（1）含义不同

算术平均数又称均值，是统计学中最基本、最常用的一种平均指标，分为简单

第3章
统计函数的应用

算术平均数、加权算术平均数。它主要适用于数值型数据。

几何平均数是对各变量值的连乘积开项数次方根。求几何平均数的方法叫做几何平均法。

（2）公式形式不同

$$对于 X_1, X_2, \cdots, X_n,$$

算术平均数的计算公式为：

$$\overline{X} = \frac{X_1 + X_2 + \cdots + X_n}{n}$$

几何平均数的计算公式为：

$$G = \sqrt[n]{X_1 X_2 \cdots X_n}$$

（3）适用的计算不同

① 算术平均数：于主要用于未分组的原始数据。设一组数据为 X_1, X_2, $\cdots$, X_n，通过算术平均数公式可以算出这组数据的平均值（期望）。

② 几何平均数：当总水平、总成果等于所有阶段、所有环节水平、成果的连乘积总和时，求各阶段、各环节的一般水平、一般成果，要使用几何平均法计算几何平均数，而不能使用算术平均法计算算术平均数。

函数 7 MEDIAN
——求给定数值集合的中值

MEDIAN 函数可求按顺序排列的数值数据中间位置的值，也称为中值。

语法格式：=MEDIAN(number1,number2,…)

语法释义：=MEDIAN(数值1,数值2,…)

参数说明：

参数	性质	说明	参数的设置原则
number1	必需	表示用于中值计算的第 1 个值	参数可以是数字、名称、数组或对数值的引用，如果直接指定数值以外的文本，则会返回错误值"#VALUE!"
number2,…	可选	表示用于中值计算的其他值	最多可设置 255 个参数。数组或引用中的文本、逻辑值或空白单元格将被忽略

● 函数练兵: **计算各城市上半年降雨量的中值**

MEDIAN函数用来反映一组数的中间水平情况,下面将使用该函数计算各城市上半年降雨量的中值。

Step01:
输入公式

① 选择H2单元格,输入公式"=MEDIAN(B2:G2)";
② 按"Enter"键返回计算结果后再次选中H2单元格;
③ 双击填充柄;

H2	▼	×	✓	fx	=MEDIAN(B2:G2)	❶
A	B	C	D	E	F	G	H	I
城市	1月	2月	3月	4月	5月	6月	降雨量中值	
北京	0	0	5.2	33.6	32.4	23.8	14.5	❷
天津	0	0	2.4	22.1	37	69.1	❸	
石家庄	0	0						
太原	0	0		=MEDIAN(B2:G2)			
呼和浩特	0	0	0.7	5.8	30.4	50.8		
沈阳	0.1	4.7	34.8	23.8	14.7	37.3		
大连	0	0.1	14.5	19.8	10.5	57.9		
长春	0.3	2.3	30.3	17.5	38	83.9		
哈尔滨	2.6	2.9	23.3	12.8	42.6	80.5		
上海	48.1	22.5	116	72.7	104.5	613.1		

Sheet1 Sheet2 ⊕

Step02:
填充公式

④ 公式随即自动填充到下方单元格区域中,从而计算出其他城市上半年降雨量的中值。

H2	▼	×	✓	fx	=MEDIAN(B2:G2)	
A	B	C	D	E	F	G	H	I
城市	1月	2月	3月	4月	5月	6月	降雨量中值	
北京	0	0	5.2	33.6	32.4	23.8	14.5	
天津	0	0	2.4	22.1	37	69.1	12.25	
石家庄	0	0	0.9	10.3	40.4	27.6	5.6	
太原	0	0	1.6	4.6	24.6	12.8	3.1	
呼和浩特	0	0	0.7	5.8	30.4	50.8	3.25	
沈阳	0.1	4.7	34.8	23.8	14.7	37.3	19.25	
大连	0	0.1	14.5	19.8	10.5	57.9	12.5	
长春	0.3	2.3	30.3	17.5	38	83.9	23.9	
哈尔滨	2.6	2.9	23.3	12.8	42.6	80.5	18.05	
上海	48.1	22.5	116	72.7	104.5	613.1	88.6	❹

Sheet1 Sheet2 ⊕

💡
提示: 中值比平均值小,数据的幅宽比平均值宽。使用MEDIAN函数时,没有必要按顺序排列数据,因为中值位于各个数据的中央位置。

中值比值小,且求中值时
不需要按顺序排列数据

I2	▼	×	✓	fx	=AVERAGE(B2:G2)	
A	B	C	D	E	F	G	H	J
城市	1月	2月	3月	4月	5月	6月	降雨量中值	平均降雨量
北京	0	0	5.2	33.6	32.4	23.8	14.5	15.833333
天津	0	0	2.4	22.1	37	69.1	12.25	21.766667
石家庄	0	0	0.9	10.3	40.4	27.6	5.6	13.2
太原	0	0	1.6	4.6	24.6	12.8	3.1	7.2666667
呼和浩特	0	0	0.7	5.8	30.4	50.8	3.25	14.616667
沈阳	0.1	4.7	34.8	23.8	14.7	37.3	19.25	19.233333
大连	0	0.1	14.5	19.8	10.5	57.9	12.5	17.133333
长春	0.3	2.3	30.3	17.5	38	83.9	23.9	28.716667
哈尔滨	2.6	2.9	23.3	12.8	42.6	80.5	18.05	27.45
上海	48.1	22.5	116	72.7	104.5	613.1	88.6	162.81667

Sheet1 Sheet2 ⊕

函数 8 AVEDEV
——计算一组数据与其均值的绝对偏差的平均值

语法格式：=AVEDEV(number1,number2,…)

语法释义：=AVEDEV(数值1,数值2,…)

参数说明：

参数	性质	说明	参数的设置原则
number1	必需	表示用于计算绝对值偏差的第一个值	参数可以是数字、名称、数组或对数值的引用，参数为文本时会返回错误值"#NAME?"
number2,…	可选	表示用于计算绝对值偏差的其他值	最多可设置255个参数

● **函数练兵**：**根据抽样检查结果计算样品平均偏差**

下面将使用AVEDEV函数计算被检测的样品所含蛋白质重量的平均偏差。

D2	▼	× ✓ fx	=AVEDEV(B2:B7) ①	
▲	A	B	C	D	E
1	抽检批次	蛋白质含量（g）		平均偏差	
2	1121	19.6		0.163333333 ②	
3	1135	19.53			
4	2566	19.8			
5	3600	19.66			
6	7800	19.21			
7	8211	19.35			
8					

① 选择D2单元格，输入公式"=AVEDEV(B2:B7)"。

② 按下"Enter"键即可计算出所有抽检产品所含蛋白质重量的平均偏差。

● **函数组合应用**：**AVERAGE+ABS——求抽检产品蛋白质含量平均偏差**

除了使用AVEDEV函数计算一组数据与其均值的绝对偏差的平均值，也可利用AVERAGE函数[1]与ABS函数[2]嵌套编写数组公式完成计算。

---

[1] AVERAGE，用于求数字的算术平均值，其使用方法详见本书第3章函数1。

[2] ABS，求指定数值的绝对值，其使用方法详见本书第2章函数13。

Step01:
输入数组公式

① 选择 D2 单元格，输入数组
公式 "=AVERAGE(ABS(B2:B7-
AVERAGE(B2:B7)))"；

AVERAGE			fx	=AVERAGE(ABS(B2:B7-AVERAGE(B2:B7))) ❶
	A	B	C	D	E	F
1	抽检批次	蛋白质含量（g）		平均偏差		
2	1121	1	=AVERAGE(ABS(B2:B7-AVERAGE(B2:B7)))			
3	1135	19.53				
4	2566	19.8				
5	3600	19.66				
6	7800	19.21				
7	8211	19.35				
8						

Step02:
返回计算结果

② 公式输入完成后按 "Ctrl+
Shift+Enter" 组合键返回平均
偏差。

D2			fx	{=AVERAGE(ABS(B2:B7-AVERAGE(B2:B7)))}
	A	B	C	D	E	F
1	抽检批次	蛋白质含量（g）		平均偏差		
2	1121	19.6		0.163333333 ❷		
3	1135	19.53				
4	2566	19.8				
5	3600	19.66				
6	7800	19.21				
7	8211	19.35				
8						

按"Ctrl+Shift+Enter"组合键

提示： 若不使用数组公式，也可
用多个公式分多次计算求出平均
偏差。

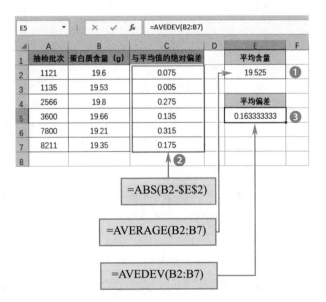

E5			fx	=AVEDEV(B2:B7)
	A	B	C	D	E	F
1	抽检批次	蛋白质含量（g）	与平均值的绝对偏差		平均含量	
2	1121	19.6	0.075		19.525 ❶	
3	1135	19.53	0.005			
4	2566	19.8	0.275		平均偏差	
5	3600	19.66	0.135		0.163333333 ❸	
6	7800	19.21	0.315			
7	8211	19.35	0.175			
8			❷			

=ABS(B2-$E$2)

=AVERAGE(B2:B7)

=AVEDEV(B2:B7)

函数 9 DEVSQ

——求数据点与各自样本平均值偏差的平方和

语法格式：=DEVSQ(number1,number2,…)

语法释义：=DEVSQ(数值1,数值2,…)

参数说明：

参数	性质	说明	参数的设置原则
number1	必需	表示需要计算偏差平方和的第一个值	参数可以是数字、名称、数组或对数值的引用，参数为文本时会返回错误值"#NAME?"，空单元格和逻辑值会被忽略
number2,…	可选	表示用于计算偏差平方和的其他值	最多可设置255个参数

● 函数练兵：**根据抽样检查结果计算样品的偏差平方和**

下面将使用DEVSQ函数计算被检测的样品所含蛋白质重量的偏差平方和。

① 选择D2单元格，输入公式"=DEVSQ(B2:B7)"。

② 按下"Enter"键即可计算出偏差平方和。

提示：用户也可使用AVERAGE函数求平均值，将平均值与各数点的差即偏差结果作为基数，再使用SUMSQ函数也能求得偏差平方和。不过，使用DEVSQ函数求偏差平方和更简便。

函数 10 MODE

——求数值数据的众数

MODE函数可求数值数据中出现频率最多的值，这些值称为众数。

语法格式：=MODE(number1,number2,…)

语法释义：=MODE(数值1,数值2,…)

参数说明：

参数	性质	说明	参数的设置原则
number1	必需	表示用于计算众数的第一个值	参数可以是数字、名称、数组或对数值的引用，参数为文本时会返回错误值"#NAME?"，空单元格和逻辑值会被忽略
number2,…	可选	表示用于计算众数的其他值	最多可设置255个参数

● 函数练兵： **求生产不良数记录的众数**

　　下面将以生产不良数记录原始数据，计算所有流水线的产品不良数记录的众数。"未检出"文本单元格以及空单元格会被忽略。

Step01：

输入并填充公式

① 在B2单元格中输入公式"=MODE(B2:B11)"，按下"Enter"键返回计算结果；

② 再次选中B2单元格，向右拖动填充柄；

	B12		×	✓	fx	=MODE(B2:B11)	❶
	A	B	C	D	E	F	G
1	生产批次	流水线1	流水线2	流水线3	流水线4	流水线5	流水线6
2	C0120211	9	7	6	11	10	12
3	C0120212	未检出	6	10	15	11	10
4	C0120213	12	8	8	9	未检出	8
5	C0120214		11	未检出	6	9	6
6	C0120215	10	12	11	10	8	未检出
7	C0120216	8	10	15	8	10	9
8	C0120217	6	8	13	7	未检出	6
9	C0120218	未检出	9	9	8	6	8
10	C0120219	10	未检出	8	9	11	6
11	C0120220	10	6	6	10	15	9
12	众数	10					❷
13		所有记录的众数					
14							

Step02：

返回每条流水线的不良记录众数

③ 松开鼠标后即可计算出所有流水线的不良记录众数；

	B12		×	✓	fx	=MODE(B2:B11)	
	A	B	C	D	E	F	G
1	生产批次	流水线1	流水线2	流水线3	流水线4	流水线5	流水线6
2	C0120211	9	7	6	11	10	12
3	C0120212	未检出	6	10	15	11	10
4	C0120213	12	8	8	9	未检出	8
5	C0120214		11	未检出	6	9	6
6	C0120215	10	12	11	10	8	未检出
7	C0120216	8	10	15	8	10	9
8	C0120217	6	8	13	7	未检出	6
9	C0120218	未检出	9	9	8	6	8
10	C0120219	10	未检出	8	9	11	6
11	C0120220	11	6	6	10	15	9
12	众数	10	6	6	9	10	6 ❸
13		所有记录的众数					
14							

G13		fx	=MODE(B2:G11)	④			
	A	B	C	D	E	F	G	H
	生产批次	流水线1	流水线2	流水线3	流水线4	流水线5	流水线6	
2	C0120211	9	7	6	11	10	12	
3	C0120212	未检出	6	10	15	11	10	
4	C0120213	12	8	8	9	未检出	8	
5	C0120214		11	未检出	6	9	6	
6	C0120215	10	12	11	10	8	未检出	
7	C0120216	8	10	15	8	10	9	
8	C0120217	6	8	13	7	未检出	6	
9	C0120218	未检出	9	9	8	6	8	
10	C0120219	10	未检出	8	9	11	6	
11	C0120220	11	6	6	10	15	9	
12	众数	10	6	6	9	10	6	
13	所有记录的众数						6	⑤
14								

Step03：

计算所有不良记录的众数

④ 在G13单元格中输入公式"=MODE(B2:G11)"；

⑤ 按下"Enter"键计算出所有不良记录的众数。

提示：根据提前计算出的各流水线的众数值可以计算出所有记录的众数，公式为"=MODE(B12:G12)"，计算结果相同。

G13		fx	=MODE(B12:G12)				
	A	B	C	D	E	F	G	H
	生产批次	流水线1	流水线2	流水线3	流水线4	流水线5	流水线6	
2	C0120211	9	7	6	11	10	12	
3	C0120212	未检出	6	10	15	11	10	
4	C0120213	12	8	8	9	未检出	8	
5	C0120214		11	未检出	6	9	6	
6	C0120215	10	12	11	10	8	未检出	
7	C0120216	8	10	15	8	10	9	
8	C0120217	6	8	13	7	未检出	6	
9	C0120218	未检出	9	9	8	6	8	
10	C0120219	10	未检出	8	9	11	6	
11	C0120220	11	6	6	10	15	9	
12	众数	10	6	6	9	10	6	
13	所有记录的众数						6	
14								

引用各流水线的不良记录众数

提示：众数（Mode）是统计学名词，是在统计分布上具有明显集中趋势点的数值，代表数据的一般水平（众数可以不存在或多于一个）。简单地说，众数就是一组数据中占比例最多的那个数。

函数 11 HARMEAN
——求数据集合的调和平均值

HARMEAN函数可以求调和平均值。调和平均值的倒数是用各数据的倒数总和除以数据个数所得的数，所以求平均速度或单位时间的平均工作量时，使用调和平均值比较简便。

语法格式： =HARMEAN(number1,number2,…)

语法释义： =HARMEAN(数值1,数值2,…)

参数说明：

参数	性质	说明	参数的设置原则
number1	必需	表示用于计算调和平均数的第1个值	参数可以是数字、名称、数组或对数值的引用，参数为文本时会返回错误值"#NAME?"，空单元格和逻辑值会被忽略
number2,…	可选	表示用于计算调和平均数的其他值	最多可设置255个参数

● 函数练兵： **求接力赛跑平均速度**

下面以4×100m接力赛跑中各运动员的速度为基数，使用调和平均值求平均速度。

Step01：
输入并填充公式

① 选择B6单元格，输入公式"=HARMEAN(B2:B5)"；

② 将光标移动到B6单元格右下角，光标变成"✚"形状时，按住鼠标左键，向右拖动；

Step02：
返回调和平均值

③ 将填充柄拖动到D6单元格后松开鼠标，即可计算出所有参赛队的调和平均速度。

💡 提示：如果各数据不分散，则调和平均值接近算术平均值和几何平均值。通常情况下，调和平均值和算术平均值、几何平均值之间的关系为：调和平均值≤几何平均值≤算术平均值。所有参数值相等时，这3个平均值也相等。

函数 12 COUNT

——计算区域中包含数字的单元格个数

语法格式：=COUNT(value1,value2,…)

语法释义：=COUNT(数值1,数值2,…)

参数说明：

参数	性质	说明	参数的设置原则
value1	必需	表示包含各种类型数据的参数	参数可以是数字、名称、数组或对数值的引用，空单元格、逻辑值、文本或错误值会被忽略
value2,…	可选	表示包含各种类型数据的参数	最多可设置255个参数

使用COUNT函数可求包含数字的单元格个数，它是Excel中使用最频繁的函数之一。在统计领域中，个数是代表值之一，作为统计数据的全体调查数或样本数使用。可以使用"插入函数"对话框选择"COUNT"函数，但使用"公式"选项卡中的"自动求和"按钮，求参数个数的方法最简便。使用"自动求和"按钮输入"COUNT"函数时，在输入函数的单元格中会自动确认相邻数值的单元格。

● 函数练兵： **计算实际参加考试的人数**

参加考试的考生有考分，而没参加考试的考生成绩用"缺考"表示。下面将使用内置命令按钮自动计算实际参加考试的人数。

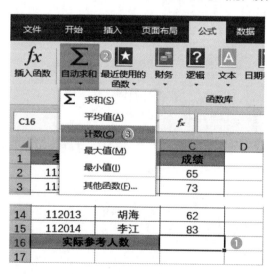

Step01:

选择插入函数的方式

① 选择C16单元格；

② 打开"公式"选项卡，在"函数库"组中单击"自动求和"下拉按钮；

③ 在展开的列表中选择"计数"选项；

Step02:

自动录入公式并修改参数

④ C16单元格中随即自动输入公式，此时COUNT函数自动引用的单元格区域并不正确，需要重新选择引用的区域；

⑤ 保持参数为选中状态，在工作表中选择C2:C15单元格区域；

Step03:

返回计算结果

⑥ 按下Enter键，即可统计出C2:C16单元格区域中包含数字的单元格数量，即实际参加考试的人数。

	A	B	C	D	E
1	考号	姓名	成绩		
2	112001	丽丽	65		
3	112002	高霞	73		
4	112003	王琛明	62		
5	112004	刘丽英	82		
6	112005	赵梅	缺考		
7	112006	王博	65		
8	112007	胡一统	31		
9	112008	赵甜	90		
10	112009	马明	86		
11	112010	叮铃	69		
12	112011	程明阳	57		
13	112012	刘国庆	缺考		
14	112013	胡海	62		
15	112014	李江	83		
16	实际参考人数		12	⑥	
17					

函数 13 COUNTA
——计算指定单元格区域中非空单元格的数目

COUNTA函数可求指定单元格区域中非空单元格的个数。它和COUNT函数的不同之处在于，COUNTA函数可以统计数值以外的文本或逻辑值。

语法格式：=COUNTA(value1,value2,…)

语法释义：=COUNTA(数值1,数值2,…)

参数说明：

参数	性质	说明	参数的设置原则
value1	必需	表示包含各种类型数据的参数	参数可以是数字、名称、数组或对数值的引用，除了空白单元格之外，其他类型的数据都会被统计
value2,…	可选	表示包含各种类型数据的参数	最多可设置 255 个参数

● 函数练兵： **统计会议实际到场人数**

在参会人员统计表中"√"和"是"都表示人员到场，空单元格表示未到场，下面将使用COUNTA函数统计实际参加会议的人数。

	A	B	C	D	E
	D2		× ✓ fx	=COUNTA(B2:B15) ❶	
1	姓名	是否参会		实际参会人数	
2	刘达	√		11 ❷	
3	吴宇				
4	赵海滨	是			
5	李美				
6	乔振鑫	是			
7	魏乐	是			
8	张建利	√			
9	吴梅				
10	姜波	√			
11	丁茜	是			
12	于丽丽	是			
13	吴美月	是			
14	卿正成	是			
15	马玉英	√			
16					

① 选择D2单元格，输入公式"=COUNTA(B2:B15)"。
② 按下"Enter"键即可计算出实际参加会议的人数，即参数区域中包含内容的单元格数量。

函数 14 COUNTBLANK
——统计空白单元格的数目

COUNTBLANK 函数用于求指定范围内空白单元格的个数，通常在计算未输入数据的单元格数量时使用。

语法格式：=COUNTBLANK(range)
语法释义：=COUNTBLANK(区域)

参数说明：

参数	性质	说明	参数的设置原则
range	必需	表示需要计算空单元格数目的区域	只能指定一个参数

● 函数练兵： **统计未参加会议的人数**

下面将使用COUNTBLANK函数统计会议未到场的人数。

① 在D2单元格中输入公式
"=COUNTBLANK(B2:B15)"。

② 按下"Enter"键即可计算出未参加会议的人数，即参数区域中的空白单元格数目。

D2	▼	:	×	✓	*fx* ❶	=COUNTBLANK(B2:B15)	

▲	A	B	C	D	E
1	姓名	是否参会		未参加会议的人数	
2	刘达	√		3	❷
3	吴宇				
4	赵海滨	是			
5	李美				
6	乔振鑫	是			
7	魏乐	是			
8	张建利	√			
9	吴梅				
10	姜波	√			
11	丁茜	是			
12	于丽丽	是			
13	吴美月	是			
14	卿正成	是			
15	马玉英	√			
16					

函数 15 COUNTIF
——求满足指定条件的单元格数目

语法格式：=COUNTIF(range,criteria)

语法释义：=COUNTIF(区域,条件)

参数说明：

参数	性质	说明	参数的设置原则
range	必需	表示要计算其中满足条件的单元格数目的区域	为一个指定的单元格区域
criteria	必需	表示条件	其形式可以是数值、文本或表达式

● 函数练兵1： **计算成绩超过80分的考生人数**

下面将使用COUNTIF函数计算成绩大于80分的人数。

| C16 | ▼ | : | × | ✓ | fx | =COUNTIF(C2:C15,">80") |

	A	B	C	D	E
1	考号	姓名	成绩		
2	112001	丽丽	65		
3	112002	高霞	73		
4	112003	王琛明	62		
5	112004	刘丽英	82		
6	112005	赵梅	缺考		
7	112006	王博	65		
8	112007	胡一统	31		
9	112008	赵甜	90		
10	112009	马明	86		
11	112010	叮铃	69		
12	112011	程明阳	57		
13	112012	刘国庆	缺考		
14	112013	胡海	62		
15	112014	李江	83		
16	成绩超过80分的人数		4	❷	
17					

① 在C16单元格中输入公式 "=COUNTIF(C2:C15,">80")"。

② 按下"Enter"键即可计算出成绩大于80分的人数，即C2:C16单元格区域中大于80的单元格数量。

特别说明：当条件为手动输入的常量时，必须输入在英文状态的双引号中。

提示：若改变条件，例如将条件修改成"缺考"，则可以统计出缺考的人数。

| C16 | ▼ | : | × | ✓ | fx | =COUNTIF(C2:C15,缺考) |

修改条件为"缺考"

	A	B	C	D	E
1	考号	姓名	成绩		
2	112001	丽丽	65		
3	112002	高霞	73		
4	112003	王琛明	62		
5	112004	刘丽英	82		
6	112005	赵梅	缺考		
7	112006	王博	65		
8	112007	胡一统	31		
9	112008	赵甜	90		
10	112009	马明	86		
11	112010	叮铃	69		
12	112011	程明阳	57		
13	112012	刘国庆	缺考		
14	112013	胡海	62		
15	112014	李江	83		
16	缺考的人数		2		
17					

统计出包含"缺考"的单元格数量

● 函数练兵 2: 使用通配符计算花生类产品的生产次数

COUNTIF 函数支持通配符的使用，下面将利用通配符设置条件，从生产记录表中统计花生类产品的生产次数。

① 选择C19单元格，输入公式 "=COUNTIF(C2:C18,"??花生")"。

② 按下 "Enter" 键，计算出花生类产品的生产次数，即最后两个字为 "花生" 的单元格数量。

	A	B	C	D	E
	C19		fx	=COUNTIF(C2:C18,"??花生")	①
1	生产时间	生产车间	产品名称	生产数量	
2	2021/11/5	一车间	怪味胡豆	50000	
3	2021/11/5	二车间	小米锅巴	32000	
4	2021/11/8	二车间	红泥花生	22000	
5	2021/12/3	二车间	怪味胡豆	19000	
6	2021/12/12	四车间	咸干花生	20000	
7	2021/12/5	四车间	怪味胡豆	13000	
8	2021/12/23	四车间	五香瓜子	11000	
9	2021/12/5	四车间	红泥花生	15000	
10	2021/12/12	二车间	鱼皮花生	30000	
11	2021/12/12	一车间	五香瓜子	27000	
12	2021/12/3	四车间	咸干花生	34000	
13	2021/11/18	三车间	鱼皮花生	25000	
14	2021/12/5	二车间	鱼皮花生	10000	
15	2021/11/12	三车间	怪味胡豆	13000	
16	2021/11/12	三车间	小米锅巴	12000	
17	2021/12/22	一车间	怪味胡豆	15000	
18	2021/12/14	二车间	小米锅巴	60000	
19	花生类产品的生产次数		7	②	
20					

提示： 通配符 "?" 表示任意的一个字符。条件 "??花生" 则表示最后两个字是 "花生"，在 "花生" 前面包含任意的两个字符。本例公式中的条件也可用 "*花生" 代替，其计算结果是相同的。

修改条件为 ""*花生""

	A	B	C	D	E
	C19		fx	=COUNTIF(C2:C18,"*花生")	
1	生产时间	生产车间	产品名称	生产数量	
2	2021/11/5	一车间	怪味胡豆	50000	
3	2021/11/5	二车间	小米锅巴	32000	
4	2021/11/8	二车间	红泥花生	22000	
5	2021/12/3	二车间	怪味胡豆	19000	
6	2021/12/12	四车间	咸干花生	20000	
7	2021/12/5	四车间	怪味胡豆	13000	
8	2021/12/23	四车间	五香瓜子	11000	
9	2021/12/5	四车间	红泥花生	15000	
10	2021/12/12	二车间	鱼皮花生	30000	
11	2021/12/12	一车间	五香瓜子	27000	
12	2021/12/3	四车间	咸干花生	34000	
13	2021/11/18	三车间	鱼皮花生	25000	
14	2021/12/5	二车间	鱼皮花生	10000	
15	2021/11/12	三车间	怪味胡豆	13000	
16	2021/11/12	三车间	小米锅巴	12000	
17	2021/12/22	一车间	怪味胡豆	15000	
18	2021/12/14	二车间	小米锅巴	60000	
19	花生类产品的生产次数		7		
20					

返回结果相同

第3章

函数组合应用：IF+COUNTIF——检查是否有重复数据

使用COUNTIF函数和IF函数组合应用可以检查指定数据是否重复。下面将在产品报价单中检查指定的产品名称是否存在重复报价的情况。

A	产品名称	规格	单价	搭赠	折合价	查询重复项
2	奶油金瓜卷	25*10*20	83	50件送3	78	
3	五谷杂粮卷	25*10*12	65		65	
4	400g地瓜丸	20*20*10	40	10件送1	36.4	
5	猪仔包	35*10*10	95	20送1	90.5	
6	雪花南瓜饼	25*12*16	48		48	
7	雪花香芒酥	25*10*12	110	30件送1	106	
8	相思双皮奶	28*10*15	100		100	
9	香芋地瓜丸	22*20*10	50	100件送25	40	
10	掌上明珠	200*12*12	115		115	
11	猪仔包	35*10*10	95	20送1	90.5	
12	娘惹山药	22*10*20	103	30件送1	99.7	
13	百年好合	15*10*12	80		80	
14	富贵吉祥	22*10*12	80		80	
15	福星高照	15*10*12	115	15送1	107.8	
16	果仁甜心	28*12*20	115	20件送1	109.5	
17	金色年华	15*10*12	80		80	
18	满园春色	9*28*20	65	100件送5	61.9	

F2 = `=IF((COUNTIF($A$2:$A$18,A2))>1,"重复报价","")`

StepO1：
输入公式

① 选择F2单元格，输入公式"=IF((COUNTIF($A$2:$A$18,A2))>1,"重复报价","")"按下"Enter"键，返回查询结果；
② 随后再次选中F2单元格，双击填充柄；

A	产品名称	规格	单价	搭赠	折合价	查询重复项
1						
2	奶油金瓜卷	25*10*20	83	50件送3	78	
3	五谷杂粮卷	25*10*12	65		65	
4	400g地瓜丸	20*20*10	40	10件送1	36.4	
5	猪仔包	35*10*10	95	20送1	90.5	重复报价
6	雪花南瓜饼	25*12*16	48		48	
7	雪花香芒酥	25*10*12	110	30件送1	106	
8	相思双皮奶	28*10*15	100		100	
9	香芋地瓜丸	22*20*10	50	100件送25	40	
10	掌上明珠	200*12*12	115		115	
11	猪仔包	35*10*10	95	20送1	90.5	重复报价
12	娘惹山药	22*10*20	103	30件送1	99.7	
13	百年好合	15*10*12	80		80	
14	富贵吉祥	22*10*12	80		80	
15	福星高照	15*10*12	115	15送1	107.8	
16	果仁甜心	28*12*20	115	20件送1	109.5	
17	金色年华	15*10*12	80		80	
18	满园春色	9*28*20	65	100件送5	61.9	

F2 = `=IF((COUNTIF($A$2:$A$18,A2))>1,"重复报价","")`

StepO2：
填充公式

③ 此时公式自动被填充至下方单元格区域中。产品名称不存在重复项的返回空白，存在重复项的返回"重复报价"。

函数 16 FREQUENCY
——以一列垂直数组返回某个区域中数据的频率分布

语法格式：=FREQUENCY(data_array,bins_array)
语法释义：=FREQUENCY(一组数值,一组间隔值)

参数说明：

参数	性质	说明	参数的设置原则
data_array	必需	表示用来计算频率的数组，或对数组单元格区域的引用	数值以外的文本和空白单元格将被忽略
bins_array	必需	表示数据接收区间，为一数组或对数组区域的引用	如果有数值以外的文本或者空白单元格，则返回错误值"#N/A"

● 函数练兵： **某公司成立以来创造的产值分布表**

下面将以某公司成立以来创造的产值数据为原始数据，求差值的度数分布表。另外，作为数组公式输入的单元格不能进行单独编辑，必须选定输入数组公式的单元格区域才能进行编辑。

Step01：
输入数组公式

① 选择H3：H10单元格区域；
② 在编辑栏中输入数组公式"=FREQUENCY(A2:E10, G3:G10)"；

Step02：
返回数组公式结果

③ 按"Ctrl+Shift+Enter"组合键，H3：H10单元格区域内的每个单元格中都被录入了数组公式并返回了计算结果。

提示：各区间值的频率分布可以统一整理统计数据，用于检查数据的分布状态。但如果用图表直观化所求的度数分布表，则能进一步显示数据的分布状态。

基于各区间的频率分布图表

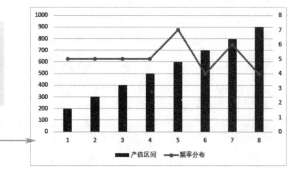

产值区间　频率分布

函数 **17** # MAX

——求一组值中的最大值

语法格式：=MAX(number1,number2,…)
语法释义：=MAX(数值1,数值2,…)
参数说明：

参数	性质	说明	参数的设置原则
number1	必需	表示准备从中求取最大值的第一个区域	参数为数值以外的文本时，返回错误值"#VALUE!"。数组或引用中的文本、逻辑值或空白单元格会被忽略
number2,…	可选	表示要从中求取最大值的其他区域	最多可设置255个参数

● 函数练兵：**从所有年龄中求最大年龄**

下面将从所有人员的年龄中提取出最大年龄。

▲	A	B	C	D	E	F
1	姓名	性别	年龄		最大年龄	
2	范慎	男	25		60	
3	赵凯歌	男	43			
4	王美丽	女	18			
5	薛珍珠	女	55			
6	林玉涛	男	32			
7	丽萍	女	49			
8	许仙	男	60			
9	白素贞	女	37			
10	小清	女	31			
11	黛玉	女	22			
12	范思哲	男	26			
13						

（E2 ▾ ⨉ ✓ fx =MAX(C2:C12) ①）

① 选择E2单元格，输入公式"=MAX(C2:C12)"。
② 按下"Enter"键即可从所有年龄中提取中最大的年龄。

函数 **18** # MAXA

——求参数列表中的最大值

语法格式：=MAXA(value1,value2,…)

语法释义：=MAXA(数值1,数值2,…)

参数说明：

参数	性质	说明	参数的设置原则
value1	必需	表示要求最大值的第 1 个区域	参数可以是数字、名称、数组或对数值的引用，参数为文本时会返回错误值"#NAME?"，空单元格会被忽略，逻辑值TRUE 作为 1 计算，FALSE 作为 0 计算
value2,…	可选	表示要从中求出最大值的其他区域	最多可设置 255 个参数

 提示：MAXA 函数和求最大值的 MAX 函数的不同之处在于，文本值和逻辑值也作为数字计算。当求最大值的数据数值最大值超过1时，函数MAXA和函数MAX返回相同的结果。但是，求最大值的数据数值如果全部小于等于1，而参数中包含逻辑值TRUE时，函数MAXA和函数MAX则返回不同的结果。

● 函数练兵：**从所有销售业绩中求最高业绩**

下面将从销售业绩表中求出最高的销售业绩。

① 选择E2单元格，输入公式"=MAXA(C2:C20)"。

② 按下"Enter"键即可从所有业绩中求出最高业绩，即C2:C20单元格区域中的最大值。

函数 19 MAXIFS
——求一组给定条件所指定的单元格的最大值

语法格式：=MAXIFS(max_range,criteria_range1,criteria1,criteria_range2,criteria2,…)

语法释义：=MAXIFS(最大值所在区域,区域1,条件1,区域2,条件2,…)
参数说明：

参数	性质	说明	参数的设置原则
max_range	必需	表示要确定最大值的单元格	可以是单元格或单元格区域、数字、名称、数组或引用。区域中的文本和逻辑值会被忽略
criteria_range1	必需	表示第一个条件所在区域	区域的第一列中必须包含关联的条件，否则将返回错误值
criteria1	必需	表示第一个条件	条件可以是数字、表达式或文本
criteria_range2,criteria2,…	可选	表示其他条件区域和条件	最多可设置 126 个区域和条件

● 函数练兵： **求指定区域的最高业绩**

下面将使用 MAXIFS 函数从销售业绩表中求出指定地区的最高销售业绩。

Step01:
输入公式

① 选择 F2 单元格，输入公式"=MAXIFS($C$2:C$20,B$2:B$20,E2)"。

特别说明：公式中对 C2:C20 以及 B2:B20 单元格区域的引用不能使用相对引用，否则向下方填充公式时引用的单元格区域会发生偏移，从而造成提取的结果值不准确。

Step02:
填充公式

② 双击 F2 单元格填充柄，将公式填充到下方区域即可自动提取出不同地区的最高业绩。

函数 **20** MIN
——求一组数中的最小值

语法格式： =MIN(number1,number2,…)
语法释义： =MIN(数值1,数值2,…)
参数说明：

参数	性质	说明	参数的设置原则
number1	必需	表示需要从中求出最小值的第一个区域	参数直接指定数值以外的文本时会返回错误值"#VALUE!"。参数为数组或引用时，则数组或引用中的文本、逻辑值或空白单元格将被忽略
number2,…	可选	表示需要从中求取最小值的其他区域	最多可设置254个参数

提示： MIN函数会忽略空白单元格。空白单元格并不代表0，若要把0作为计算对象，必须在单元格中输入0。

● 函数练兵： **计算业绩最低值**

下面将使用MIN函数从销售业绩表中提取最低业绩数值。

① 选择E2单元格，输入公式"=MIN
(C2:C20)"。
② 按下"Enter"键即可返回业绩最低
值，即C2:C20单元格区域中的最小值。

E2		× ✓ fx	=MIN(C2:C20) ❶		
▲	A	B	C	D	E	F
1	姓名	区域	业绩		最低业绩	
2	子悦	长沙	¥155,797.00		¥8,017.00	❷
3	小倩	武汉	¥53,628.00			
4	赵敏	苏州	¥224,635.00			
5	青霞	苏州	¥10,697.00			
6	小白	长沙	¥12,788.00			
7	小青	合肥	¥33,068.00			
8	香香	合肥	¥8,686.00			
9	萍儿	广州	¥342,088.00			
10	晓峰	成都	¥11,616.00			
11	宝玉	广州	¥130,471.00			
12	保平	成都	¥32,824.00			
13	孙怡	上海	¥320,383.00			
14	杨方	长沙	¥9,525.00			
15	方宇	苏州	¥32,143.00			
16	秦政	上海	¥9,552.00			
17	薛飞	上海	¥51,025.00			
18	沈浪	武汉	¥93,135.00			
19	刘琼	合肥	¥8,017.00			
20	薛斌	广州	¥19,080.00			
21						

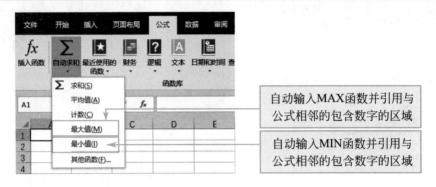

自动输入MAX函数并引用与公式相邻的包含数字的区域

自动输入MIN函数并引用与公式相邻的包含数字的区域

函数 21 MINA

——求参数列表中的最小值

语法格式：=MINA(value1,value2,…)

语法释义：=MINA(数值1,数值2,…)

参数说明：

参数	性质	说明	参数的设置原则
value1	必需	表示需要从中求出最小值的第一个区域	如果该参数为数值以外的文本，则返回错误值"#NAME?"，如果为数组或引用，则数组或引用中的空白单元格将被忽略。但包含 TRUE 的参数作为 1 计算，包含文本或 FALSE 的参数作为 0 计算
value2,…	可选	表示需要从中求出最小值的其他区域	最多可设置 255 个参数

① 选择B12单元格，输入公式"=MINA(B2:B11)"。

② 按下"Enter"键后计算出男子组的最低记录分值。随后将公式向右侧填充，得到女子组的最低记录分值。

特别说明：参数中的空白单元格会被忽略，文本作为数字0处理，所以女子组的最低分值返回0。

B12			f_x	=MINA(B2:B11)	①
	A	B	C	D	
1	出场编号	男子组	女子组		
2	1	9	7		
3	2	10	5		
4	3	12	8		
5	4		11		
6	5	10	12		
7	6	8	10		
8	7	6	8		
9	8	13	9		
10	9	9	8		
11	10	11	缺席		
12	最低纪录	6	0		②
13					

提示：MINA函数和MIN函数都忽略空白单元格。而且，在指定的参数单元格中，如果不包含文本或者逻辑值，不管使用哪一个函数都会返回相同的值。

函数 22 MINIFS
——求一组给定条件所指定的单元格之间的最小值

语法格式：=MINIFS(min_range,criteria_range1,criteria1,criteria_range2,criteria2,…)

语法释义：=MINIFS(最小值所在区域,区域1,条件1,区域2,条件2,…)

参数说明：

参数	性质	说明	参数的设置原则
min_range	必需	表示确定最小值的实际单元格	可以是单元格或单元格区域、数字、名称、数组或引用。区域中的文本和逻辑值会被忽略
criteria_range1	必需	表示一组用于条件计算的单元格	区域的第一列中必须包含关联的条件，否则将返回错误值
criteria1	必需	用于确定哪些单元格是最小值的条件	可以是数字、表达式或文本
criteria_range2,criteria2,…	可选	表示附加区域及其关联条件	最多可设置126个区域/条件

函数练兵：**提取25岁以上女性的最低身高**

下面将从身高体重登记表中提取出年龄在25岁以上的女性的最低身高。

	A	B	C	D	E	F
	姓名	性别	年龄	身高		
2	陈芳	女	18	159		
3	梁静	女	22	162		
4	李闯	男	31	177		
5	张瑞	男	21	180		
6	陈霞	女	25	165		
7	钟馗	男	28	173		
8	刘丽	女	19	157		
9	赵乐	女	29	166		
10	25岁以上女性的最低身高			166		
11						

D10 单元格公式：=MINIFS(D2:D9,B2:B9,"女",C2:C9,">25")

① 选择D10单元格，输入公式"=MINIFS(D2:D9,B2:B9,"女",C2:C9,">25")"。

② 按下"Enter"键即可从所有身高数据中提取出超过25岁的女性的最低身高。

函数 23 QUARTILE
——求数据集的四分位数

语法格式：=QUARTILE(array,quart)
语法释义：=QUARTILE(数组,四分位数)
参数说明：

参数	性质	说明	参数的设置原则
array	必需	表示用于计算四分位数值的数组或数字型单元格区域	如果数组为空，则会返回错误值"#NUM！"
quart	必需	表示用 0 ～ 4 的整数或者单元格指定返回哪一个四分位值	如果该参数不是整数，则将被截尾取整

quart参数的指定方法见下表。

quart 类型	返回值
0	最小值，与 MIN 函数返回相同值
1	第一个四分位数（25% 时的值）
2	中分位数（50% 时的值），与 MEDIAN 函数返回值相同
3	第三个四分位数（75% 时的值）
4	最大值，与 MAX 函数返回值相同
小于 0 或大于 4 的数	返回错误值"#NUM！"
数值以外的文本	返回错误值"#VALUE！"

函数练兵：计算产品销售额的最小值和四分位数

下面将使用各产品的月销售总额数据，使用QUARTILE函数计算其四分位数

① 选择G2单元格，输入公式"=QUARTILE($B$2:$B$10,D2)"。

② 随后将公式向下方填充，计算出所有商品的月销售额数据的四分位数。

	A	B	C	D	E	F
					=QUARTILE($B$2:$B$10,D2) ❶	
1	商品名称	月销售额		四分位数	结果	
2	一次性普通医用口罩	5800		0	300	
3	一次性医用防护口罩	9200		1	900	
4	一次性医用外科口罩	6700		2	2300	
5	75%消毒酒精	3200		3	5800	
6	酒精消毒湿巾	1800		4	9200	
7	免洗消毒洗手液	900			❷	
8	消毒喷雾剂	2300				
9	红外线体温枪	750				
10	防护手套	300				
11						

提示：在设置参数2的时候也可直接输入数字常量指定返回哪一个四分位值。当手动输入公式时屏幕中会出现一个提示列表，用户可双击该列表中的选项，向公式中输入相应数字。

D	E	F	G	H	I
四分位数	结果				
=QUARTILE($B$2:$B$10,					
QUARTILE(array, **quart**)					
2		0 - 最小值			
3		1 - 第一个四分位点(第 25 个百分点值)			
4		2 - 中值(第 50 个百分点值)			
		3 - 第三个四分位点(第 75 个百分点值)			
		4 - 最大值			

双击列表中的选项，输入相应数字

使用QUARTILE函数时，没必要对数据进行排列。统计学中，从第3个四分位数（第75个百分点值）到第一个四分位数（第25个百分点值）的值称为四分位区域，用于检查统计数据的方差情况。另外，四分位数位于数据与数据之间，实际中不存在四分位数，所以可以从它的两边值插入四分位数求值。

函数 24 PERCENTILE
——求区域中数值的第 k 个百分点的值

语法格式：=PERCENTILE(array,k)

语法释义：=PERCENTILE(数组,百分比)

参数说明:

参数	性质	说明	参数的设置原则
array	必需	表示指定输入数值的单元格或者数组常量	该参数为空或其数据点超过8191个,则返回错误值 "#NUM!"
k	必需	表示用 0 ~ 1 之间的实数或者单元格指定需求数值数据的位置	$k < 0$ 或 $k > 1$,则返回错误值 "#NUM!"。若 k 为数值以外的文本,则返回错误值 "#VALUE!"

 提示: 百分点是指以百分数形式表示的相对数指标(如速度、指数、构成)的增减变动幅度或对比差额。百分点是被比较的相对数指标之间的增减量,而不是它们之间的比值。

● 函数练兵: **求指定百分点的销售额**

下面将使用PERCENTILE函数计算产品月销售额的百分位数。

① 选择E2单元格,输入公式"=PERCENTILE($B$2:$B$10,D2)"。
② 随后向下方填充公式,计算出对应百分点的月销售额。

提示: 使用PERCENTILE函数时,没必要重排数据。如果 k 不是 $1/(n-1)$ 的倍数,需从它的两边值插入百分点值来确定第 k 个百分点的值。百分位数和四分位数相同,用于检查统计数据的方差情况。

函数25 PERCENTRANK
——求特定数值在一个数据集中的百分比排位

PERCENTRANK函数可以计算数值在一个数据集中的百分比排位。百分比排位的最小值为0%,最大值为100%。通俗点来说,排位函数的返回值在0 ~ 1之间变化。

语法格式：=PERCENTRANK(array,x,significance)

语法释义：=PERCENTRANK(数组,数值,小数位数)

参数说明：

参数	性质	说明	参数的设置原则
array	必需	表示输入数值的单元格区域或者数组	若该参数为空，则返回错误值"#NUM!"
x	必需	表示需要求排位的数值或者数值所在的单元格	若该参数比数组内的最小值小，或比最大值大，则会返回错误值"#N/A!"；若该参数为数值以外的文本,则会返回错误值"#VALUE!"
significance	可选	用数值或者数值所在的单元格表示返回的百分数值的有效位数	若省略，则保留3位小数。若参数3小于1，则返回错误值"#NUM!"

第3章

● 函数练兵：**计算指定销售数量在销量表中的百分比排位**

下面将使用PERCENTRANK函数，从乐器销售表中，根据指定销售数量计算其在所有销量数据中的百分比形式的排位。

① 选择G2单元格，输入公式"=PERCENTRANK(D2:D19,F2)"。

② 按下"Enter"键即可返回指定销量在所有销量数据中的百分比排位。

提示：若要将排位结果转换成百分比形式显示，可以在"开始"选项卡中单击"%"按钮或按"Ctrl+Shift+%"组合键实现快速转换。

按"Ctrl+Shift+%"组合键或单击"%"按钮，转换成百分比形式

重复值的排位相同

数组中不存在的值，返回相邻两个数字排位的中间值

函数 26 VAR

——计算基于给定样本的方差

语法格式：=VAR(number1,number2,…)

语法释义：=VAR(数值1,数值2,…)

参数说明：

参数	性质	说明	参数的设置原则
number1	必需	表示样本值或样本值所在的单元格	参数小于1时，返回错误值"#DIV/0!"；接指定数值以外的文本，则会返回错误值"#NAME?"；单元格引用数时，空白单元格、文本、逻辑值将被忽略
number2,…	可选	表示样本值或样本值所在的单元格	最多可设置255个参数

● 函数练兵：**计算工具耐折损强度方差**

下面将使用VAR函数计算工具耐折损强度。

① 选择D2单元格，输入公式
"=VAR(B2:B10)"。
② 按下"Enter"键即可返回所有抗
折损强度值的方差。

D2			×	✓	fx	=VAR(B2:B10) ①
▲	A	B	C		D	E
1	工具	抗折损强度			方差值	
2	工具1	2655			38833.36111 ②	
3	工具2	2637				
4	工具3	2500				
5	工具4	2350				
6	工具5	2580				
7	工具6	2800				
8	工具7	2300				
9	工具8	2840				
10	工具9	2350				
11						

提示：VAR函数会忽略引用区域中的空单元格和文本，只对所有数字进行计算。

D3			×	✓	fx	=VAR(B2,B4:B5,B7:B10)
▲	A	B	C		D	E
1	工具	抗折损强度			方差值	
2	工具1	2655			50365.47619	
3	工具2				50365.47619	
4	工具3	2500				
5	工具4	2350				
6	工具5	待测试				
7	工具6	2800				
8	工具7	2300				
9	工具8	2840				
10	工具9	2350				
11						

=VAR(B2:B10)
忽略空格和文本

输入公式
=VAR(B2,B4:B5,B7:B10)
验证，返回结果相同

函数 27 VARA
——求空白单元格以外给定样本的方差

语法格式：=VARA(value1,value2,…)
语法释义：=VARA(数值1,数值2,…)

参数说明：

参数	性质	说明	参数的设置原则
value1	必需	表示样本值或样本值所在的单元格	指定数值以外的文本，会返回错误值"#NAME?"；若单元格引用数值，则空白单元格将被忽略；逻辑值 TRUE 作为 1 计算；文本或 FALSE 作为 0 计算；当参数小于 1 时，则返回错误值"#DIV/0!"
value2, …	可选	表示样本值或样本值所在的单元格	最多可设置 255 个参数

提示：从统计数据中随机抽取具有代表性的数据称为样本。AVRA 函数与求方差的 VAR 函数的不同之处在于：不仅数字，而且文本和逻辑值（如 TRUE 和 FALSE）也将计算在内。VARA 函数的计算结果比 VAR 函数的结果大。

● 函数练兵： **根据包含文本的数据计算工具耐折损强度方差**

下面将使用 VARA 函数计算包含空单元格和文本的样本值的方差。

① 选择 D2 单元格，输入公式"=VARA(B2:B10)"。
② 按下"Enter"键返回所有样本数据的方差值。

特别说明：VARA 函数忽略了参数中的空白单元格，但是不会忽略文本，文本作为数字 0 被计算。

函数 **28** **VARP**

——求基于整个样本总体的方差

语法格式：=VARP(number1,number2,…)
语法释义：=VARP(数值1,数值2,…)

参数说明：

参数	性质	说明	参数的设置原则
number1	必需	表示与总体抽样样本相应的第一个参数值	直接指定数值以外的文本，会返回错误值"#NAME?"；单元格引用数值时，空白单元格、文本、逻辑值将被忽略
number2,…	可选	表示与总体抽样样本相应的其余参数值	最多可设置 255 个参数

提示：VARP 函数与求方差的 VAR 函数不同之处在于，函数 VARP 假设其参数为样本总体，或者看作所有样本总体数据点。

● 函数练兵：**计算工具抗折损强度方差**

下面将使用 VARP 函数，根据样本值计算工具的抗折损强度方差。

① 选择 E1 单元格，输入公式"=VARP(B2:B10)"。

② 按下"Enter"键，返回一组样本值的方差。

③ 在 E2 单元格中输入公式"=VAR(B2:B10)"，通过返回的结果对比可以发现，这两个函数所返回的方差不同。

| E1 | ▼ | : | × | ✓ | fx | =VARP(B2:B10) | |

▲	A	B	C	D	E	F
1	工具	抗折损强度		VARP函数计算方差	34518.5432	❷
2	工具1	2655		VAR函数计算方差	38833.3611	❸
3	工具2	2637				
4	工具3	2500				
5	工具4	2350				
6	工具5	2580				
7	工具6	2800				
8	工具7	2300				
9	工具8	2840				
10	工具9	2350				
11						

提示：VAR 函数计算基于给定样本的方差。VARP 函数计算基于整个样本总体的方差，它的参数是全部的数据总体。

函数 **29** **VAPRA**
——求空白单元格以外基于整个样本总体的方差

语法格式：=VARPA(value1,value2,…)

语法释义：=VARPA(数值1,数值2,…)

参数说明：

参数	性质	说明	参数的设置原则
value1	必需	表示构成样本总体的第一个数值参数	直接指定数值以外的文本，会返回错误值"#NAME?"；引用单元格中的数值时，空白单元格将被忽略；包含TRUE的参数作为1计算；包含文本或FALSE的参数作为0计算
value2,…	可选	表示构成样本总体的其他数值参数	最多可设置255个参数

● 函数练兵： **计算工具抗折损强度方差**

下面将使用VARPA函数根据样本总体计算方差。

① 选择D2单元格，输入公式"=VARPA(B2:B10)"。

② 按下"Enter"键即可计算出基于整个样本总体的方差。

函数 30 KURT

——求一组数据的峰值

语法格式：=KURT(number1,number2,…)

语法释义：=KURT(数值1,数值2,…)

参数说明：

参数	性质	说明	参数的设置原则
number1	必需	表示用于计算峰值的第1个值	参数可以是数字、名称、数组或对数值的引用，参数为文本时会返回错误值"#NAME?"，空单元格和逻辑值会被忽略
number2,…	可选	表示用于计算峰值的其他值	最多可设置255个参数。如果数据点少于4个，或样本标准偏差等于0，根据公式，分母变为0，则函数KURT返回错误值"#DIV/0!"

● 函数练兵：**根据血糖测量指数求峰值**

下面将根据随机抽取的65岁以上老年人血糖测量值为原始数据，求血糖指数的峰值。

① 在C9单元格中输入公式"=KURT(A2:D7)"。

② 按下"Enter"键可返回一组血糖数据的峰值。

C9		✕ ✓ f_x	=KURT(A2:D7) ①	
▲	A	B	C	D	E
1	65岁以上老年人血糖值				
2	4.2	11.6	9.4	4.5	
3	5.1	10.8	5.3	11.6	
4	4.6	6.5	4.8	6.7	
5	4.2	11.3	6.5	8.2	
6	8.9	3.3	4.9	6.1	
7	10.4	12.6	7.8	8.9	
8					
9	峰值		-1.25077 ②		
10					

函数 31 RANK
——求指定数值在一组数值中的排位

RANK函数可以求一个数值在一组数值中的排位。可以按升序（从小到大）或降序（从大到小）排位。

语法格式：=RANK(number,ref,order)

语法释义：=RANK(数值,引用,排位方式)

参数说明：

参数	性质	说明	参数的设置原则
number	必需	表示要进行排名的数字	若指定的值不在参数2指定的区域中或指定了空白单元格、逻辑值，会返回错误值"#N/A"；当参数为数值以外的文本时，返回错误值"#VALUE!"
ref	必需	表示一组数或对一个数据列表的引用	非数字值会被忽略
order	可选	指明排序的方式	为0或忽略时按降序排序，为非零值时按升序排序（通常设置为数字1），为数值以外的文本时返回错误值"#VALUE!"

提示：在对相同数进行排位时，其排位相同，但会影响后续数值的排位。若要返回数据组中第k个最大值或最小值，请参照LARGE函数和SMALL函数。

第3章

RANK 函数排位效果见下表。

数值	10	9	9	8	6	5
排位	1	2	2	4	4	6

● 函数练兵: **对员工销售业绩进行排位**

下面将使用RANK函数对所有员工的销售业绩进行排位。

C2	▼	:	×	✓	fx	=RANK(C2,$C$2:$C$10)	①

▲	A	B	C	D	E
1	月份	员工姓名	销售业绩	业绩排名	
2	12月	孙山青	¥	=RANK(C2,$C$2:$C$10)	
3	12月	贾雨萌	¥ 3	RANK(number, **ref**, [order])	
4	12月	刘玉莲	¥ 50,000.00		
5	12月	陈浩安	¥ 50,000.00		
6	12月	蒋佩娜	¥ 100,000.00		
7	12月	周申红	¥ 35,000.00		
8	12月	刘如梦	¥ 75,000.00		
9	12月	丁家桥	¥ 120,000.00		
10	12月	雪玉凝	¥ 38,000.00		
11					

Step01:
输入公式

① 选择D2单元格，输入公式"=RANK(C2,$C$2:$C$10)"。

特别说明: RANK函数省略了第三个参数，则按照降序方式排位。即要排位的数值相对于其他数值越大，返回的排位数字就越小。

D2	▼	:	×	✓	fx	=RANK(C2,$C$2:$C$10)

▲	A	B	C	D	E
1	月份	员工姓名	销售业绩	业绩排名	
2	12月	孙山青	¥ 20,000.00	9	
3	12月	贾雨萌	¥ 30,000.00	8	
4	12月	刘玉莲	¥ 50,000.00	4	
5	12月	陈浩安	¥ 50,000.00	4	
6	12月	蒋佩娜	¥ 100,000.00	2	
7	12月	周申红	¥ 35,000.00	7	
8	12月	刘如梦	¥ 75,000.00	3	
9	12月	丁家桥	¥ 120,000.00	1	
10	12月	雪玉凝	¥ 38,000.00	6	②
11					

Step02:
填充公式

② 按下"Enter"键后再次选中D2单元格，向下拖动填充柄，拖动到D10单元格时松开鼠标。

所有销售业绩的排名随即产生。

提示:
① 若要按升序为销售业绩排位，可以将RANK函数的第三个参数设置成除0以外的任意数字，为了方便理解和操作，通常设置为数字1。

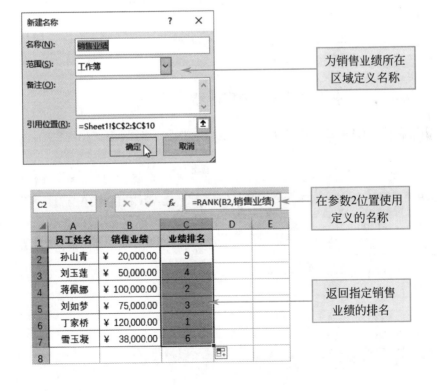

将第三个参数设置成1

按升序排位，销售业绩越高，排位数字越大

② 排位的范围按原格式复制到其他单元格变为绝对引用，若不用绝对引用，可以用名称来定义范围。如果指定范围名称，注意数据范围的指定不要错误。选择数据范围，然后在名称框内输入名字，按"Enter"键。或者选择公式选项卡中的"定义名称"命令，在弹出的"新建名称"对话框中自定义名称，然后指定引用位置，单击"确定"按钮。

为销售业绩所在区域定义名称

在参数2位置使用定义的名称

返回指定销售业绩的排名

函数 **32** LARGE

——求数据集中的第*k*个最大值

LARGE函数可以在指定范围内，用降序（从大到小）排位，求与指定排位一致的数值。例如，求第三名的成绩等。

语法格式：=LARGE(array,k)

语法释义：=LARGE(数组,最大值点)

参数说明：

参数	性质	说明	参数的设置原则
array	必需	表示要计算第*k*个最大值点的数组或区域	空白单元格、文本和逻辑值将被忽略
k	必需	表示要返回的最大值点在数组或数据区域中的位置	$k \leqslant 0$ 或 k 大于数据点的个数，则返回错误值 "#NUM!"。若该参数为数值以外的文本，则返回错误值 "#VALUE!"

提示：若要返回数据集中的第*k*个最小值，可使用SMALL函数。另外，不求排位的数值，而求排位时，请使用RANK函数。

● 函数练兵：**求排名第3的销售业绩**

下面将使用LARGE函数从所有销售业绩中提取排在第3名的销售金额。

	A	B	C	D	E	F
E2		fx	=LARGE(B2:B10,3)			
1	员工姓名	销售业绩	业绩排名		提取第3名销售业绩	
2	孙山青	¥ 20,000.00	9		75000	
3	贾雨萌	¥ 30,000.00	8			
4	刘玉莲	¥ 50,000.00	4			
5	陈浩安	¥ 50,000.00	4			
6	蒋佩娜	¥ 100,000.00	2			
7	周申红	¥ 35,000.00	7			
8	刘如梦	¥ 75,000.00	3			
9	丁家桥	¥ 120,000.00	1			
10	雪玉凝	¥ 38,000.00	6			
11						

① 选择E2单元格，输入公式 "=LARGE(B2:B10,3)"。

② 按下"Enter"键即可从所有销售业绩中提取出排名第3的销售业绩。

● 函数组合应用：**LARGE+LOOKUP——提取第1名的销售业绩和员工姓名**

使用LARGE函数可以从所有销售业绩中提取出第1名的销售金额，用LOOKUP函数❶则可以提取相应成绩所对应的员工姓名。

Step01：
提取排名第1的销售业绩

① 选择F1单元格，输入公式"=LARGE(B2:B10,1)"。

② 按下"Enter"键即可从所有销售业绩中提取出最高的销售业绩。

	F1		× ✓ fx	=LARGE(B2:B10,1) ❶		
	A	B	C	D	E	F	G
1	员工姓名	销售业绩	业绩排名		第1名销售业绩	120000 ❷
2	孙山青	¥ 20,000.00	9		第1名员工姓名	
3	贾雨萌	¥ 30,000.00	8			
4	刘玉莲	¥ 50,000.00	4			
5	陈浩安	¥ 50,000.00	4			
6	蒋佩娜	¥ 100,000.00	2			
7	周申红	¥ 35,000.00	7			
8	刘如梦	¥ 75,000.00	3			
9	丁家桥	¥ 120,000.00	1			
10	雪玉凝	¥ 38,000.00	6			
11						

Step02：
提取排名第1的员工姓名

③ 选择F2单元格，输入公式"=LOOKUP(F1,B2:B10,A2:A10)"。

④ 按下"Enter"键提取出最高销售业绩所对应的员工姓名。

	F2		× ✓ fx	=LOOKUP(F1,B2:B10,A2:A10)		
	A	B	C	D	E	F	G
1	员工姓名	销售业绩	业绩排名		第1名销售业绩	120000
2	孙山青	¥ 20,000.00	9		第1名员工姓名	丁家桥
3	贾雨萌	¥ 30,000.00	8			④
4	刘玉莲	¥ 50,000.00	4			
5	陈浩安	¥ 50,000.00	4			
6	蒋佩娜	¥ 100,000.00	2			
7	周申红	¥ 35,000.00	7			
8	刘如梦	¥ 75,000.00	3			
9	丁家桥	¥ 120,000.00	1			
10	雪玉凝	¥ 38,000.00	6			
11						

函数 33 SMALL
——求数据集中的第k个最小值

SMALL函数可以在指定范围内，用升序（从小到大）排位，求与指定排位相一致的数值。例如，求最后三名的成绩等。

---

❶ LOOKUP（向量形式），用于返回向量或数组中的数值，要求查找区域中的值必须按升序排序。其语法格式为：=LOOKUP(查找的值，查找的范围，返回值的范围)。

LOOKUP（数组形式），返回向量或数组中的数值，不用排序。其语法格式为：=LOOKUP(查找值，查找区域)。LOOKUP函数的使用方详见本书第5章函数3和函数4。

语法格式：=SMALL(array,k)

语法释义：=SMALL(数组,最小值点)

参数说明：

参数	性质	说明	参数的设置原则
array	必需	表示要计算第 k 个最小值点的数组或区域	空白单元格、文本和逻辑值将被忽略
k	必需	表示要返回的最小值点在数组或数据区域中的位置	$k \leqslant 0$ 或 k 大于数据点的个数，则返回错误值"#NUM!"。若该参数为数值以外的文本，则返回错误值"#VALUE!"

● 函数练兵：**求业绩完成率倒数第2名**

下面将使用SMALL函数从所有员工的业绩完成率中提取倒数第2名的完成率。

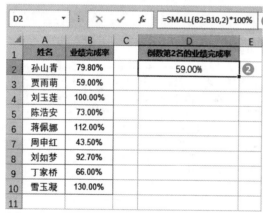

① 选择D2单元格，输入公式"=SMALL(B2:B10,2)*100%"。

② 按下"Enter"键即可提取出倒数第2名的业绩完成率，即所有业绩完成率中的第2个最小值。

特别说明：公式最后的"*100%"是为了返回百分比形式的结果，从而与业绩完成率的格式相匹配。

提示：本例也可直接使用公式"SMALL(B2:B10,2)"进行计算，然后按"Ctrl+Shift+%"组合键将返回的小数转换成百分比格式。

D2		×	✓	fx	=SMALL(B2:B10,2)

	A	B	C	D	E
1	姓名	业绩完成率		倒数第2名的业绩完成率	
2	孙山青	79.80%		59%	
3	贾雨萌	59.00%			
4	刘玉莲	100.00%			
5	陈浩安	73.00%			
6	蒋佩娜	112.00%			
7	周申红	43.50%			
8	刘如梦	92.70%			
9	丁家桥	66.00%			
10	雪玉凝	130.00%			
11					

按"Ctrl+Shift+%"组合键转换格式

● 函数组合应用： **SMALL+LOOKUP——提取业绩完成率最低的 员工姓名**

使用SMALL和LOOKUP函数嵌套编写公式，可以直接提取出业绩完成率最低 的员工姓名。

Step01：
输入公式

① 选择E2单元格，输入公式 "=LOOKUP(SMALL (C2:C10,1), C2:C10,\$B\$2:\$B\$10)"。
② 按下 "Enter" 键，返回提取结果， 此时公式返回的是错误值 "#N/A"。

	A	B	C	D	E	F	G
	编号	姓名	业绩完成率		业绩完成率最低的员工姓名		
2	1	孙山青	79.80%		#N/A		
3	2	贾雨萌	59.00%				
4	3	刘玉莲	100.00%				
5	4	陈浩安	73.00%				
6	5	蒋佩娜	112.00%				
7	6	周申红	43.00%				
8	7	刘如梦	92.70%				
9	8	丁家桥	66.00%				
10	9	雪玉凝	130.00%				

E2 fx =LOOKUP(SMALL(C2:C10,1),C2:C10,\$B\$2:\$B\$10)

Step02：
对业绩完成率进行升序排序

③ 对业绩完成率进行升序排序，此 时E2单元格中自动返回正确的结果。

E2 fx =LOOKUP(SMALL(C2:C10,1),C2:C10,\$B\$2:\$B\$10)

	A	B	C	D	E	F	G
1	编号	姓名	业绩完成率		业绩完成率最低的员工姓名		
2	6	周申红	43.00%		周申红		
3	2	贾雨萌	59.00%				
4	8	丁家桥	66.00%				
5	4	陈浩安	73.00%				
6	1	孙山青	79.80%		升序排序		
7	7	刘如梦	92.70%				
8	3	刘玉莲	100.00%				
9	5	蒋佩娜	112.00%				
10	9	雪玉凝	130.00%				

函数 **34** **PERMUT**
——计算从给定元素数目的集合中选取 若干元素的排列数

PERMUT函数可以求从给定数目的对象集合中选取的若干对象的排列数。例如， 从10人中挑选会长、副会长、书记员。

语法格式： =PERMUT(number,number_chosen)
语法释义： =PERMUT(对象总数,每个排列中的对象数)

参数说明：

参数	性质	说明	参数的设置原则
number	必需	表示对象个数的数值，或者数值所在的单元	参数为小数时，需舍去小数点后的数字取整数，若该参数小于等于0或小于第二个参数，则返回错误值"#NUM!"，若参数为数值以外的文本，回错误值"#VALUE!"
number_chosen	必需	指定从全体样本数中抽取的个数数值，或者输入数值的单元格	number_chosen 参数的设置原则与 number 相同

● 函数练兵： **根据所有人员编号计算排列数**

下面将使用PERMUT函数根据所有人员编号，计算排列组合的总数。

Step01：
计算总人数

① 选择C2单元格，输入公式"=COUNTA(A2:A6)"。
② 按下"Enter"键，计算出人员总数。

Step02：
计算排列组合的总数

③ 选择E2单元格，输入公式"=PERMUT(C2,D2)"。
④ 按下"Enter"键，根据总人数和每个组合的人数计算出可以构成多少种排列组合。

提示：手动对所有人员编号进行组合可验证公式的排列结果。

人员编号	A	B	C	D	E					
共20种排列方式	AB	AC	AD	AE	BC	BD	BE	CD	CE	DE
	ED	EC	EB	EA	DC	DB	DA	CB	CA	BA

● 函数组合应用：**PERMUT+TEXT——计算头等奖中奖率**

下面将完成头等奖中奖率的计算。使用PERUMT函数与TEXT函数❶嵌套，计算10选3所有可能的排列数量。然后用1除以所有排列数量，得到头等奖的中奖概率。

① 选择A5单元格，输入公式"=TEXT(1/PERMUT(A2,B2),"0.00%")"。
② 按下"Enter"键便可计算出10选3的头等奖中奖率。

	A	B	C	D	E	F
1	对象个数	抽取个数				
2	10	3				
3						
4	头等奖中奖率					
5	0.14%	❷				
6						

A5 | × ✓ *fx* | =TEXT(1/PERMUT(A2,B2),"0.00%") ❶

函数 35 CRITBINOM
——计算使累积二项式分布大于等于临界的最小值

CRITBINOM函数可以求使累积二项分布大于等于临界值的最小值。例如，从一定的合格率产品中抽出30个，当合格率为90%时，求把不合格品控制在多少个才合适。

语法格式：=CRITBINOM(trials,probability_s,alpha)
语法释义：=CRITBINOM(试验的次数,成功的概率,临界值)
参数说明：

参数	性质	说明	参数的设置原则
trials	必需	表示用数值或数值所在的单元格指定实验次数	该参数为非数值型，返回错误值"#VALUE!"。该参数为负数，返回错误值"#NUM!"
probability_s	必需	表示用数值或者数值所在的单元格指定一次实验的成功概率	该参数为非数值型，则返回错误值"#VALUE!"。如果指定负数或者大于1的值，则返回错误值"#NUM!"
alpha	必需	用数值或者数值所在的单元格指定成为临界值的概率	该参数为非数值型，则返回错误值"#VALUE!"。如果指定负数或者大于1的值，则返回错误值"#NUM!"

---

❶ TEXT，用于根据指定的数值格式将数字转换成文本，其使用方法详见本书第6章函数22。

第3章
统计函数的应用 **159**

第3章

函数练兵：**求不合格品的允许数量**

下面将从不合格率为3%的产品中，抽出50个进行检查，当产品合格率在90%时，计算允许的不合格产品数量。

| D2 | ▼ | ⋮ | × | ✓ | fx | =CRITBINOM(A2,B2,C2) ① |

	A	B	C	D	E
1	提取数	不合格率	合格率	容许不合格数	
2	50	3%	90%	3	②
3					
4	容许不合格数	合格率			
5	0				
6	1				
7	2				
8	3				
9	4				
10	5				
11					

Step01：

计算容许的不合格数量

① 选择D2单元格，输入公式"=CRITBINOM(A2,B2,C2)"。

② 按下"Enter"键，计算出不合格率为3%的50个样本中，当合格率为90%时，容许的不合格产品数量。

| B5 | ▼ | ⋮ | × | ✓ | fx | =BINOMDIST(A5,$A$2,$B$2,1) |

	A	B	C	D	E
1	提取数	不合格率	合格率	容许不合格数	
2	50	3%	90%	3	
3					
4	容许不合格数	合格率			
5	0	0.218065375			
6	1	0.555279873			
7	2	0.810798075			
8	3	0.937240072			
9	4	0.983189355			
10	5	0.996263583		④	
11					

Step02：

计算容许指定不合格数量时的合格率

③ 选择B5单元格，输入公式"=BINOMDIST(A5,$A$2,$B$2,1)"。

④ 随后将公式向下方填充，计算出容许指定不合格数量时的合格率。

💡 提示：使用BINOMDIST函数的累积分布函数，能够预测到容许的不合格品数量，但是使用CRITBINOM函数能够直接指定目标值，可以简单求得容许的不合格品数量。

函数 36 NEGBINOMDIST
——求负二项式分布的概率

语法格式：=NEGBINOMDIST(number_f,number_s,probability_s)

语法释义：=NEGBINOMDIST(失败次数,成功的极限次数,成功的概率)

参数说明:

参数	性质	说明	参数的设置原则
number_f	必需	表示用数值或者数值所在的单元格指定失败次数	参数为非数值型时返回错误值"#VALUE!",如果"失败次数+成功次数 –1"小于0,则返回错误值"#NUM!",如果指定小数,将被截尾取整
number_s	必需	表示用数值或者数值所在的单元格指定成功次数	参数为非数值型时返回错误值"#VALUE!",如果"失败次数+成功次数 –1"小于0,则返回错误值"#NUM!",如果指定小数,将被截尾取整
probability_s	必需	用数值或者数值所在的单元格指定实验的成功概率	参数为非数值型时返回错误值"#VALUE!",如果该参数小于0或大于1,则返回错误值"#NUM!"

● 函数练兵: **求计算机考试中不同科目指定人数通过时的概率**

下面将计算计算机考试的不同科目在已知通过率、未通过和通过人数的情况的通过概率。

① 选择E2单元格,输入公式"=NEGBINOMDIST(B2,C2,D2)"。
② 按下"Enter"键计算出当前科目的通过概率。接着将公式向下方填充,计算出其他科目的通过概率。

函数 37 PROB
——求区域中的数值落在指定区间内的概率

语法格式: =PROB(x_range,prob_range,lower_limit,upper_limit)
语法释义: =PROB(数值的区域,概率值的区域,x所属区间的下界,x所属区间的上界)

参数说明：

参数	性质	说明	参数的设置原则
x_range	必需	用数值数组或者数值所在的单元格指定概率区域	如果 x_range 和 prob_rang 中的数据点个数不同，将返回错误值"#N/A"
prob_range	必需	用数值数组或者数值所在的单元格指定概率区域对应的概率值	如果 prob_range 中所有值之和不是 1，则返回错误值"#NUM!"
lower_limit	必需	表示计算概率的数值下界	可以是数值或对单元格的引用
upper_limit	可选	用数值或者数值所在的单元格指定成为计算概率的数值上界	如果省略，求和 lower_limit 一致的概率

● 函数练兵： **计算抽取红色或蓝色球的总概率**

下面将使用PROB函数计算从所有颜色的小球中抽取红色或蓝色小球的概率总和。

① 选择D8单元格，输入公式"=PROB(A2:A6,D2:D6,A3,A5)"。

② 按下"Enter"键即可计算出抽到红球或蓝球的总概率。

函数 38 FORECAST
——求两变量间的回归直线的预测值

FORECAST函数用于计算样本总体内的两个变量间的关系近似于线性回归直线的预测值。

语法格式：=FORECAST(x,known_y's,known_x's)

语法释义：=FORECAST(预测点 x 值,已知 y 值集合,已知 x 值集合)

参数说明：

参数	性质	说明	参数的设置原则
x	必需	表示用数值或输入数值的单元格指定用于预测的独立变量（自变量）	如果 x 为非数值型，将返回错误值"#VALUE!"
known_y's	必需	表示用数组或单元格区域指定从属变量（因变量）的实测值。从属变量（因变量）是值变动，为受到影响的变量	如果和 known_x's 的数据点个数不相同，将返回错误值"#N/A"
known_x's	必需	表示用数组或单元格区域指定独立变量（自变量）的实测值。独立变量（或因变量）是使值发生变动，并影响其他变量的变量	如果和 known_y's 的数据点个数不相同，将返回错误值"#N/A"

● 函数练兵： **预测待定运动的公里数时所消耗的热量**

下面将以相同时间内运动的公里数和所消耗的热量数据作为原数，预测运动到指定公里数时所消耗的热量。根据运动公里数，预测消耗的热量。以known_x's指定为运动公里数，known_y's指定为所消耗的热量。

① 选择D12单元格，输入公式"=FORECAST(C12,D3:D9,C3:C9)"。
② 按下"Enter"键求出输入60min运动达到30km时所消耗的热量。

提示：使用FORECAST函数可以根据已有的数值计算或预测未来值。此预测值为基于给定的x值推导出的y值。已知的数值为已有的x值和y值，再利用线性回归对新值进行预测。可以使用该函数对未来销售额、库存需求或消费趋势进行预测。

| D12 | | × ✓ fx | =FORECAST(C12,D3:D9,C3:C9) ❶ |

运动消耗热量表

	A	B	C	D	E
1	**运动消耗热量表**				
2	运动项目	时长(分钟)	公里	消耗热量(卡)	
3	慢走	60	4	255	
4	快走	60	8	555	
5	慢跑	60	9	655	
6	快跑	60	12	700	
7	单车	60	9	245	
8	单车	60	16	415	
9	单车	60	21	655	
10					
11			公里	消耗热量	
12			30	798.3171642 ❷	
13					

函数 39 TREND
——求回归直线的预测值

TREND函数用于计算样本总体的多个变量间近似于直线关系的回归直线的预测值。

第 3 章
统计函数的应用 **163**

语法格式：=TREND(known_y's,known_x's,new_x's,const)

语法释义：=TREND(已知y值集合,已知x值集合,新x值集合,不强制系数为0)

参数说明：

参数	性质	说明	参数的设置原则
known_y's	必需	表示用数组或单元格区域指定从属变量（因变量）的实测值。从属变量（或因变量）是随其他变量变化而变化的量	如果known_y's和known_x's的行数不同，则会返回错误值"#REF!"；如果区域内包含数值以外的数据，则会返回错误值"#VALUE!"
known_x's	可选	表示用数组或单元格区域指定独立变量（自变量）的实测值。独立变量（或自变量）即是引起其他变量发生变化的量	如果省略，则假设该数组为{1,2,3,…}，其大小与known_y's相同。数组known_x's可以包含一组或多组变量。如果只用到一个变量，只要known_y's和known_x's的维数相同，那么它们可以是任何形状的区域。如果用到多个变量，则known_y's必须为向量（即必须为一行或一列）。如果区域内包含数值以外的数据，则会返回错误值"#VALUE!"
new_x's	可选	表示用数组或单元格区域指定需要函数TREND返回对应y值的新x值	如果省略，将假设它和known_x's一样；如果指定数值以外的文本，则会返回错误值"#VALUE!"。独立变量是影响预测值的变量
const	可选	是一个逻辑值，用于指定是否将常量b强制设置为0	如果为TRUE或省略，则b将按正常计算。如果const为FALSE，则b将被设为0，并同时调整m值使$y=mx$

● 函数练兵：**求回归直线上的预测消耗热量**

以60min不同田径项目运动的公里数和所消耗的热量作为基数，求已知运动的公里数的回归直线上的消耗热量预测值。参数new_x's省略，把没有实测值的公里数作为基数，求消耗热量的预测值。此时，没有实测值的公里数指定为new_x's参数。

Step01：

输入数组公式

① 选择D12:D14单元格区域；

② 在编辑栏中输入公式"=TREND
(D3:D9,C3:C9,C12:C14)"；

Step02:

返回数组公式结果

③ 按下"Ctrl+Shift+Enter"组合键，求出相对于各公里数预测值的消耗热量预测值。

| D12 | | : | × | ✓ | fx | {=TREND(D3:D9,C3:C9,C12:C14)} | |

▲	A	B	C	D	E
1			运动消耗热量表		
2	运动项目	时长(分钟)	公里	消耗热量(卡)	
3	慢走	60	4	255	
4	快走	60	8	555	
5	慢跑	60	9	655	
6	快跑	60	12	700	
7	单车	60	9	245	
8	单车	60	16	415	
9	单车	60	21	655	
10					
11			公里	消耗热量	
12			25	717.8507463	
13			30	798.3171642	
14			35	878.7835821	❸
15					

函数 40 GROWTH

——根据现有的数据预测指数增长值

语法格式：=GROWTH(known_y's,known_x's,new_x's,const)

语法释义：=GROWTH(已知 y 值集合,已知 x 值集合,新 x 值集合,不强制系数为1)

参数说明：

参数	性质	说明	参数的设置原则
known_y's	必需	表示用数组或单元格区域指定从属变量（因变量）的实测值。从属变量（或因变量）是随其他变量变化而变化的量	如果参数1和参数2的行数不同，则会返回错误值"#REF！"；如果区域内包含数值以外的数据，则会返回错误值"#VALUE!"
known_x's	可选	表示用数组或单元格区域指定独立变量（自变量）的实测值。独立变量（或自变量）即是引起其他变量发生变化的量	如果省略，则假设该数组为 {1,2,3,…}，其大小与参数1相同。数组参数可以包含一组或多组变量；如果只用到一个变量，只要参数1和参数2维数相同，那么它们可以是任何形状的区域。如果用到多个变量，则参数1必须为向量（即必须为一行或一列）。如果区域内包含数值以外的数据，则会返回错误值"#VALUE!"
new_x's	可选	表示用数组或单元格区域指定需要函数 GROWTH 返回对应 y 值的一组新 x 值	如果省略，将假设它和参数2一样。如果指定数值以外的文本，则会返回错误值"#VALUE!"。独立变量是影响预测值的变量
const	可选	是一个逻辑值，用于指定是否将常数 b 强制设为 1	如果为 TRUE 或省略，则 b 将按正常计算。如果为 FALSE，则 b 将设为 1，m 值将被调整以满足 $y=m^x$

第 3 章

第 3 章
统计函数的应用

165

● 函数练兵：根据前5年的产值利润预测未来3年的产值利润

下面将以某公司成立以来前5年的产值利润作为基数，预测未来3年的产值利润。由于是同时求3年的产值利润，因此可以用数组公式一次完成计算。

	A	B	C	D	E
AVERAGEIF	× ✓ fx	=GROWTH(B2:B6,A2:A6,A7:A9)			
1	成立年数	产值利润(万)			
2	1	200			
3	2	400			
4	3	500			
5	4	750			
6	5	1000			
7	6	GROWTH(B2:B6, A2:A6,A7:A9)			
8	7				
9	8				
10					

StepO1：
输入数组公式

① 选择B7:B9单元格区域；

② 在编辑栏中输入公式"=GROWTH(B2:B6,A2:A6,A7:A9)"；

B7	× ✓ fx	{=GROWTH(B2:B6,A2:A6,A7:A9)}			
	A	B	C	D	E
1	成立年数	产值利润(万)			
2	1	200			
3	2	400			
4	3	500			
5	4	750			
6	5	1000			
7	6	1572.920002			
8	7	2311.004352			
9	8	3395.430859			
10					

StepO2：
返回数组公式结果

③ 按"Ctrl+Shift+Enter"组合键，即可返回预测的第6年、第7年以及第8年的产值利润。

提示：制作分布图，可以很容易地捕捉到两变量间的相关关系。另外，在分布图中添加趋势线可以更直观地看出两变量的关系。

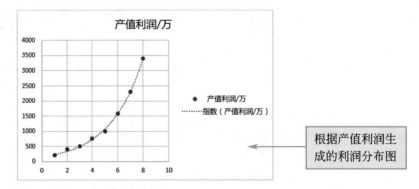

根据产值利润生成的利润分布图

为方便读者学习，函数41～函数84部分内容做成电子版，读者可以使用手机扫描二维码，有选择性地进行学习。

扫码观看
本章视频

第3章

扫码观看
本章视频

第 4 章

逻辑函数的应用

Excel中的逻辑函数主要运用于条件的判断及后续的分别处理，其返回结果为逻辑值。逻辑值的类型有TRUE和FALSE两种，条件成立时返回逻辑值TRUE，条件不成立时返回逻辑值FALSE。常用逻辑函数包括IF函数、AND函数、OR函数以及NOT函数等。本章将对逻辑函数的分类、使用方法以及使用时的注意事项进行介绍。

逻辑函数速查表

逻辑函数的类型及作用见下表。

函数	作用
AND	用于确定测试中的所有条件是否均为 TRUE
FALSE	返回逻辑值 FALSE
IF	执行真假值判断，根据逻辑测试的真假值返回不同的结果
IFERROR	可捕获和处理公式中的错误。如果公式的计算结果错误，则返回指定的值；否则返回公式的结果
IFNA	如果公式返回错误值 "#N/A"，则结果返回指定的值；否则返回公式的结果
IFS	IFS 函数检查是否满足一个或多个条件，并返回与第一个 TRUE 条件对应的值。IFS 可以替换多个嵌套的 IF 语句，并且更易于在多个条件下读取
NOT	对其参数的逻辑求反
OR	用于确定测试中的所有条件是否均为 TRUE
SWITCH	SWITCH 函数根据值列表计算一个值（称为表达式），并返回与第一个匹配值对应的结果。如果不匹配，则可能返回可选默认值
TRUE	返回逻辑值 TRUE。希望基于条件返回值 TRUE 时，可使用此函数
XOR	返回所有参数的逻辑异或值

函数 1 TRUE

——返回逻辑值TRUE

语法格式：=TRUE()

参数说明：

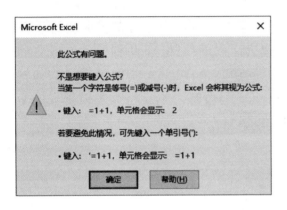

TRUE函数没有参数，其作用是返回逻辑值TRUE。直接在单元格中输入"=TRUE()"，按下"Enter"键后，会返回一个逻辑值"TRUE"。若在括号内输入参数，将无法返回结果，如下图所示。

函数 2 FALSE

——返回逻辑值FALSE

语法格式：=FALSE()

参数说明：

FALSE函数没有参数，其作用是返回逻辑值FALSE。直接在单元格中输入"=FALSE()"，按下"Enter"键后，会返回一个逻辑值"FALSE"。若在括号内输入参数，将无法返回结果。

● 函数练兵：**比较前后两次输入的账号是否相同**

下面将输入公式比较两列中对应位置的账号是否相同，公式的返回值是逻辑值TRUE或FALSE。

① 选择D2单元格，输入公式"=B2=C2"。

② 随后将公式向下方填充，返回所有对比的逻辑值结果。其中TRUE表示相同，FALSE表示不同。

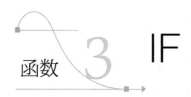

提示： 逻辑值TRUE和FALSE通过数学运算可以转换成数字。TRUE相当于数字1，FALSE相当于数字0。将逻辑值转换成数字的方法不止一种，具体公式见下表。

TRUE转换公式	转换结果	FALSE转换公式	转换结果
=TRUE*1	1	=FALSE*1	0
=TRUE+0	1	=FALSE+0	0
=TRUE/1	1	=FALSE/1	0
=TRUE*1	1	=FALSE*1	0
=TRUE−0	1	=FALSE−0	0
=−−TRUE	1	=−−FALSE	0
=TRUE*1	1	=FALSE*1	0
=N(TRUE)	1	=N(FALSE)	0

函数 3 IF

——执行真假值判断，根据逻辑测试值返回不同的结果

IF函数根据逻辑式判断指定条件，如果条件式成立，返回真条件下的指定内容。如果条件式不成立，则返回假条件下的指定内容。

语法格式：=IF(logical_test,value_if_true,value_if_false)

语法释义：=IF(测试条件,真值,假值)

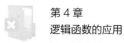

参数说明：

参数	性质	说明	参数的设置原则
logical_test	必需	表示用带有比较运算符的逻辑值指定条件判定公式	结果为 TRUE 或 FALSE 的任意值或表达式
value_if_true	必需	指定逻辑式成立时返回的值	除公式或函数外，也可指定需显示的数值或文本。被显示的文本需加双引号。如果不进行任何处理，则省略参数
value_if_false	可选	指定逻辑式不成立时返回的值	除公式或函数外，也可指定需显示的数值或文本。被显示的文本需加双引号。不进行任何处理时，则省略参数

● 函数练兵**：根据考试成绩判断是否及格**

　　假设科目1和科目2的考试成绩大于或等于60分时为及格，小于60分时为不及格。下面将使用IF函数自动判断对应的考试成绩是否及格。

Step01:
输入公式

① 选择D2单元格，输入公式"=IF(C2 > =60," 及格 "," 不及格 ")"。
② 按下"Enter"键，得出第一个考生科目1的分数为及格。

Step02:
填充公式

③ 将D2单元格中的公式向下方填充，判断出其他分数是否及格。

提示：IF 函数在省略真或假条件的参数时返回的结果有如下情况。

① 省略真条件的参数，但保留分隔参数的逗号。
省略真条件，保留分隔参数的逗号，则条件判断为真时，公式返回"0"。

| D2 | ▼ | : | × | ✓ | fx | =IF(C2>=60,,"不及格") |

	A	B	C	D	E
1	姓名	科目	分数	是否及格	
2	张芳	科目1	98	0	
3	张芳	科目2	96	0	
4	徐凯	科目1	73	0	
5	徐凯	科目2	65	0	
6	赵武	科目1	92	0	
7	赵武	科目2	73	0	
8	姜迪	科目1	64	0	
9	姜迪	科目2	43	不及格	
10	李嵩	科目1	51	不及格	
11	李嵩	科目2	61	0	
12	文琴	科目1	72	0	
13	文琴	科目2	86	0	
14					

② 省略假条件的参数，但保留分隔的逗号。
省略假条件，保留分隔参数的逗号，则条件判断为假时，公式返回"0"。

| D2 | ▼ | : | × | ✓ | fx | =IF(C2>=60,"及格",) |

	A	B	C	D	E
1	姓名	科目	分数	是否及格	
2	张芳	科目1	98	及格	
3	张芳	科目2	96	及格	
4	徐凯	科目1	73	及格	
5	徐凯	科目2	65	及格	
6	赵武	科目1	92	及格	
7	赵武	科目2	73	及格	
8	姜迪	科目1	64	及格	
9	姜迪	科目2	43	0	
10	李嵩	科目1	51	0	
11	李嵩	科目2	61	及格	
12	文琴	科目1	72	及格	
13	文琴	科目2	86	及格	
14					

③ 省略假条件的参数，不保留分隔参数的逗号。
由于 IF 函数的第二个参数（真条件的返回参数）为必需参数，第三个参数（假条件的返回参数）为可选参数，因此，若只设置两个参数，则第二个参数默认为真条件的返回参数。因此，在忽略了第三参数的情况下，当条件判断为假时，公式返回逻辑值 FALSE。

| D2 | ▼ | : | × | ✓ | fx | =IF(C2>=60,"及格") |

	A	B	C	D	E
1	姓名	科目	分数	是否及格	
2	张芳	科目1	98	及格	
3	张芳	科目2	96	及格	
4	徐凯	科目1	73	及格	
5	徐凯	科目2	65	及格	
6	赵武	科目1	92	及格	
7	赵武	科目2	73	及格	
8	姜迪	科目1	64	及格	
9	姜迪	科目2	43	FALSE	
10	李嵩	科目1	51	FALSE	
11	李嵩	科目2	61	及格	
12	文琴	科目1	72	及格	
13	文琴	科目2	86	及格	
14					

	A	B	C	D	E
D2			fx	=IF(C2>=60,"","不及格")	
1	姓名	科目	分数	是否及格	
2	张芳	科目1	98		
3	张芳	科目2	96		
4	徐凯	科目1	73		
5	徐凯	科目2	65		
6	赵武	科目1	92		
7	赵武	科目2	73		
8	姜迪	科目1	64		
9	姜迪	科目2	43	不及格	
10	李嵩	科目1	51	不及格	
11	李嵩	科目2	61		
12	文琴	科目1	72		
13	文琴	科目2	86		
14					

④ 条件判断为真时返回空白。

将IF函数的第二参数设置为一对英文双引号，当条件判断为真时，公式返回空白。

	A	B	C	D	E
D2			fx	=IF(C2>=60,"及格","")	
1	姓名	科目	分数	是否及格	
2	张芳	科目1	98	及格	
3	张芳	科目2	96	及格	
4	徐凯	科目1	73	及格	
5	徐凯	科目2	65	及格	
6	赵武	科目1	92	及格	
7	赵武	科目2	73	及格	
8	姜迪	科目1	64	及格	
9	姜迪	科目2	43		
10	李嵩	科目1	51		
11	李嵩	科目2	61	及格	
12	文琴	科目1	72	及格	
13	文琴	科目2	86	及格	
14					

⑤ 条件判断为假时返回空白。

将IF函数的第三参数设置为一对英文双引号，当条件判断为假时，公式返回空白。

● 函数练兵2： **根据业绩金额自动评定为三个等级**

一个IF函数只能执行一次判断，当需要进行两次判断时，则需要两个IF函数进行嵌套，第二个IF函数作为第一个IF函数的参数使用。例如，将员工的销售业绩评定为"优秀""良好""一般"三个等级。具体要求如下：业绩大于等于2万，评定为"优秀"；大于等于1万且低于2万，评定为"良好"；低于1万，评定为"一般"。

Step01：
输入公式

① 选择 D2 单元格，输入公式 "=IF(C2＞=20000,"优 秀",IF(C2＞=10000," 良好"," 一般 "))"。

② 按下 "Enter" 键返回第一位员工销售业绩的等级。

	A	B	C	D	E	F	G
1	姓名	门店	业绩	等级			
2	莫小贝	青峰路	¥ 11,400.00	良好			
3	张宁宁	青峰路	¥ 22,800.00				
4	刘宗霞	青峰路	¥ 8,400.00				
5	陈欣欣	德政路	¥ 7,700.00				
6	赵海清	青峰路	¥ 13,400.00				
7	张宇	德政路	¥ 23,800.00				
8	刘丽英	德政路	¥ 9,000.00				
9	陈夏	德政路	¥ 14,300.00				
10	张青	青峰路	¥ 13,400.00				
11							

D2 =IF(C2>=20000,"优秀",IF(C2>=10000,"良好","一般"))

Step02：
填充公式

③ 将 D2 单元格中的公式向下方填充，得到所有业绩的评定结果。

	A	B	C	D	E	F	G
1	姓名	门店	业绩	等级			
2	莫小贝	青峰路	¥ 11,400.00	良好			
3	张宁宁	青峰路	¥ 22,800.00	优秀			
4	刘宗霞	青峰路	¥ 8,400.00	一般			
5	陈欣欣	德政路	¥ 7,700.00	一般			
6	赵海清	青峰路	¥ 13,400.00	良好			
7	张宇	德政路	¥ 23,800.00	优秀			
8	刘丽英	德政路	¥ 9,000.00	一般			
9	陈夏	德政路	¥ 14,300.00	良好			
10	张青	青峰路	¥ 13,400.00	良好			
11							

D2 =IF(C2>=20000,"优秀",IF(C2>=10000,"良好","一般"))

函数 4 IFS
——检查是否满足一个或多个条件并返回与第一个 TRUE 条件对应的值

IFS 函数是 Excel 2016 新增函数，可以检查是否满足一个或多个条件，并返回与第一个 TRUE 条件对应的值。IFS 可以替换多个嵌套的 IF 语句，并且更易于在多个条件下读取。

语法格式：=IFS(logical_test1,value_if_true1,logical_test2,value_if_true2,…)

语法释义：=IFS(测试条件1,真值1,测试条件2,真值2,…)

参数说明：

参数	性质	说明	参数的设置原则
logical_test1	必需	表示任何可以被计算为 TRUE 或 FALSE 的数值或表达式	结果为 TRUE 或 FALSE 的任意值或表达式
value_if_true1	必需	如果第一个参数结果为 TRUE，是否返回该值	除公式或函数外，也可指定需显示的数值或文本。被显示的文本需加双引号

参数	性质	说明	参数的设置原则
logical_test2	可选	表示第二个可以被计算为TRUE 或 FALSE 的数值或表达式	结果为 TRUE 或 FALSE 的任意值或表达式
value_if_true2	可选	如果第二个表达式的结果为TRUE，是否返回该值	最多可设置 127 个测试条件

● 函数练兵：**使用IFS为销售业绩评定为三个等级**

下面将使用IFS函数将员工的销售业绩评定为"优秀""良好""一般"三个等级。具体要求如下：业绩大于等于2万，评定为"优秀"；大于等于1万且低于2万，评定为"良好"；低于1万，评定为"一般"。

Step01：
输入公式

① 选择D2单元格，输入公式"=IFS(C2＞=20000,"优　秀",C2＞=10000,"良好",TRUE,"一般")"。
② 按下"Enter"键计算出第一个员工业绩的等级。

Step02：
填充公式

③ 再次选中D2单元格，双击填充柄，将公式填充到下方区域，求出其他员工业绩的等级。

函数 5 AND
——判定指定的多个条件是否全部成立

AND函数可以检查是否所有参数都是TRUE,当所有参数全部为TRUE时,公式返回TRUE,只要有一个参数为FALSE,则公式返回FALSE。

语法格式: =AND(logical1,logical2,…)

语法释义: =AND(逻辑值1,逻辑值2,…)

参数说明:

参数	性质	说明	参数的设置原则
logical1	必需	表示要检验的第一个条件	其计算结果可以为 TRUE 或 FALSE
logical2	可选	表示要检验的其他条件	其计算结果可以是 TRUE 或 FALSE

提示: AND函数的各个参数的计算结果必须是逻辑值（TRUE 或 FALSE）,或者必须是包含逻辑值的数组或引用。如果数组或引用参数中包含文本或空白单元格,那么这些值将被忽略。如果指定的单元格区域未包含逻辑值,那么AND函数将返回错误值 "#VALUE!"。

例如下面这个公式,一共为 AND 函数设置了三个条件,其中前两个条件是成立的,其返回结果是 TRUE,但是第三个条件是不成立的,返回结果为FALSE,所以这个公式的返回结果便是 FALSE。

$$=AND(0<1,50>20,10<5)$$

若公式中所有条件全部返回TRUE,那么公式的结果才会是TRUE。

$$=AND(0<1,50>20,10<5)$$

● 函数练兵 | : **判断公司新员工各项考核是否全部通过**

某公司规定,新员工试用期结束后通过所有科目的考核方能被正式录用。各项考核的分值要求如下:"员工手册"大于等于90;"理论知识"大于等于80;"实际操作"大于等于70。

① 选择E2单元格,输入公式"=AND(B2>=90,C2>=80,D2>=70)"。

② 随后将公式向下方填充,得到所有员工的考核结果。TRUE表示通过,FALSE表示未通过。

	A	B	C	D	E	F
	E2	▾ ⋮ × ✓ fx ❶ =AND(B2>=90,C2>=80,D2>=70)				
1	姓名	员工手册	理论知识	实际操作	考核结果	
2	王萌	80	80	90	FALSE	
3	赵四	60	60	50	FALSE	
4	陈方圆	90	80	80	TRUE	
5	赵爱厚	50	60	40	FALSE	
6	李威	60	70	80	FALSE	
7	徐青	90	80	70	TRUE	
8	李敏	40	60	50	FALSE	
9	王芸云	90	90	90	TRUE	
10					❷	

● 函数练兵2： **判断员工是否符合内部竞聘条件**

假设某公司内部竞聘的要求是必须符合以下三个条件：所属部门必须是"财务部"；工龄在3年以上；性别为男性。下面将使用AND函数判断员工是否符合内部竞聘条件。

E6			fx ❶	=AND(B6=$B$3,C6=$C$3,D6>$D$3)	
	A	B	C	D	E	F
1			内部竞聘条件			
2		性别	所属部门	工龄(大于)		
3		男	财务部	3		
4						
5	姓名	性别	所属部门	工龄	是否符合应聘条件	
6	周明月	女	制造部	5	FALSE	
7	刘洋	男	财务部	4	TRUE	
8	王五	男	业务部	6	FALSE	
9	李美	女	财务部	5	FALSE	
10	何田	女	设计部	2	FALSE	
11	赵乐乐	男	财务部	2	FALSE	
12	吴旭	男	财务部	8	TRUE	
13	陈东海	男	人事部	4	FALSE	
14					❷	

① 选择E6单元格，输入公式"=AND(B6=$B$3,C6=$C$3,D6>$D$3)"。

② 随后将公式向下方填充即可判断出员工是否符合应聘条件。TRUE表示符合，FALSE表示不符合。

提示： 本例公式若不从条件区域中引用单元格，也可直接将条件以常量形式进行输入。

E2			fx	=AND(B2="男",C2="财务部",D2>3)	
	A	B	C	D	E	F
1	姓名	性别	所属部门	工龄	是否符合应聘条件	
2	周明月	女	制造部	5	FALSE	
3	刘洋	男	财务部	4	TRUE	
4	王五	男	业务部	6	FALSE	
5	李美	女	财务部	5	FALSE	
6	何田	女	设计部	2	FALSE	
7	赵乐乐	男	财务部	2	FALSE	
8	吴旭	男	财务部	8	TRUE	
9	陈东海	男	人事部	4	FALSE	
10						

使用公式"=AND(B2="男",C2="财务部",D2>3)"求是否符合内部竞聘条件。

● 函数组合应用： **AND+IF——将逻辑值结果转换成直观的文本**

如果想将逻辑值TRUE、FALSE转换成更便于理解的文本，那么就需和IF函数组合使用。例如将内部竞聘结果转换成"符合"或"不符合"。

① 选择E6单元格，输入公式"=IF(AND(B6=$B$3,C6=$C$3,D6>$D$3),"符合","不符合")"。
② 随后将公式向下方填充，即可返回文本形式的判断结果。

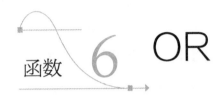

函数 6 OR

——判断指定的多个条件是否至少有一个是成立的

OR函数可以检查参数中是否有一个TRUE，只要有一个TRUE公式便会返回TRUE，只有所有参数全部为FALSE时公式才返回FALSE。

语法格式：=OR(logical1,logical2,…)

语法释义：=OR(逻辑值1,逻辑值2,…)

参数说明：

参数	性质	说明	参数的设置原则
logical1	必需	表示要检验的第一个条件	其计算结果可以是 TRUE 或 FALSE
logical2	可选	表示要检验的其他条件	其中最多可包含 255 个条件，检验结果均可以是 TRUE 或 FALSE

 提示：若参数中的数组或引用中包含文本或空白单元格，则这些值将被忽略。若指定的单元格区域内不包括逻辑值，则函数将返回错误值"#VALUE!"。

通过下方的这两个公式可以直观了解到OR函数的应用规律。

=OR(3<2,0>1,5<1,3=3)　该公式返回TRUE

=OR(3<2,0>1,5<1,3>3)　该公式返回FALSE

● **函数练兵：判断公司新员工各项考核是否有一项通过**

假设某公司从三个方面对员工进行考核，要求考核结果中只要有一项达到90分，则判定考核结果为TRUE,三科全部低于90分时判定为FALSE。

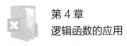

	A	B	C	D	E	F
1	姓名	员工手册	理论知识	实际操作	考核结果	
2	王萌	80	80	90	TRUE	
3	赵四	60	60	50	FALSE	
4	陈方圆	90	80	80	TRUE	
5	赵爱厚	50	60	40	FALSE	
6	李威	60	70	80	FALSE	
7	徐青	90	80	70	TRUE	
8	李敏	40	60	50	FALSE	
9	王芸云	90	90	90	TRUE	
10						

E2 ▾ ✕ ✓ fx ❶ =OR(B2>=90,C2>=90,D2>=90)

① 选择E2单元格，输入公式 "=OR(B2 > =90,C2 > =90,D2 > =90)"。

② 随后将公式向下方填充，求出所有员工的考核结果。三科成绩中，只要有一科达到90分则返回TRUE。三科全部低于90分时返回FALSE。

● 函数组合应用: **OR+AND——根据性别和年龄判断是否已退休**

因男性和女性的退休年龄是不同的，所以在判断某人是否退休的时候需要考虑到性别和年龄两个因素。

假设男性职工的退休年龄为60岁，女性职工的退休年龄为55岁，下面根据给定的条件判断表格中的员工是否已退休。

D2 ▾ ✕ ✓ fx =OR(AND(B2="男",C2>=60),AND(B2="女",C2>=55)) ❶

	A	B	C	D	E	F	G
1	姓名	性别	年龄	是否已到退休年龄			
2	薛凡	男	42	FALSE			
3	程毛毛	男	61	TRUE			
4	詹程	男	55	FALSE			
5	刘玉梅	女	56	TRUE			
6	姜迪	女	39	FALSE			
7	刘子真	男	66	TRUE			
8	吴美月	女	58	TRUE			
9	赵强	男	55	FALSE			
10							

① 选择D2单元格，输入公式 "OR(AND(B2=" 男 ",C2 > =60),AND(B2=" 女 ",C2 > =55))"。

② 随后将公式向下方填充，即可根据性别和年龄判断出对应的人员是否已到达退休年龄。

提示: 为本例公式再嵌套一个IF函数，则可将逻辑值结果转换成直观的文本。具体公式为 "=IF(OR(AND(B3=" 男 ",C3 > =60),AND(B3=" 女 ",C3 > =55)),"已到","未到")"，转换效果如下图所示。

D2 ▾ ✕ ✓ fx =IF(OR(AND(B2="男",C2>=60),AND(B2="女",C2>=55)),"已到","未到")

	A	B	C	D	E	F	G	H	I
1	姓名	性别	年龄	是否已到退休年龄					
2	薛凡	男	42	未到					
3	程毛毛	男	61	已到					
4	詹程	男	55	未到					
5	刘玉梅	女	56	已到					
6	姜迪	女	39	未到					
7	刘子真	男	66	已到					
8	吴美月	女	58	已到					
9	赵强	男	55	未到					
10									

← 用IF函数将逻辑值转换成文本

函数 **7** **NOT**

——对参数的逻辑值求反

NOT函数的作用是对参数值进行求反。当要确保一个值不等于某一特定值时可以使用该函数。

语法格式：=NOT(logical)

语法释义：=NOT(逻辑值)

参数说明：

参数	性质	说明	参数的设置原则
logical	必需	表示计算结果为 TRUE 或 FALSE 的任何值或表达式	如果逻辑值为 FALSE，将返回 TRUE；如果逻辑值为 TRUE，将返回 FALSE

● 函数练兵： **确定需要补考的名单**

科目1和科目2的考试分数满60分为过关，低于60分需要补考，下面将使用NOT函数判断当前分数是否需要进行补考。

① 选择D2单元格，输入公式"=NOT(C2＞=60)"。

② 随后将公式向下方填充，判断出所有分数是否需要补考。返回结果为FALSE表示不需要补考，返回结果为TRUE表示需要补考。

D2		:	× ✓	fx	❶=NOT(C2>=60)	

	A	B	C	D	E
1	姓名	科目	分数	是否需要补考	
2	张芳	科目1	98	FALSE	
3	张芳	科目2	96	FALSE	
4	徐凯	科目1	73	FALSE	
5	徐凯	科目2	43	TRUE	
6	赵武	科目1	92	FALSE	
7	赵武	科目2	73	FALSE	
8	姜迪	科目1	64	FALSE	
9	姜迪	科目2	43	TRUE	
10	李嵩	科目1	51	TRUE	
11	李嵩	科目2	61	FALSE	
12	文琴	科目1	72	FALSE	
13	文琴	科目2	86	FALSE	
14				❷	

D2			×	✓	fx	=C2<60	
	A	B	C	D		E	
1	姓名	科目	分数	是否需要补考			
2	张芳	科目1	98	FALSE			
3	张芳	科目2	96	FALSE			
4	徐凯	科目1	73	FALSE			
5	徐凯	科目2	43	TRUE			
6	赵武	科目1	92	FALSE			
7	赵武	科目2	73	FALSE			用"=C2＜60"求相反值
8	姜迪	科目1	64	FALSE			
9	姜迪	科目2	43	TRUE			
10	李嵩	科目1	51	TRUE			
11	李嵩	科目2	61	FALSE			
12	文琴	科目1	72	FALSE			
13	文琴	科目2	86	FALSE			
14							

● 函数组合应用：**NOT+AND——根据要求判断是否需要补考**

使用 OR 函数或 AND 函数与 NOT 函数组合，可根据实际要求判断考生是否需要补考。若科目1低于60分，或科目2低于70分，则需要补考。

D2			×	✓	fx	❶=NOT(AND(B2>=60,C2>=70))		
	A	B	C	D	E	F		
1	姓名	科目1	科目2	是否需要补考				
2	张芳	98	96	FALSE				
3	徐凯	73	43	TRUE				
4	赵武	92	73	FALSE				
5	姜迪	64	43	TRUE				
6	李嵩	51	61	TRUE				
7	文琴	72	86	FALSE				
8				❷				

① 选择 D2 单元格，输入公式"=NOT(AND(B2＞=60,C2＞=70))"。

② 随后将公式向下方填充，计算出相应人员是否需要补考。

函数 **8** **XOR**

——返回所有参数的逻辑"异或"值

XOR函数用于返回所有参数的逻辑异或。可以理解为：所有逻辑值都为FALSE时，结果为FALSE，否则为TRUE。

语法格式：=XOR(logical1,logical2,…)

语法释义：=XOR(逻辑值1,逻辑值2,…)

参数说明：

参数	性质	说明	参数的设置原则
logical1	必需	需要测试的第1个条件	可以是TRUE或FALSE，可以是逻辑值、数组或引用
logical2	可选	需要测试的第2个条件	可以是TRUE或FALSE，可以是逻辑值、数组或引用，最多可设置254个条件

● *函数练兵*： **检查是否包含不达标的测试值**

对多个产品的甲醛含量进行检测，假设检测的甲醛含量低于$0.08mg/cm^3$为达标，下面将使用XOR函数判断所有检测结果中是否包含甲醛含量不达标的检测值。

① 选择D2单元格，输入公式"=XOR(B2＜0.08,B3＜0.08,B4＜0.08,B5＜0.08,B6＜0.08,B7＜0.08)"。

② 按下"Enter"键，即可返回判断结果。

	A	B	C	D
1	产品编号	测试值(mg/cm³)		是否包含不达标测试值
2	01	0.005		FALSE
3	02	0.073		
4	03	0.042		
5	04	0.055		
6	05	0.061		
7	06	0.028		
8				

D2 公式栏：=XOR(B2<0.08,B3<0.08,B4<0.08,B5<0.08,B6<0.08,B7<0.08)

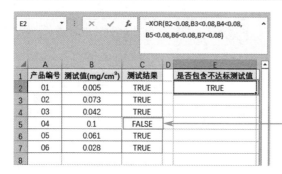

所有测试结果均返回TRUE，则XOR函数返回FALSE

若测试结果中包含FALSE值，那么XOR函数将返回TRUE。

测试结果中只要包含1个FALSE，那么XOR函数就会返回TRUE

函数 9 IFERROR

——捕获和处理公式中的错误

IFERROR 函数用于判断指定计算结果是否为错误值，如果公式的计算结果错误，则返回指定的值；否则返回公式的结果。

语法格式：=IFERROR(value,value_if_error)

语法释义：=IFERROR(值,错误值)

参数说明：

参数	性质	说明	参数的设置原则
value	必需	表示需要检查是否存在错误的参数	可以是一个单元格引用、公式或名称。若引用了空单元格，则IFERROR 将其视为空字符串 ("")

参数	性质	说明	参数的设置原则
value_if_error	必需	表示当公式的计算结果发生错误时返回的值	计算以下错误类型：#N/A、#VALUE!、#REF!、#DIV/0!、#NUM!、#NAME? 或 #NULL!

● 函数练兵： **屏蔽公式返回的错误值**

下面将使用IFERROR函数隐藏公式返回的错误值。

当被除数为0或文本字符时，公式会返回"#DIV/0!"或"#VALUE!"错误值，这类错误值并不会对计算的结果造成太大影响，可以将其忽视，或将错误值以正常值的形式显示。

	D2	▼	⋮	× ✓	fx	=B2/C2

	A	B	C	D	E
1	商品	预算金额	单价	可采购数量	
2	商品1	280	14	20	
3	商品2	500	10	50	
4	商品3	1200	/	#VALUE!	
5	商品4	800	8	100	
6	商品5	750	50	15	
7	商品6	630	0	#DIV/0!	
8	商品7	2200	40	55	
9	商品8	500	50	10	
10	商品9	1500	80	18.75	
11	商品10	1000	25	40	
12					

① 选择D2单元格，输入公式"=IFERROR(B2/C2,"")"。
② 随后将公式向下方填充，此时，公式返回的错误值已经被隐藏。

	D2	▼	⋮	× ✓	fx	❶=IFERROR(B2/C2,"")

	A	B	C	D	E
1	商品	预算金额	单价	可采购数量	
2	商品1	280	14	20	
3	商品2	500	10	50	
4	商品3	1200	/		
5	商品4	800	8	100	
6	商品5	750	50	15	
7	商品6	630	0		
8	商品7	2200	40	55	
9	商品8	500	50	10	
10	商品9	1500	80	18.75	
11	商品10	1000	25	40	
12				❷	

第4章
逻辑函数的应用

187

函数 **10** **IFNA**

——检查公式是否返回"#N/A"错误

语法格式：=IFNA(value,value_if_na)

语法释义：=IFNA(值,N/A值)

参数说明：

参数	性质	说明	参数的设置原则
value	必需	表示需要检查是否存在"#N/A"错误的参数	如果 value 是数组公式，则 IFNA 返回值中指定区域内每个单元格的结果数组
value_if_na	必需	表示当公式计算结果为"#N/A"错误时返回的值	如果 value 或 value_if_na 为空单元格，则 IFNA 会视为空字符串值 ("")

● 函数练兵：**处理"#N/A"错误**

　　使用VLOOKUP函数查询数据时，当查询表中找不到要查询的内容时会返回"#N/A"错误。下面将使用IFNA函数隐藏"#N/A"错误，并返回指定的文本。

F2	▼	:	×	✓	fx	=VLOOKUP(E2,$A$2:$C$9,3,FALSE) ❶	

▲	A	B	C	D	E	F	G
1	产品名称	产品规格	产品价格		查询	价格	
2	液晶显示器	XYT5-5P	¥7,800.00		主机箱	¥3,200.00	
3	主机箱	JSS-1Q	¥3,200.00		无线鼠标	¥190.00	
4	机械键盘	WWA-7W	¥520.00		蓝牙耳机	#N/A	
5	高速优盘	TW-115	¥480.00		线控耳机	¥150.00	
6	无线鼠标	TEB-15T	¥190.00			❷	
7	线控耳机	BBS-1T	¥150.00				
8	桌面音箱	TDX-11	¥230.00				
9	无线键盘	QI-101	¥430.00				
10							

StepO1：
查询产品价格

① 选择F2单元格，输入公式"=VLOOKUP(E2,$A$2:$C$9,3,FALSE)"。

② 随后向下方填充公式，此时"蓝牙耳机"所对应的位置返回的是错误值"#N/A"。这是由于查询的区域中不包含"蓝牙耳机"这项产品。

F2	▼	:	×	✓	fx	=IFNA(VLOOKUP(E2,$A$2:$C$9,3,FALSE),"查询不到商品") ❸	

▲	A	B	C	D	E	F	G	H
1	产品名称	产品规格	产品价格		查询	价格		
2	液晶显示器	XYT5-5P	¥7,800.00		主机箱	¥3,200.00		
3	主机箱	JSS-1Q	¥3,200.00		无线鼠标	¥190.00		
4	机械键盘	WWA-7W	¥520.00		蓝牙耳机	查询不到商品		
5	高速优盘	TW-115	¥480.00		线控耳机	¥150.00		
6	无线鼠标	TEB-15T	¥190.00			❹		
7	线控耳机	BBS-1T	¥150.00					
8	桌面音箱	TDX-11	¥230.00					
9	无线键盘	QI-101	¥430.00					
10								

StepO2：
处理"#N/A"错误

③ 修改F2单元格中的公式为"=IFNA(VLOOKUP(E2,$A$2:$C$9,3,FALSE),"查询不到商品")"。

④ 随后重新向下方填充公式，此时"蓝牙耳机"所对应的位置则会返回"查询不到商品"的文本。

 提示：本例公式也可使用 IFERROR 函数代替 IFNA 函数，公式的返回结果完全相同。

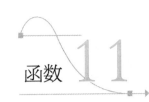

函数 **11** # SWITCH

——根据值列表计算第一个值，并返回与
第一个匹配值对应的结果

语法格式：=SWITCH(expression,value1,result1,default_or_value2,result2,…)
语法释义：=SWITCH(表达式,值1,结果1,值2,结果2,…)
参数说明：

参数	性质	说明	参数的设置原则
expression	必需	表示要转换的值	可以是表达式、文本、数值、或引用等
value1	必需	表示与要转换的值进行比较的第1个值	可以是表达式、文本、数值、或引用等
result1	必需	表示存在匹配项时需返回的值	可以是引用。常量需要输入在双引号中
default_or_value2	可选	表示与要转换的值进行比较的第2个值	最多可计算126个匹配的值
result2	可选	表示在对应值与表达式匹配时要返回的结果	可以是引用。常量需要输入在双引号中

● 函数练兵： **根据产品名称查询产品规格**

下面将使用SWITCH函数根据产品名称查询对应的产品规格。

① 选择D2单元格，输入公式"=SW
ITCH(D2,A2,B2,A3,B3,A4,B4,A5,B5,
A6,B6,A7,B7,A8,B8)"。
② 按下"Enter"键即可返回对应产
品的规格。

E2			×	✓	fx ① =SWITCH(D2,A2,B2,A3,B3,A4,B4,A5, B5,A6,B6,A7,B7,A8,B8)
	A	B	C	D	E
1	产品名称	产品规格		产品名称	产品规格
2	牛奶马蹄酥	1kg*10		功夫肉圆	500g*20
3	功夫肉圆	500g*20			②
4	孜然鸡柳串	1.5kg*4			
5	原味鸡块	500g*20			
6	小猫钓鱼鸡块	300g*30			
7	咔滋脆鸡排	300g*30			
8	香煎鸡扒	500g*24			
9					

要查询的产品名称为空白时，
公式返回"#N/A"错误

修改公式为"=IFERROR(SWITCH
(D2,A2,B2,A3,B3,A4,B4,A5,B5,
A6,B6,A7,B7,A8,B8),"")"，
屏蔽错误值

扫码观看
本章视频

第**5**章

查找与引用函数的应用

查找与引用函数可以根据指定的关键字从数据表中查找需要的值，也可以识别单元格位置或表的大小等。查找与引用函数分为数据查找、数据提取、从目录查找、按位置查找、引用单元格、行列置换以及链接这几种类型。下面将对各种查找与引用函数的用途以及使用过程中的注意事项进行介绍。

查找与引用函数速查表

查找与引用函数的类型及作用见下表。

函数	作用
ADDRESS	根据指定行号和列号获得工作表中的某个单元格的地址
AREAS	返回引用中的区域个数。区域是指连续的单元格区域或单个单元格
CHOOSE	使用 CHOOSE 可以根据索引号从最多 254 个数值中选择一个
COLUMN	返回指定单元格引用的列号
COLUMNS	返回数组或引用的列数
FILTER	FILTER 函数允许筛选出根据定义的条件的数据区域
FORMULATEXT	以字符串的形式返回公式
GETPIVOTDATA	返回存储在数据透视表中的数据
HLOOKUP	在表格的首行或数值数组中搜索值，然后返回表格或数组中指定行的所在列中的值
HYPERLINK	创建跳转到当前工作簿中的其他位置或以打开存储在网络服务器、Intranet 或 Internet 上的文档的快捷方式
INDEX	返回表格或区域中的值或值的引用
INDIRECT	返回由文本字符串指定的引用
LOOKUP	查询一行或一列并查找另一行或列中的相同位置的值

函数	作用
MATCH	在范围单元格中搜索特定的项,然后返回该项在此区域中的相对位置
OFFSET	返回对单元格或单元格区域中指定行数和列数的区域的引用
ROW	返回引用的行号
ROWS	返回引用或数组的行数
RTD	从支持 COM 自动化的程序中检索实时数据
SINGLE	将使用称为绝对交集的逻辑返回单个值
SORT	对某个区域或数组的内容进行排序
SORTBY	基于相应范围或数组中的值对范围或数组的内容进行排序
TRANSPOSE	转置数组或工作表上单元格区域的垂直和水平方向
UNIQUE	返回列表或区域中的唯一值的列表
VLOOKUP	在数组或表格第一列中查找,将一个数组或表格中一列数据引用到另外一个表中

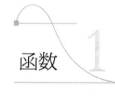

函数 1

VLOOKUP
——查找指定数值并返回当前行中指定列处的数值

VLOOKUP 函数可以按照指定的查找值从工作表中查找相应的数据。该函数可以进行精确查找,也可以进行大致匹配查找。

语法格式:=VLOOKUP(lookup_value,table_array,col_index_num,range_lookup)

语法释义:=VLOOKUP(查找值,数据表,列序数,匹配条件)

参数说明:

参数	性质	说明	参数的设置原则
lookup_value	必需	表示需要在数组第一列中查找的值	可以是数值、引用或文本字符串
table_array	必需	表示指定的查找范围	可以使用对区域或区域名称的引用
col_index_num	必需	表示待返回的匹配值的序列号	指定为 1 时,返回数据表第一列中的数值,指定为 2 时,返回第二列中的数值,依次类推
range_lookup	可选	表示指定在查找时是要精确匹配,还是大致匹配	FALSE 表示精确匹配,TRUE 或忽略表示大致匹配

● 函数练兵 I: **根据员工编号查询所属部门**

下面将使用VLOOKUP函数从员工基本信息表中根据员工编号查询对应的所属部门。

Step01：
选择函数

① 选择H3单元格；

② 打开"公式"选项卡，单击"查找与引用"下拉按钮；

③ 在展开的下拉列表中选择"VLOOKUP"选项；

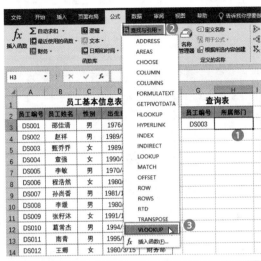

Step02：
设置参数

④ 系统随即弹出"函数参数"对话框，依次设置参数为："G3""A3:E16""5""FALSE"；

⑤ 参数设置完成后单击"确定"按钮关闭对话框；

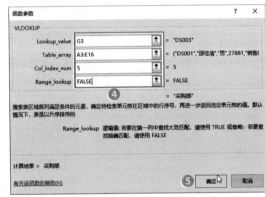

Step03：
返回计算结果

⑥ 返回工作表，此时H3单元格中已经返回了查询结果。

第5章
查找与引用函数的应用

● 函数练兵2：**根据实际销售业绩查询应发奖金金额**

某公司根据员工的实际业绩发放奖金。不同业绩分段对应不同的奖金，下面将使用VLOOKUP函数进行模糊匹配，查找实际业绩所应得的奖金。

Step01：
输入公式

① 选择F2单元格，输入公式"=VLOOKUP(E2,$A$2:$B$9,2,TRUE)"，按下"Enter"键即可返回第一个要查询的业绩所应得的奖金。

Step02：
填充公式

② 选中F2单元格，向下方拖动填充柄，返回其他业绩对应的奖金。

● 函数组合应用：**VLOOKUP+COLUMN❶、ROW❷——查询指定员工的基本信息**

若要从员工信息表中查询指定员工的所有信息，可以使用VLOOKUP和COLUMN或ROW函数编写嵌套公式实现自动查询。

查询表为横向时使用VLOOKUP+COLUMN函数。

---

❶ COLUMN，用于返回引用的列号，该函数的使用方法可查阅本书第5章函数17。
❷ ROW，用于返回引用的行号，该函数的使用方法可查阅本书第5章函数16。

Step01:
输入公式

① 选择B20单元格，输入公式"=VLOOKUP($A$20,$A$3:$E$16, COLUMN(B2),FALSE)"，按下"Enter"键返回当前员工编号所对应的员工姓名；

Step02:
横向填充公式

② 选择B20单元格，向右侧拖动填充柄，拖动到E20单元格，松开鼠标，自动提取出对应员工编号的其他信息。

提示：查询出的"出生日期"信息此时是以数值的形式显示的，用户可以将其转换成日期格式。

选择要转换格式的单元格，在"开始"选项卡中的"数字"组内单击"数字格式"下拉按钮，从中选择"短日期"选项即可完成格式转换。

查询表为纵向时使用 VLOOKUP+ROW 函数。

StepO1:
输入公式

① 选择H3单元格，输入公式 "=VLOOKUP($H$2,$A$3:$E$16,ROW(A2),FALSE)"，按下"Enter"键，返回当前员工编号所对应的员工姓名；

StepO2:
纵向填充公式

② 选中H3单元格，向下拖动填充柄，拖动至H6单元格后松开鼠标，此时即可自动提取出对应员工编号的其他信息。

函数 2 HLOOKUP
—— 在首行查找指定的数值并返回
当前列中指定行处的数值

HLOOKUP函数可以按照指定的查找值查找表中相对应的数据。使用此函数的重点是匹配查找。

语法格式：=HLOOKUP(lookup_value,table_array,row_index_num,range_lookup)

语法释义：=HLOOKUP(查找值,数据表,行序数,匹配条件)

参数说明：

参数	性质	说明	参数的设置原则
lookup_value	必需	表示需要在数据表第一行中进行查找的数值	可以是数值、引用或文本字符串
table_array	必需	表示需要在其中查找数据的数据表	可以使用对区域或区域名称的引用。例如，指定商品的数据区域等

参数	性质	说明	参数的设置原则
row_index_num	必需	表示待返回的匹配值的序列号	表中第一行序列号为1，依次类推
range_lookup	可选	表示指定在查找时是要精确匹配，还是大致匹配	FALSE 表示精确匹配，TRUE 或忽略表示大致匹配

● 函数练兵： **查询产品在指定日期的出库数量**

表格中记录了A产品和B产品每日的出库数量，下面将使用HLOOKUP函数查询这两种产品在指定日期的出库数量。

选择F3单元格，输入公式"=HLOOKUP(E3,$A$1:$C$10,6,FALSE)"，随后将公式向下方填充，即可查询出A产品和B产品"2021/8/5"的出库数量。

	A	B	C	D	E	F	G
1	日期	A产品	B产品		出库数量		
2	2021/8/1	12	28		产品	2021/8/5	
3	2021/8/2	16	21		A产品	17	
4	2021/8/3	15	30		B产品	28	
5	2021/8/4	20	33				
6	2021/8/5	17	28				
7	2021/8/6	22	19				
8	2021/8/7	25	24				
9	2021/8/8	18	32				
10	2021/8/9	14	35				
11							

F3 =HLOOKUP(E3,$A$1:$C$10,6,FALSE)

● 函数组合应用： **HLOOKUP+MATCH——查询产品出库数量时自动判断日期位置**

上一个案例中使用HLOOKUP函数查询指定日期需要手动确认日期的位置，在数据量很大的情况下手动确认既麻烦也容易出错，此时可以使用MATCH函数自动提取指定数据的位置。

选择F2单元格，输入公式"=HLOOKUP(E3,$A$1:$C$10, MATCH($F$2,$A$1:$A$10,0), FALSE)"，随后将公式向下方填充，提取出2款产品在指定日期的出库数量。

F3 =HLOOKUP(E3,$A$1:$C$10,MATCH($F$2,$A$1:$A$10,0),FALSE)

	A	B	C	D	E	F	G
1	日期	A产品	B产品		出库数量		
2	2021/8/1	12	28		产品	2021/8/5	
3	2021/8/2	16	21		A产品	17	
4	2021/8/3	15	30		B产品	28	
5	2021/8/4	20	33				
6	2021/8/5	17	28				
7	2021/8/6	22	19				
8	2021/8/7	25	24				
9	2021/8/8	18	32				
10	2021/8/9	14	35				
11							

提示：若修改查询日期，不用修改公式，A产品和B产品的出库数量会自动更新。

| F3 | | : | × | ✓ | f_x | =HLOOKUP(E3,$A$1:$C$10,MATCH($F$2,
$A$1:$A$10,0),FALSE) | |

	A	B	C	D	E	F	G
1	日期	A产品	B产品		**出库数量**		
2	2021/8/1	12	28		产品	2021/8/9	
3	2021/8/2	16	21		A产品	14	
4	2021/8/3	15	30		B产品	35	
5	2021/8/4	20	33				
6	2021/8/5	17	28				
7	2021/8/6	22	19				
8	2021/8/7	25	24				
9	2021/8/8	18	32				
10	2021/8/9	14	35				
11							

修改日期后，自动返回对应的出库数量

函数 **3**

LOOKUP（向量形式）

——从向量中查找一个值

LOOKUP函数有两种语法形式：向量和数组。向量形式的LOOKUP函数，可以按照输入在单行区域或单列区域中的查找值，返回第二个单行区域或单列区域中相同位置的数值。

语法格式：=LOOKUP(lookup_value,lookup_vector,result_vector)

语法释义：=LOOKUP(查找值,查找向量,返回向量)

参数说明：

参数	性质	说明	参数的设置原则
lookup_value	必需	表示用数值或单元格号指定所要查找的值	可以是数值、文本、逻辑值，也可以是数值的名称或引用
lookup_vector	必需	表示在一行或一列的区域内指定检查范围	只包含单行或单列的单元格区域，其值为文本、数值或逻辑值且以升序排序
result_vector	可选	表示指定函数返回值的单元格区域	只包含单行或单列的单元格区域，其大小必须与 lookup_vector 相同

● 函数练兵： **根据姓名查询销量**

下面将使用LOOKUP函数的向量形式从销售数据表中查询指定员工的销量。

Step01:

对姓名字段执行升序排序

选择B列中包含数据的任意一个单元格，打开"数据"选项卡，单击"升序"按钮，将所有"姓名"按升序排序。

特别说明：输入公式前一定要对检索范围进行升序排序，否则公式将返回"#N/A"错误。

Step02:

输入公式查询指定姓名的销量

选择H2单元格，输入公式"=LOOKUP(G2,B2:B11,D2:D11)"，按下"Enter"键即可返回要查询的姓名所对应的销量。

提示：若使用"函数参数"对话框设置参数，在确定要使用的函数后会弹出"选定参数"对话框，该对话框中包含两组参数，上方的是向量形式的参数，下方的是数组形式的参数，选择需要使用的参数形式后单击"确定"按钮，即可打开对应的"函数参数"对话框。

LOOKUP（数组形式）

函数 **4**

——从数组中查找一个值

数组形式的LOOKUP函数参数可以在数组的第一行或第一列中查找指定数值，然后返回最后一行或最后一列中相同位置处的数值。

语法格式：=LOOKUP(lookup_value,array)

语法释义：=LOOKUP(查找值,检索范围)

参数说明：

参数	性质	说明	参数的设置原则
lookup_value	必需	表示用数值或单元格号指定所要查找的值	可以是数值、文本、逻辑值，也可以是数值的名称或引用
array	必需	表示在单元格区域内指定的检索范围	包含文本、数值或逻辑值的单元格区域，用来同lookup_value相比较

LOOKUP函数查找和返回的关系如下表所示。

条件	检查值检索的对象	检索方向	返回值
数组行数和列数相同或行数大于列数	第一列	横向	同行最后一列
数组的行数少于列数时	第一行	纵向	同列最后一行

● **函数练兵**：**使用LOOKUP函数的数组参数查询指定姓名对应的销量**

下面将使用LOOKUP函数的数组形式参数根据姓名查询对应销量。

序号	姓名	性别	销量	地区		姓名	销量
10	丁茜	女	50	华南		孙丹	
8	蒋钦	男	98	华中			
3	李斯	男	32	华北			
4	刘冬	男	45				
6	马伟	男	68				
9	钱亮	男	43				
7	孙丹	女	15				
2	万晓	女	68				
1	张东	男	77				
5	郑丽	女	72	华北			

Step01:

升序排序检索字段

① 对选择"姓名"列中包含数据的任意单元格，在"数据"选项卡中单击"升序"按钮，对姓名字段执行升序排序。

使用LOOKUP函数的数组形式参数查询销量

② 选择H2单元格，输入公式"=LOOKUP(G2,B2:D11)"，按下"Enter"键，返回指定姓名所对应的销量。

	A	B	C	D	E	F	G	H	I
1	序号	姓名	性别	销量	地区		姓名	销量	
2	10	丁茜	女	50	华南		孙丹	15	
3	8	蒋钦	男	98	华中				
4	3	李斯	男	32	华北				
5	4	刘冬	男	45	华中				
6	6	马伟	男	68	华北				
7	9	钱亮	男	43	华南				
8	7	孙丹	女	15	华东				
9	2	万晓	女	68	华南				
10	1	张东	男	77	华东				
11	5	郑丽	女	72	华北				
12									

H2 | ✕ ✓ fx =LOOKUP(G2,B2:D11)

函数 5 INDEX（数组形式）

—— 返回指定行列交叉处的单元格的值

INDEX函数有引用和数组两种形式。使用数组形式的INDEX函数可以根据单元格内输入的行号、列号，返回指定行列交叉处单元格的值。

语法格式：=INDEX(array,row_num,column_num)

语法释义：=INDEX(区域,行位置,列位置)

参数说明：

参数	性质	说明	参数的设置原则
array	必需	表示单元格区域或数组常量	如果数组值包含一行或一列，则相对应的参数 row_num 或 column_num 为可选参数；如果数组有多行和多列，但只使用 row_num 或 column_num，函数 INDEX 返回数组中的整行或整列，且返回值也为数组
row_num	必需	表示数组中某行的行序号。从首行数组开始查找，指定返回第几行的行号	数组为 1 时，可省略行号，但必须有列号。row_num 必须指向 array 中的某一单元格，否则返回错误值 "#REF!"
column_num	可选	表示数组中某列的列序号。从首列数组开始查找，指定返回第几列的列号	数组为 1 时，可省略列号，但必须有行号。column_num 必须指向 array 中的某一单元格，否则返回错误值 "#REF!"

● 函数练兵I：**提取指定行列交叉处的值**

下面将使用INDEX函数提取指定行列交叉处的值。

选择E12单元格，输入公式"=INDEX(B2:E10,5,3)"，按下"Enter"键，即可从指定的数值区域中提取出指定行列交叉处的值。

E12		✕ ✓ f_x	=INDEX(B2:E10,5,3)		
◢	A	B	C	D	E	F
1		第1列	第2列	第3列	第4列	
2	第1行	37	23	26	35	
3	第2行	50	49	30	22	
4	第3行	17	19	34	49	
5	第4行	29	50	22	35	
6	第5行	15	42	23	21	
7	第6行	20	18	22	17	
8	第7行	30	33	50	26	
9	第8行	28	16	42	14	
10	第9行	18	20	33	36	
11						
12	提取第5行与第3列交叉位置的值				23	
13						

第5行与第3列交叉单元格

提示：INDEX函数不仅能提取行列交叉处的某一个值，也可提取整行、整列或整个数据区域中的值。

由于一个单元格中无法显示一个区域中的值，因此公式会返回错误值，或只显示与公式位置对应的某一个值。这并不表示公式提取有误。

E12		✕ ✓ f_x	=INDEX(B2:E10,0,2)		
◢	A	B	C	D	E	F
1		第1列	第2列	第3列	第4列	
2	第1行	37	23	26	35	
3	第2行	50	49	30	22	
4	第3行	17	19	34	49	
5	第4行	29	50	22	35	
6	第5行	15	42	23	21	
7	第6行	20	18	22	17	
8	第7行	30	33	50	26	
9	第8行	28	16	42	14	
10	第9行	18	20	33	36	
11						
12	提取第2列中的所有值				#VALUE!	
13	提取第6行中的所有值				17	
14	提取整个数据区域的值				#VALUE!	
15						

=INDEX(B2:E10,0,2)

=INDEX(B2:E10,6,0)

=INDEX(B2:E10,,)

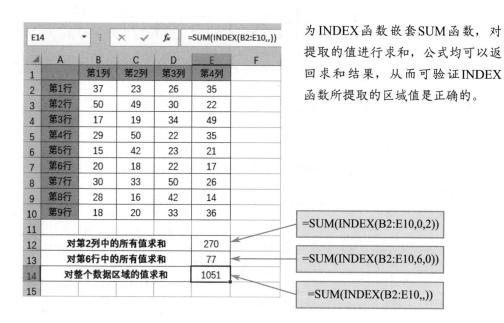

为INDEX函数嵌套SUM函数，对提取的值进行求和，公式均可以返回求和结果，从而可验证INDEX函数所提取的区域值是正确的。

- 函数练兵2： **查询指定收发地的物流收费标准**

假设某物流公司需要在Excel中制作一份可以根据收货地和发货地自动查询首重收费金额的查询表，下面将使用INDEX函数根据发货地和收货地查询对应的物流费用。

选择K15单元格，输入公式"=INDEX(C4:K12,H15,J15)"，按下"Enter"键即可返回查询结果。

INDEX（引用形式）
——返回指定行列交叉处引用的单元格

引用形式的INDEX函数可以根据单元格内输入的行号、列号，返回行和列交叉处特定单元格引用。

语法格式：=INDEX(reference,row_num,column_num,area_num)

语法释义：=INDEX(数组,行序数,列序数,区域序数)

参数说明：

参数	性质	说明	参数的设置原则
reference	必需	表示指定的检索范围	例如，指定商品的数据区域。也可指定多个单元格区域，用()把全体单元格区域引起来。用逗号区分各单元格区域
row_num	必需	表示引用中某行的行号，函数从该行返回一个引用	从首行数组开始查找，指定返回第几行的行号。如果超出指定范围数值，则返回错误值"#REF!"。如果数组只有一行，则省略此参数
column_num	可选	表示引用中某列的列标，函数从该列返回一个引用	从首列数组开始查找，指定返回第几列的列号。如果超出指定范围数值，则返回错误值"#REF!"。如果数组只有一列，省略此参数
area_num	可选	表示指定要返回的行列交叉点位于引用区域组中的第几个区域	第一个区域为1，第二个区域为2，依次类推。若忽略，默认使用区域1

● 函数练兵┃: **从多个区域中提取指定区域中行列交叉位置的值**

INDEX函数的数组形式参数只有一个查询区域，而引用形式则可以设置多个查询区域。下面将使用INDEX函数的引用形式参数从多个区域中指定其中一个区域，并从中提取指定行列交叉处的值。假设需要从指定的三个区域中提取第二个区域中第4行与第3列交叉处的值。

G10	▼	:	×	✓	fx	=INDEX((A1:A8,C1:E8,G1:H6),4,3,2)

▲	A	B	C	D	E	F	G	H	I
1	42		67	23	17		12	16	
2	36		25	11	77		25	11	
3	36		31	54	86		29	13	
4	45		68	26	51		12	13	
5	35		67	83	30		18	13	
6	48		26	50	87		27	26	
7	30		77	49	87				
8	38		12	17	27				
9									
10	提取第二个区域中第4行，第3列中的值						51		
11									

选择G10单元格，输入公式"=INDEX((A1:A8,C1:E8,G1:H6),4,3,2)"，按下"Enter"键即可从"A1:A8,C1:E8,G1:H6"这三个区域中提取出第二个区域中的第4行与第3列交叉处的值。

● 函数练兵 2: **从多个年度中提取指定年度和季度某商品的销售数据**

下面将从 2020 年和 2021 年这两年的商品销售表中提取 2021 年吹风机 3 季度的销售数据。

选择 H3 单元格，输入公式"=INDEX((C3:F10,C14:F21),4,3,2)"，按下"Enter"键即可返回指定位置的销售数据。

H3		× ✓ fx	=INDEX((C3:F10,C14:F21),4,3,2)				
	A	B	C	D	E	F	G	H
1	2020年							
2	商品名称	商品代码	1季度	2季度	3季度	4季度		2021年吹风机3季度的销量
3	美容仪	1	113	73	147	151		276
4	洗牙器	2	96	70	50	104		
5	加湿器	3	161	162	133	103		
6	吹风机	4	65	194	199	91		
7	卷发器	5	175	179	99	155		
8	直发板	6	165	53	174	116		
9	拉直板	7	53	107	155	67		
10	洁面仪	8	134	170	192	55		
11								
12	2021年							
13	商品名称	商品代码	1季度	2季度	3季度	4季度		
14	美容仪	1	133	229	231	218		
15	洗牙器	2	164	95	256	93		
16	加湿器	3	241	218	110	123		
17	吹风机	4	285	100	276	140		
18	卷发器	5	145	99	151	275		
19	直发板	6	87	131	285	222		
20	拉直板	7	121	111	149	100		
21	洁面仪	8	289	96	260	289		
22								

函数 7 # RTD
——从支持 COM 自动化的程序中返回实时数据

RTD 函数可以从 RTD 服务器中返回实时数据。RTD 服务器即是增加用户设置的命令或专用功能，扩大 Excel 或其他 Office 应用功能的辅助程序，以便 COM 地址的运用。

语法格式：=RTD(progID,server,topic1,topic2,…)

语法释义：=RTD(prog 名称,服务器名称,参数 1,参数 2,…)

参数说明：

参数	性质	说明	参数的设置原则
progID	必需	表示指定经过注册的 COM 自动化加载宏的程序 ID 名称	该名称用引号引起来，或指定单元格引用。如果不存在于程序 ID 上，则返回错误值"#N/A"
server	必需	指定用引号 ("") 将服务器的名称引起来的文本或单元格引用	如果没有服务器，程序是在本地计算机上运行，那么该参数为空
topic1	必需	表示登录到 COM 地址的值	值的种类或个数请参照登录到 COM 地址的程序
topic2	可选	表示登录到 COM 地址的值	最多可设置 253 个参数。这些参数放在一起代表唯一的实时数据

● 函数练兵： 使用COM地址快速表示时间

下面将使用RTD函数，用COM地址快速表示时间。

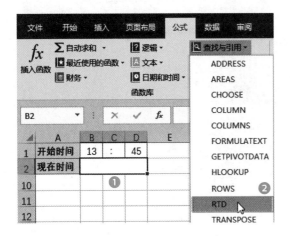

Step01：
选择函数

① 选择B2:D2单元格区域的合并单元格；

② 打开"公式"选项卡，单击"查找与引用"下拉按钮，从下拉列表中选择"RTD"函数；

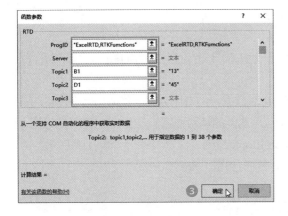

Step02：
设置参数

③ 在打开的"函数参数"对话框中设置相应参数，设置完成后单击"确定"按钮；

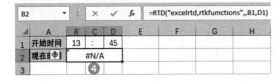

Step03：
返回结果

④ 若公式返回错误值，说明未安装实时数据服务器。必须在本地计算机上创建并注册RTD COM自动化加载宏公式才可返回正确结果。

函数 8

GETPIVOTDATA
——返回存储在数据透视表中的数据

GETPIVOTDATA 函数可以提取出以数据透视表形式存储的数据。Excel的数据透视功能能够比较简单地统计大量的数据。

语法格式：=GETPIVOTDATA(data_field,pivot_table,field1,item1,field2,item2,…)

语法释义：=GETPIVOTDATA(查询字段,数据透视表区域,字段名1,字段值1,字段名2,字段值2,…)

参数说明：

参数	性质	说明	参数的设置原则
data_field	必需	表示包含需检索数据的数据字段的名称	需要用引号引起
pivot_table	必需	表示在数据透视表中对任何单元格、单元格区域或定义的单元格区域的引用	该信息用于决定哪个数据透视表包含要检索的数据。如果 Pivot_table 并不代表找到了数据透视表的区域，则函数 GETPIVOTDATA 将返回错误值 #REF!
field1,field2,…	必需	表示要引用的字段	最多可设置 126 个字段
item1,item2,…	必需	表示要引用的字段项	最多可设置 126 个字段项

● 函数练兵： **检索乐器销售数据**

下面将使用GETPIVOTDATA函数从乐器销售表中检索指定乐器的销售数据。首先根据数据源创建出数据透视表，如下图所示。

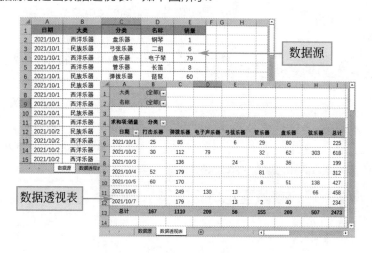

	A	B	C	D	E	F
1	大类	(全部)				
2	名称	(全部)				
3						
4	求和项:销量	分类				
5	日期	打击乐器	弹拨乐器	电子声乐器	弓弦乐器	管乐器
6	2021/10/1	25	85		6	29
7	2021/10/2	30	112	79		32
8	2021/10/3		136		24	3
9	2021/10/4	52	179			81
10	2021/10/5	60	170			8
11	2021/10/6		249	130	13	
12	2021/10/7		179		13	2
13	总计	167	1110	209	56	155
14						
15	日期	2021/10/2				
16	名称	古筝				
17	销量	#REF! ❶				

Step01:

输入公式查询指定日期指定乐器的销量

① 选择B17单元格，输入公式"=GETPIVOTDATA("销量",A4,A15,A7,A16,B16)"，按下"Enter"键，此时公式返回的是"#REF!"错误值。

> 特别说明：公式返回错误值是由于数据透视表中尚未筛选出要查询的字段。

	A	B	C
1	大类	(全部)	
2	名称	古筝 ❷	筛选"古筝"
3			
4	求和项:销量	分类	
5	日期	弹拨乐器	总计
6	2021/10/1	12	12
7	2021/10/2	39	39
8	2021/10/3	51	51
9	2021/10/4	106	106
10	2021/10/5	170	170
11	2021/10/6	120	120
12	2021/10/7	106	106
13	总计	604	604
14			
15	日期	2021/10/2	
16	名称	古筝	
17	销量	39	返回查询结果

Step02:

筛选名称，返回查询结果

② 在数据透视表的筛选区域，筛选出要查询的名称"古筝"，B17单元格中随即会显示出指定日期和乐器名称的销量查询结果。

	A	B	C	D	E	F	G
1	大类	西洋乐器 ❹					
2	名称	(全部)					
3							
4	求和项:销量	分类					
5	日期	打击乐器	电子声乐器	管乐器	盘乐器	弦乐器	总计
6	2021/10/1	25		29	80		134
7	2021/10/2	30	79	32	62	303	506
8	2021/10/3			3	36		39
9	2021/10/4	52		81			133
10	2021/10/5	60		8	51	138	257
11	2021/10/6		130			66	196
12	2021/10/7			2	40		42
13	总计	167	209	155	269	507	1307
14							
15	日期	2021/10/2		西洋乐器	1307 ❺		
16	名称	古筝					
17	销量	#REF!					

Step03:

查询西洋乐器总计销量

③ 选择E15单元格，输入公式"=GETPIVOTDATA("销量",A4,A1,D15)"，按下"Enter"键。

④ 随后在数据透视表的筛选区域，筛选出大类为"西洋乐器"的数据。

⑤ E15单元格中随即显示出西洋乐器的总计销量。

——根据给定的索引值，返回数值
参数清单中的数值

　　CHOOSE 函数可以返回在参数值指定位置的数据值。如果没有用于检索的其他表，则会把检索处理存储下来。

语法格式：=CHOOSE(index_num,value1,value2,…)

语法释义：=CHOOSE(序号,值1,值2,…)

参数说明：

参数	性质	说明	参数的设置原则
index_num	必需	用来指明待选参数序号的参数值	必须是介于 1 ～ 254 之间的数值，或者是返回介于 1 ～ 254 之间的引用或公式
value1	必需	表示用数值、文本、单元格引用、已定义的名称、公式、函数或者是 CHOOSE 从中选定的文本参数	如果指定多个数值，需要用逗号分隔开
value2	可选	表示用数值、文本、单元格引用、已定义的名称、公式、函数或者是 CHOOSE 从中选定的文本参数	最多可指定 254 个参数值

● 函数练兵：**根据数字代码自动检索家用电器的类型**

　　根据家用电器的相关分类原则，本例将不同类型的家用电器用不同的数字代码表示，下面将根据家用电器的代码和名称自动检索其类型。

　　选择C3单元格，输入公式"=CHOOSE(A2,$F$2,$F$3,$F$4,$F$5,$F$6,$F$7)"，随后将公式向下方填充，即可检索到每一种家用电器的类型。

	A	B	C	D	E	F	G
	C2		× ✓ fx	=CHOOSE(A2,$F$2,$F$3,$F$4,$F$5,$F$6,$F$7)			
1	电器代码	电器名称	电器类型		代码	类型	
2	4	微波炉	厨房电器		1	制冷电器	
3	1	冷饮机	制冷电器		2	空调器	
4	2	空调	空调器		3	清洁电器	
5	6	电视机	声像电器		4	厨房电器	
6	4	电烤箱	厨房电器		5	电暖器具	
7	3	电熨斗	清洁电器		6	声像电器	
8	3	吸尘器	清洁电器				
9	2	电扇	空调器				
10	3	洗衣机	清洁电器				
11	1	冰箱	制冷电器				
12	4	电饭煲	厨房电器				
13	5	电热毯	电暖器具				
14	6	投影仪	声像电器				
15	4	电磁炉	厨房电器				
16							

第 5 章

	fx	=CHOOSE(A2,"制冷电器","空调器","清洁电器", "厨房电器","电暖器具","声像电器")

C2 | | × ✓ fx | =CHOOSE(A2,"制冷电器","空调器","清洁电器","厨房电器","电暖器具","声像电器")

	A	B	C	D	E	F	G
1	电器代码	电器名称	电器类型		代码	类型	
2	4	微波炉	厨房电器		1	制冷电器	
3	1	冷饮机	制冷电器		2	空调器	
4	2	空调	空调器		3	清洁电器	
5	6	电视机	声像电器		4	厨房电器	
6	4	电烤箱	厨房电器		5	电暖器具	
7	3	电熨斗	清洁电器		6	声像电器	
8	3	吸尘器	清洁电器				
9	2	电扇	空调器				
10	3	洗衣机	清洁电器				
11	1	冰箱	制冷电器				
12	4	电饭煲	厨房电器				
13	3	电热毯	电暖器具				
14	6	投影仪	声像电器				
15	4	电磁炉	厨房电器				
16							

💡 **提示**：本例公式中的检索值也可使用文本常量代替，输入公式 "=CHOOSE(A2,"制冷电器","空调器"," 清洁电器","厨房电器","电暖器具","声像电器")"，返回的结果值是相同的。

● 函数组合应用：**CHOOSE+CODE❶——代码为字母时也能完成自动检索**

若代码是字母，可使用CODE函数将字母转换成对应的数字，然后再用CHOOSE函数检索。

C2 | | × ✓ fx | =CHOOSE(CODE(A2)-64,$F$2,$F$3,$F$4,$F$5,$F$6,$F$7)

	A	B	C	D	E	F	G	H
1	电器代码	电器名称	电器类型			代码	类型	
2	D	微波炉	厨房电器			A	制冷电器	
3	A	冷饮机	制冷电器			B	空调器	
4	B	空调	空调器			C	清洁电器	
5	F	电视机	声像电器			D	厨房电器	
6	D	电烤箱	厨房电器			E	电暖器具	
7	C	电熨斗	清洁电器			F	声像电器	
8	C	吸尘器	清洁电器					
9	B	电扇	空调器					
10	C	洗衣机	清洁电器					
11	A	冰箱	制冷电器					
12	D	电饭煲	厨房电器					
13	E	电热毯	电暖器具					
14	F	投影仪	声像电器					
15	D	电磁炉	厨房电器					
16								

选择C2单元格，输入公式 "=CHOOSE(CODE(A2)–64,$F$2,$F$3,$F$4,$F$5,$F$6,$F$7)"，随后将公式向下方填充即可检索到所有电器的类型。

特别说明：字母A返回的数字为65，字母B返回的数字为66，依次类推，所以为CODE函数的每个提取结果减去64则得到1、2、3、…的参数序列。

函数 **10** MATCH

——返回指定方式下与指定数值匹配的元素的相应位置

MATCH函数可以按照指定的查找类型，返回与指定数值匹配的元素的位置。如

---

❶ CODE，用于返回文本字符串中第一个字符的数字代码，详见本书第6章函数29。

果查找到符合条件的值，则函数的返回值为该值在数组中的位置。

语法格式：=MATCH(lookup_value,lookup_array,match_type)

语法释义：=MATCH(查找值,查找区域,匹配类型)

参数说明：

参数	性质	说明	参数的设置原则
lookup_value	必需	在查找范围内按照查找类型指定的查找值	可以为数值（数字、文本或逻辑值）或对数字、文本或逻辑值的单元格引用
lookup_array	必需	表示在1行或1列指定查找值的连续单元格区域	lookup_array 可以为数组或数组引用
match_type	可选	表示指定检索查找值的方法	用数字 –1、0 或 1 表示

指定检索值所对应的检索方法见下表。

match_type 值	检索方法
1 或省略	函数 MATCH 查找小于或等于 lookup_value 的最大数值，此时，lookup_array 必须按升序排列，否则不能得到正确的结果
0	函数 MATCH 查找等于 lookup_value 的第一个数值。如果不是第一个数值，则返回错误值"#N/A"
–1	函数 MATCH 查找大于或等于 lookup_value 的最小数值。此时，lookup_array 必须按降序排列，否则不能得到正确的结果

● 函数练兵1：**检索商品入库次序**

下面将使用MATCH函数根据入库等级表中的数据精确查询指定商品的入库次序。

选择F2单元格，输入公式"=MATCH(E2,B2:B10,0)"，按下"Enter"键即可返回查询结果。

F2		× ✓ fx	=MATCH(E2,B2:B10,0)				
▲	A	B	C	D	E	F	G
1	入库日期	入库商品	入库数量		入库商品	入库顺序	
2	2021/6/1	棉质油画布框	10		炭精条	6	
3	2021/6/1	36色马克笔	20				
4	2021/6/1	亚麻油画布框	5				
5	2021/6/1	24色油画棒	30				
6	2021/6/1	彩色铅笔	120				
7	2021/6/1	炭精条	300				
8	2021/6/1	旋转油画棒	22				
9	2021/6/1	花朵型蜡笔	15				
10	2021/6/1	42色水粉	12				
11							

● 函数练兵 2： **检索积分所对应的档次**

很多商家会搞会员积分兑换礼品的活动。根据会员拥有的实际积分，利用MATCH函数进行模糊匹配，可快速查询出该积分所对应的积分档次。

选择F2单元格，输入公式"=MATCH(E2,B2:B7,1)"，按下"Enter"键即可返回相应积分所对应的档次。

● 函数组合应用： **MATCH+INDEX——根据会员积分查询可兑换的礼品**

使用MATCH函数与INDEX函数编写公式可分析会员所拥有的实际积分查询可兑换的礼品。

选择F3单元格，输入公式"=INDEX(C2:C7,MATCH(E2,B2:B7,1))"，按下"Enter"键即可查询出实际的积分可兑换的礼品。

函数 11 ADDRESS
——按给定的行号和列标，建立文本类型的单元格地址

ADDRESS函数可以将指定的行号和列标转换到单元格引用。单元格引用形式包括绝对引用、相对引用以及混合引用。

语法格式：=ADDRESS(row_num,column_num,abs_num,a1,sheet_text)

语法释义：=ADDRESS(行序数,列序数,引用类型,引用样式,工作表名称)

参数说明：

参数	性质	说明	参数的设置原则
row_num	必需	表示在单元格引用中使用的行号	当该参数为1时代表第1行，为2时表示第2行，以此类推
column_num	必需	表示在单元格引用中使用的列号	当该参数为1时表示A列，为2时表示B列，以此类推
abs_num	可选	表示用 1～4 或 5～8 的整数指定返回的单元格引用类型	绝对引用 =1；绝对行／相对列 =2；相对行／绝对列 =3；相对引用 =4
a1	可选	用以指定 A1 或 R1C1 引用格式的逻辑值	A1 样式 =1 或 TRUE；R1C1 样式 =0 或 FALSE
sheet_text	可选	表示一个文本，指定作为外部引用的工作表的名称	如果省略，则不使用任何工作表名

abs_num参数设置如下表所示。

abs_num 值	返回的引用类型	举例
1，5，省略	绝对引用	$1A$1
2，6	绝对行号，相对列标	A$1
3，7	绝对列标，相对行号	$A1
4，8	相对引用	A1

● 函数练兵：**根据指定行号和列号返回绝对引用的单元格地址**

下面将使用ADDRESS函数根据指定的行号和列号返回绝对引用形式的单元格地址。

Step01:
输入公式

① 选择C2单元格，输入公式"=ADDRESS(A2,B2,1)"。

特别说明：在输入公式时，公式下方会出现列表，空户可根据提示选择需要的参数。

	A	B	C	D	E
1	行号	列号	绝对引用地址		
2	8	1	=ADDRESS(A2,B2,1)		
3	6	2	ADDRESS(row_num, column_num, [abs_num],...		
4	12	5		1-绝对	
5	10	3		2-绝对行/相对列	
6	5	6		3-相对行/绝对列	
7	18	4		4-相对	
8	22	2			
9					

RTD ▼ : × ✓ fx =ADDRESS(A2,B2,1)

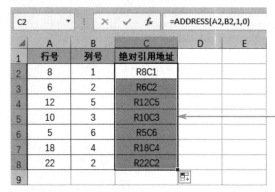

② 将公式向下填充，即可返回所有给定行号和列号所对应的绝对引用地址。

C2		fx	=ADDRESS(A2,B2,1)		
▲	A	B	C	D	E
1	行号	列号	绝对引用地址		
2	8	1	$A$8		
3	6	2	$B$6		
4	12	5	$E$12		
5	10	3	$C$10		
6	5	6	$F$5		
7	18	4	$D$18		
8	22	2	$B$22		
9					

C2		fx	=ADDRESS(A2,B2,1,0)		
▲	A	B	C	D	E
1	行号	列号	绝对引用地址		
2	8	1	R8C1		
3	6	2	R6C2		
4	12	5	R12C5		
5	10	3	R10C3		
6	5	6	R5C6		
7	18	4	R18C4		
8	22	2	R22C2		
9					

提示：将ADDRESS函数的第四参数设置成0，可返回R1C1样式的单元格引用样式。

R1C1单元格样式

● 函数组合应用：**ADDRESS+MAX+IF+ROW——检索最高月薪所在的单元格地址**

下面将使用ADDRESS函数嵌套MAX、IF以及ROW函数查询最高月薪在工作表中的哪个单元格内。

E2		fx	=MAX(C2:C16)			
▲	A	B	C	D	E	F	G
1	姓名	职务	月薪		最高薪资	所处位置	
2	嘉怡	主管	5800		8300		
3	李美	经理	6200		❶		
4	吴晓	组长	4600				
5	赵博	部长	8300				
6	陈丹	主管	5300				
7	李佳	主管	6000				
8	陆仟	部长	7600				
9	王鑫	主管	5100				
10	姜雪	经理	6300				
11	李斯	组长	4300				
12	孙尔	组长	3200				
13	刘铭	主管	5800				
14	赵赟	部长	6500				
15	薛策	组长	4800				
16	宋晖	组长	6200				
17							

StepO1:
计算最高薪资

① 选择E2单元格，输入公式"=MAX(C2:C16)"，按下"Enter"键，返回最高月薪；

StepO2：

计算最高薪资所处位置

② 选择F2单元格，输入数组公式 "=ADDRESS(MAX(IF(C2:C16=E2, ROW(2:16))),3)"，按下 "Ctrl+Shift+ Enter" 组合键即可返回最高月薪所在的单元格地址。

	A	B	C	D	E	F	G	H
F2					{=ADDRESS(MAX(IF(C2:C16=E2,ROW(2:16))),3)}			
1	姓名	职务	月薪		最高薪资	所处位置		
2	嘉怡	主管	5800		8300	$C$5		
3	李美	经理	6200					
4	吴晓	组长	4600					
5	赵博	部长	8300					
6	陈丹	主管	5300					
7	李佳	主管	6000			Ctrl+Shift+Enter		
8	陆仟	部长	7600					
9	王鑫	主管	5100					
10	姜雪	经理	6300					
11	李斯	组长	4300					
12	孙尔	组长	3200					
13	刘铭	主管	5800					
14	赵赟	部长	6500					
15	薛晖	组长	4800					
16	宋晖	组长	6200					
17								

函数 12 OFFSET

——以指定引用为参照系，通过给定偏移量得到新引用

语法格式：=OFFSET(reference,rows,cols,height,width)

语法释义：=OFFSET(参数区域,行数,列数,高度,宽度)

参数说明：

参数	性质	说明	参数的设置原则
reference	必需	表示指定作为引用的单元格或单元格区域	如果 reference 不是对单元格或相连单元格区域的引用，则函数 OFFSET 返回错误值 "#VALUE!"
rows	必需	表示从作为引用的单元格中指定单元格上下偏移的行数	行数为正数，则向下移动，如果指定为负，则向上移动；指定为 0，则不能移动。如果在单元格区域以外指定，则回错误值 "#VALUE!"。如果偏移量超出工作表边缘，则返回错误值 "#REF!"
cols	必需	表示从作为引用的单元格中指定单元格左右偏移的列数	列数指定为正数，则向右移动，如果指定为负，则向左移动；指定为 0，则不能移动。如果在单元格区域以外指定，则返回错误值 "#VALUE!"。如果偏移量超出工作表边缘，则返回错误值 "#REF!"
height	可选	表示用正整数指定偏移引用的行数	如果省略，则假设其与 reference 相同。如果 height 超出工作表的行范围，则返回错误值 "#REF!"

参数	性质	说明	参数的设置原则
width	可选	表示用正整数指定偏移引用的列数	如果省略，则假设其与 reference 相同。如果 width 超出工作表的列范围，则返回错误值 "#REF!"

● 函数练兵：**从指定单元格开始，提取指定单元格区域内的值**

下面将根据要求，将A2单元格作为起始偏移的单元格提取指定偏移的新引用。

RTD	▼	:	× ✓ fx	=OFFSET(A2,3,2,4,2)		
▲	A	B	C	D	E	F
1			数值区域			
2	98	45	32	70		
3	96	39	71	69		
4	84	27	31	62		
5	84	33	90	91		
6	67	10	39	83		
7	11	32	69	26		
8	69	69	61	22		
9	92	40	59	87		
10	74	33	23	13		
11	80	22	68	85		
12						
13	要求：					
14	从A2单元格开始，向下偏移3行，向右偏移2列，返回4行2列的区域					
15	公式：					
16	=OFFSET(A2,3,2,4,2)					
17						

选择A16单元格，输入公式 "=OFFSET(A2,3,2,4,2)"，即可根据指定偏移量提取新的引用区域。

特别说明：因为提取的是单元格区域，所以公式会返回 "#NALUE!" 错误，用户可为该公式嵌套其他函数，对区域中的值执行求和、求最大值、求最小值等操作。

● 函数组合应用：**OFFSET+MATCH——查询员工在指定季度的销量**

MATCH函数可查询出指定员工在销售表中的位置，然后与OFFSET函数组合，可返回指定行列交叉处的值，即指定员工在指定季度的销量。

E18	▼	:	× ✓ fx	=OFFSET($A$2,(MATCH(C18,$A$2:$A$15,0))-1,D18)		
▲	A	B	C	D	E	F	G
1	姓名	1季度	2季度	3季度	4季度		
2	子悦	262	729	482	812		
3	小倩	701	354	958	634		
4	赵敏	856	671	626	863		
5	青霞	654	702	926	608		
6	小白	979	802	798	270		
7	小青	747	790	471	329		
8	香香	605	222	797	793		
9	萍儿	467	308	590	767		
10	晓峰	490	571	574	248		
11	宝玉	925	881	784	294		
12	保平	323	206	366	665		
13	孙怡	524	221	570	551		
14	杨方	636	773	214	418		
15	宇宇	890	661	341	753		
16							
17			姓名	季度	销量		
18			小青	3	471		
19			萍儿	1	467		
20			宝玉	4	294		
21							

选择E18单元格，输入公式 "=OFFSET($A$2,(MATCH(C18,$A$2:$A$15,0))-1,D18)"，随后将公式向下方填充，即可提取出指定员工在指定季度的销量。

函数 **13** ## FORMULATEXT
——以字符串的形式返回公式

语法格式：=FORMULATEXT(reference)

语法释义：=FORMULATEXT(参照区域)

参数说明：

参数	性质	说明	参数的设置原则
reference	必需	表示对单元格或单元格区域的引用	如果选择引用单元格，则返回编辑栏中显示的内容。如果 reference 参数表示另一个未打开的工作薄，则返回错误值"#N/A"。如果 reference 参数表示整行或整列，或表示包含多个单元格的区域或定义名称，则返回行、列或区域中最左上角单元格中的值

● 函数练兵： **轻松查看公式结构**

下面将使用FORMULATEXT函数提取单元格中的公式。

选择B2单元格，输入公式
"=FORMULATEXT(A2)"，随后将
公式向下方填充，即可将A列中使
用的公式以文本形式提取出来。

B2		:	×	✓	fx	=FORMULATEXT(A2)	

	A	B	C	D
1	由公式返回的值	公式		
2	2021/8/20	=TODAY()		
3	3	=ROW()		
4	7	=COLUMN(G1)		
5	1900	=YEAR(1)		
6				

提示：FORMULATEXT 函数返回错误值的原因如下。

① 在下列情况下，FORMULATEXT 返回错误值"#N/A"。

第一，用作reference参数的单元格不包含公式。

第二，单元格中的公式超过8192个字符。

第三，无法在工作表中显示公式；例如，由于工作表保护而造成的公式不被显示。

第四，包含此公式的外部工作簿未在 Excel 中打开。

② 用作输入的无效数据类型将生成错误值"#VALUE!"。

函数 14 INDIRECT

——返回由文本字符串指定的引用

INDIRECT 函数可以直接返回指定单元格引用区域的值。通常在需要更改公式中单元格的引用，而不更改公式本身时使用。

语法格式：=INDIRECT(ref_text,a1)

语法释义：=INDIRECT(单元格引用,引用样式)

参数说明：

参数	性质	说明	参数的设置原则
ref_text	必需	表示对单元格的引用	此单元格可以包含 A1 样式的引用、R1C1 样式的引用、定义为引用的名称或对文本字符串单元格的引用。如果 ref_text 不是合法的单元格的引用，则返回错误值"#REF!"
a1	可选	表示一个逻辑值，指明包含在单元格 ref_text 中的引用的类型	如果 a1 为 TRUE 或省略，ref_text 为 A1 样式的引用。如果 a1 为 FALSE，ref_text 为 R1C1 样式的引用

● 函数练兵：**应用INDIRCT函数返回指定文本字符指定的引用**

下面将介绍一下INDIRECT函数的基本用法。

D2	▼	:	×	✓	fx	=INDIRECT(A2)	

	A	B	C	D	E
1	数据区域			INDIRECT函数应用示例	
2	B2	德胜书坊		德胜书坊	①
3	B3	在线学习			
4	B	Excel函数			
5					
6					

Step01：

返回单元格中包含的地址所指向的内容

① 选择D2单元格，输入公式"=INDIRECT(A2)"，按下"Enter"键，公式返回"德胜书坊"。因为A2单元格中的内容是"B2"，表示工作表中的一个单元格，而B2单元格中的对应内容是"德胜书坊"，所以公式返回"德胜书坊"。

Step02:

返回指定单元格中所包含的内容

② 在D3单元格中输入公式"=INDIRECT("A2")"，公式返回"B2"。公式中的"A2"输入在双引号中，可以视为文本，所以直接返回A2单元格中的内容，即"B2"。

| D3 | ▼ | : | × | ✓ | fx | =INDIRECT("A2") |

▲	A	B	C	D	E
1	数据区域			INDIRECT函数应用示例	
2	B2	德胜书坊		德胜书坊	
3	B3	在线学习		B2	②
4	B	Excel函数			
5					
6					

Step03:

组合单元格中提取并组合地址，返回该地址中所包含的内容

③ 在D4单元格中输入公式"=INDIRECT(A4&3)"，公式返回"在线学习"。因为"A4"单元格中的内容是"B"，和"3"组合成"B3"，而B3单元格中的内容是"在线学习"。

| D4 | ▼ | : | × | ✓ | fx | =INDIRECT(A4&3) |

▲	A	B	C	D	E
1	数据区域			INDIRECT函数应用示例	
2	B2	德胜书坊		德胜书坊	
3	B3	在线学习		B2	
4	B	Excel函数		在线学习	③
5					
6					

Step04:

组合单元格地址并返回该地址中包含的内容

④ 在D5单元格中输入公式"=INDIRECT("B"&4)"，公式返回"Excel函数"。公式中的"B"有双引号，表示一个文本字符，与"4"组合成"B4"，而B4单元格中的内容是"Excel函数"。

| D5 | ▼ | : | × | ✓ | fx | =INDIRECT("B"&4) |

▲	A	B	C	D	E
1	数据区域			INDIRECT函数应用示例	
2	B2	德胜书坊		德胜书坊	
3	B3	在线学习		B2	
4	B	Excel函数		在线学习	
5				Excel函数	④
6					

● 函数组合应用：**OFFSET+MATCH——跨表查询员工销售数据**

当数据跨表存储时可使用OFFSET和MATCH函数嵌套编写公式查询指定数据。下面将从四张工作表中查询指定员工所有季度的销售数据。

C2 | =VLOOKUP($A2,INDIRECT(C$1&"!A:C"),3,0) ❶

	A	B	C	D	E	F	G
1	姓名	区域	1季度	2季度	3季度	4季度	
2	小倩	武汉	124				
3	青霞	苏州	235				
4	小白	长沙	770				
5	小青	合肥	191				
6	萍儿	广州	321				
7	晓峰	成都	997				
8	宝玉	广州	392				
9	保平	成都	143	❷			
10	沈浪	武汉	582				
11							

Step01：

输入公式并向下方填充

① 选择C2单元格，输入公式"=VLOOKUP($A2,INDIRECT(C$1&"!A:C"),3,0)"；

② 随后向下拖动填充柄，计算出1季度指定员工的销量；

C2 | =VLOOKUP($A2,INDIRECT(C$1&"!A:C"),3,0)

	A	B	C	D	E	F	G
1	姓名	区域	1季度	2季度	3季度	4季度	
2	小倩	武汉	124	200	541	938	
3	青霞	苏州	235	452	786	803	
4	小白	长沙	770	876	797	217	
5	小青	合肥	191	327	663	825	
6	萍儿	广州	321	284	767	432	
7	晓峰	成都	997	700	250	950	
8	宝玉	广州	392	718	653	366	
9	保平	成都	143	388	998	367	❸
10	沈浪	武汉	582	163	484	430	
11							

Step02：

向右侧填充公式

③ 保持C2:C10单元格区域为选中状态，向右拖动填充柄，查询出指定员工所有季度的销量。

函数 15 AREAS

——返回引用中包含的区域个数

AREAS函数可以用整数返回引用中包含的区域个数。在计算区域的个数时，也可使用INDEX函数求得的单元格引用形式。

语法格式：=AREAS(reference)

语法释义：=AREAS(参照区域)

参数说明：

参数	性质	说明	参数的设置原则
reference	必需	表示对某个单元格或单元格区域的引用，可包含多个区域	必须用逗号分隔各引用区域，并用 () 括起来。如果不用 () 将多个引用区域括起来，输入过程中会出现错误信息。而且，如果指定单元格或单元格区域以外的参数，也会返回错误值 "#NAME?"

● 函数练兵：**计算数组的个数**

下面将使用AREAS函数统计工作表中包含多少个区域数组。

选择C10单元格，输入公式"=AREAS((A2:A6,B2:B7,C2:C5,D2:D8))"，按下"Enter"键即可计算出区域数组的数量。

函数 16 ROW
——返回引用的行号

语法格式：=ROW(reference)

语法示意：=ROW(参照区域)

参数说明：

参数	性质	说明	参数的设置原则
reference	必需	表示指定需要得到其行号的单元格或单元格区域	选择区域时，返回位于区域首行的单元格行号。如果省略 reference，则返回 ROW 函数所在的单元格行号

- **函数练兵：** **返回指定单元格的行号**

下面将根据表格中给定的不同要求返回相应的行号。

	A	B	C	D
	要求	**行号**	**公式**	
1				
2	返回E18单元格的行号	18	=ROW(E18)	
3	返回H2单元格向下2行的行号	4	=ROW(H2)+2	
4	返回G20单元格向上5行的行号	15	=ROW(G20)-5	
5	返回当前行号	5	=ROW()	
6				

B2 | : | × ✓ fx | =ROW(E18)

分别在B2、B3、B4、B5单元格中输入下列公式："=ROW(E18)"；"=ROW(H2)+2"；"=ROW(G20)-5"；"=ROW()"，即可根据指定的要求返回对应的行号。

函数 17 COLUMN

——返回引用的列号

语法格式：=COLUMN(reference)

语法释义：=COLUMN(参照区域)

参数说明：

参数	性质	说明	参数的设置原则
reference	必需	表示指定需要得到其列标的单元格或单元格区域	选择区域时，返回位于区域首列的单元格列标。可省略 reference，如果省略 reference，则返回 COLUMN 函数所在的单元格列标

- **函数练兵：** **返回指定单元格的列号**

下面将根据表格中给定的不同要求返回相应的列号。

B2 | : | × ✓ fx | =COLUMN(B8)

	A	B	C	D
	要求	**列号**	**公式**	
1				
2	返回B8单元格的列号	2	=COLUMN(B8)	
3	返回A3单元格右侧1列的列号	2	=COLUMN(A3)+1	
4	返回M10单元格向左7列的列号	6	=COLUMN(M10)-7	
5	返回当前列号	2	=COLUMN()	
6				

分别在B2、B3、B4、B5单元格中输入下列公式："=COLUMN(B8)"；"=COLUMN(A3)+1"；"=COLUMN(M10)-7；"=COLUMN()"，即可根据指定的要求返回对应的列号。

函数 18 ROWS
——返回引用或数组的行数

语法格式：=ROWS(array)

语法释义：=ROWS(数组)

参数说明：

参数	性质	说明	参数的设置原则
array	必需	表示指定为需要得到其行数的数组、数组公式或对单元格区域的引用	它和 ROW 函数不同，不能省略参数。如果在单元格、单元格区域、数组、数组公式以外指定参数，则返回错误值"#VALUE!"

● 函数练兵：**统计整个项目有多少项任务内容**

下面将使用ROWS函数统计整个项目有多少项任务内容。

选择B13单元格，输入公式"=ROWS(A2:A11)"，按下"Enter"键，即可统计出项目的具体任务数量，即A2:A11单元格区域所包含的行数。

函数 19 COLUMNS
——返回数组或引用的列数

语法格式：=COLUMNS(array)

语法释义：=COLUMNS(数组)

第5章
查找与引用函数的应用

223

参数说明：

参数	性质	说明	参数的设置原则
array	必需	表示指定为需要得到其列数的数组、数组公式或对单元格区域的引用	它和 Column 函数不同，不能省略参数。如果在单元格、单元格区域、数组、数组公式以外指定参数，则返回错误值 "#VALUE!"

● 函数练兵： **统计员工税后工资的组成项目数量**

下面将使用COLUMNS函数统计某公司的员工工资有多少个项目组成。

选择D17单元格，输入公式"=COLUMNS(B1:G15)"，按下"Enter"键，即可统计出员工税后工资组成项目的数量，即B1:G15单元格区域所包含的列数量。

● 函数组合应用： **COLUMNS+VLOOKUP+IFERROR——查询员工税后工资**

税后工资位于工资表的最后一列，使用VLOOKUP函数查询指定员工的税后工资时，可以利用COLUMNS函数自动计算出要返回的值在查询区域的第几列。而IFERROR函数则可屏蔽查询工资表中不存在的姓名时所返回的错误值。

Step01：
输入公式

① 选择B18单元格，输入公式"=IFERROR(VLOOKUP(A18,$A$2:$H$15,COLUMNS($A:$H),)," 查无此人")"；

Step02：
填充公式

② 随后将B18单元格中的公式向下方填充，即可根据指定的姓名查询出对应的税后工资，当工资表中不存在要查询的姓名时，公式返回"查无此人"。

函数 20 TRANSPOSE
——转置单元格区域

TRANSPOSE函数可以将数组的横向转置为纵向、纵向转置为横向及行列间的转置。

语法格式：=TRANSPOSE(array)

语法释义：=TRANSPOSE(数组)

参数说明：

参数	性质	说明	参数的设置原则
array	必需	表示指定需要转置的单元格区域或数组	所谓数组的转置，就是将数组的第一行作为新数组的第一列，数组的第二行作为新数组的第二列，以此类推

提示：TRANSPOSE函数为数组函数，在使用时必须提前选择转置单元格区域的大小。而且原表格的行数为新表格的列数。

● 函数练兵：**将销售表中的数据进行转置**

下面将使用TRANSPOSE函数将横向显示的销售表转换成纵向显示。

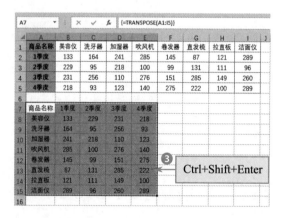

Step01：

选择转置区域

① 选择A7:E15单元格区域。

特别说明：选择的转置区域，其行数要和原数据区的列数相等，选择的列数则要和原数据区域的行数相等。否则多选的单元格中，将返回错误值。若是少选了单元格，则原数据区域中的数据将无法完整地被显示出来。

Step02：

输入公式

② 在编辑栏中输入公式"=TRANSPOSE(A1:I5)"。

Step03：

返回数组结果

③ 按下"Ctrl+Shift+Enter"组合键，A1:I5单元格中的销售数据随即在新选择的区域内完成行列转置。

提示：完成转置后若直接删除原数据区域，则由公式转置得来的数据全部会返回"#REF！"错误值。

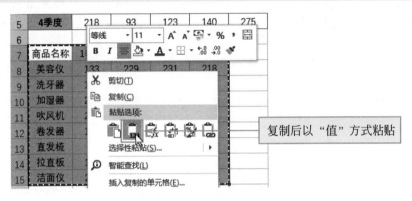

A2			×	✓	fx	{=TRANSPOSE(#REF!)}

更为稳妥的方法是，用公式完成转置后，要将这些数据转换成数值形式显示。

删除原数值区域后公式返回错误值

复制后以"值"方式粘贴

函数 21 HYPERLINK

——创建一个快捷方式以打开存在网络服务器中的文件

语法格式：=HYPERLINK(link_location,friendly_name)

语法释义：=HYPERLINK(链接位置,显示文本)

参数说明：

参数	性质	说明	参数的设置原则
link_location	必需	表示用加双引号的文本指定文档的路径或文件名，或包含文本字符串链接的单元格	指定文本的字符串被表示为检索，如果利用"地址"栏比较方便

第 5 章
查找与引用函数的应用

227

第5章

参数	性质	说明	参数的设置原则
friendly_name	可选	表示单元格中显示的跳转文本值或数字值	可以省略此参数，如果省略此参数，文本字符串按原样表示

● 函数练兵：**打开存储在网络服务器中的文件**

下面将使用HYPERLINK函数打开存储在网络服务器中的文件。

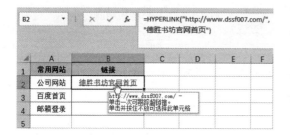

选择B2单元格，输入公式"=HYPERLINK("http://www.dssf007.com/","德胜书坊官网首页")"，按下"Enter"键，即可创建相关网址的链接，单击该链接即可自动在浏览器中打来该网页。

扫码观看
本章视频

第 **6** 章

文本函数的应用

　　使用文本函数可以对文本进行提取、查找、替代、结合、确认长度、大小写转换等操作。本章内容将对一些常见文本函数的作用以及使用方法进行详细介绍。

文本函数速查表

　　查找与引用函数的类型及作用见下表。

函数	作用
ASC	将字符串中的全角（双字节）英文字母或片假名更改为半角（单字节）字符
BAHTTEXT	使用 β（泰铢）货币格式将数字转换为文本
CHAR	返回由代码数字指定的字符
CLEAN	删除文本中所有不能打印的字符
CODE	返回文本字符串中第一个字符的数字代码
CONCAT	将多个区域和 / 或字符串的文本组合起来
DBCS	将字符串中的半角（单字节）英文字母或片假名更改为全角（双字节）字符
DOLLAR	使用 ¥（人民币）货币格式将数字转换为文本
EXACT	检查两个文本值是否相同
FIND	在一个文本值中查找另一个文本值（区分大小写），按字符查找
FINDB	在一个文本值中查找另一个文本值（区分大小写），按字节查找
FIXED	将数字格式设置为具有固定小数位数的文本
LEFT	从文本字符串的第一个字符开始返回指定个数的字符
LEFTB	基于所指定的字节数返回文本字符串中的第一个或前几个字符
LEN	返回文本字符串中的字符个数
LENB	返回文本字符串中用于代表字符的字节数

函数	作用
LOWER	将一个文本字符串中的所有大写字母转换为小写字母
MID	从文本字符串中的指定位置起返回特定个数的字符
NUMBERVALUE	以与区域设置无关的方式将文本转换为数字
PHONETIC	提取文本字符串中的拼音（汉字注音）字符。该函数只适用于日文版
PROPER	将文本字符串的首字母以及文字中任何非字母字符之后的任何其他字母转换成大写。将其余字母转换为小写
REPLACE	替换文本中的字符
REPLACEB	替换文本中的字节
REPT	按给定次数重复文本
RIGHT	根据所指定的字符数返回文本字符串中最后一个或多个字符，按字符查找
RIGHTB	根据所指定的字节数返回文本字符串中最后一个或多个字符，按字节查找
SEARCH	在一个文本值中查找另一个文本值（不区分大小写）
SUBSTITUTE	在文本字符串中用新文本替换旧文本
T	返回值引用的文字
TEXT	设置数字格式并将其转换为文本
TEXTJOIN	将多个区域和／或字符串的文本组合起来，包括在要组合的各文本值之间指定的分隔符
TRIM	除了单词之间的单个空格之外，移除文本中的所有空格
UNICHAR	返回给定数值引用的 Unicode 字符
UNICODE	返回对应于文本的第一个字符的数字（代码点）
UPPER	将文本转换为大写形式
VALUE	将文本参数转换为数字

使用文本函数时经常会出现的一些名词解释如下表所示。

词语	说明
字符	是计算机中使用的字母、数字、汉字以及其他符号的统称，一个字母、汉字、数字或标点符号就是一个字符（用 LEN 函数可统计字符数量）
字节	是计算机存储数据的单位，Excel 中一个半角英文字母、数字或英文标点符号占一个字节的空间，一个中文汉字、全角英文字母或数字、中文标点占两个字节的空间（用 LENB 函数可统计字节数量）
字符串	是由数字、字母、汉字、符号等组成的一串字符
文本长度	表示文本字符串中所包含的字符数量或字节数量

函数 **1** **LEN**

——返回文本字符串的字符数

LEN函数用于统计文本字符串中的字符个数，即字符串的长度。字符串中不分全角和半角，句号、逗号、空格作为一个字符进行计数。

语法格式：=LEN(text)

语法释义：=LEN(字符串)

参数说明：

参数	性质	说明	参数的设置原则
text	必需	表示查找其长度文本或文本所在的单元格	如果直接输入文本，需用双引号引起来。如果不加双引号，则会返回错误值"#NAME？"。而且指定的文本单元格只有一个，不能指定单元格区域。否则将返回错误值"#VALUE！"

💡 提示：计数单位不是字符而是字节时，请使用LENB函数。LEN函数和LENB函数有相同的功能，但计数单位不同。

● 函数练兵：**计算书名的字符个数**

下面将使用LEN函数计算图书名称的字符个数。

① 选择D2单元格，输入公式"=LEN(B2)"。

② 随后将公式向下方填充，即可统计出所有书名的字符个数。

D2	▼ :	× ✓ fx	=LEN(B2) ❶	

▲	A	B	C	D	E
1	序号	书名	作者	书名长度	
2	1	稻草人手记	三毛	5	
3	2	平凡的世界	路遥	5	
4	3	四世同堂	老舍	4	
5	4	花田半亩	田维	4	
6	5	围城	钱钟书	2	
7	6	送你一颗子弹	刘瑜	6	
8	7	活着	余华	2	
9	8	呐喊	鲁迅	2	
10	9	家	巴金	1	
11	10	人生	路遥	2	
12				❷	

判断手机号码是否为11位数

使用LEN函数可对所输入的手机号码位数进行判断，若不是11位数则说明所输入的号码有误。

① 选择C2单元格，输入公式"=LEN(B2)=11"。

② 随后将公式向下方填充，即可判断出所有手机号码是否为11位数。TRUE表示是11位数，FALSE表示不是11位数。

姓名	手记号码	是否为11位数
小张	12564568656	TRUE
小王	65215278452	TRUE
小李	26233232323	TRUE
小赵	2623233232	FALSE
小刘	19561212322	TRUE
小孙	656459125685	FALSE
小钱	1562323222	FALSE
小周	12546887945	TRUE

函数 2 LENB

—— 返回文本字符串中用于代表字符的字节数

LENB函数可以返回字符串的字节数，即字符串的长度。字符串中的全角字符为两个字，半角字符为一个字，句号、逗号、空格也可计算。

语法格式：=LENB(text)

语法释义：=LENB(字符串)

参数说明：

参数	性质	说明	参数的设置原则
text	必需	表示查找其长度的文本或文本所在的单元格	如果直接输入文本，则需要用双引号引起来。如果不加双引号，则会返回错误值"#NAME？"。只能指定一个文本单元格，不能指定单元格区域，否则会返回错误值"#VALUE!"

● 函数练兵： **计算产品编号的字节数量**

下面将使用LENB函数计算产品编号的字节数量，本例产品编号中的一个汉字占2个字节，一个字母、一个符号以及一个数字分别占1个字节。

① 选择D2单元格，输入公式"=LENB(B2)"。

② 随后将公式向下方填充，即可统计出所有产品编号的字节数量。

D2		:	×	✓	fx	=LENB(B2) ①

▲	A	B	C	D	E
1	**产品名称**	**产品编号**	**入库数量**	**编号字节数**	
2	*产品1*	同YH-0214491	1567	12	
3	*产品2*	YHD-0214492	1568	11	
4	*产品3*	YH-021493	1569	9	
5	*产品4*	YH-0214	1570	7	
6	*产品5*	YH-02149	1571	8	
7	*产品6*	YHD-0211496	1572	11	
8	*产品7*	YH-02149558	1574	11	
9	*产品8*	YH-021499	1575	9	
10	*产品9*	同YH-02150000	1576	13	
11	*产品10*	YHD-021501	1577	10	
12	*产品11*	YH-021503001	1579	12	
13	*产品12*	YH-0211504	1580	10	
14	*产品13*	YH-0215	1581	7	
15	*产品14*	YHD-0215	1582	8	
16				②	

函数 3 # FIND

——返回一个字符串出现在另一个字符串中的起始位置

使用FIND函数可从文本字符串中查找特定的文本，并返回查找文本的起始位置。

语法格式：=FIND(find_text,within_text,start_num)

语法释义：=FIND(要查找的字符串,被查找的字符串,开始位置)

参数说明：

参数	性质	说明	参数的设置原则
find_text	必需	表示要查找的文本或文本所在的单元格	如果直接输入要查找的文本，则需要用双引号引起来。如果不加双引号，则会返回错误值"#NAME?"。如果 find_text 是空文本 ("")，则函数会匹配搜索编号为 start_num 或 1 的字符
within_text	必需	表示包含要查找文本的文本或文本所在的单元格	如果直接输入文本，需用双引号引起来。如果不加双引号，则返回错误值"#NAME？"。如果 within_text 中没有 find_text，则函数返回错误值"#VALUE!"
start_num	可选	表示用数值或数值所在的单元格指定开始查找的字符	要查找文本的起始位置指定为一个字符数。如果忽略 start_num，则假设其为 1，从查找对象的起始位置开始查找。另外，如果 start_num 不大于 0，则函数会返回错误值"#VALUE!"。如果 start_num 大于 within_text 的长度，则函数会返回错误值"#VALUE!"

● 函数练兵 1： **从飞花令中计算"花"出现的位置**

下面将使用 FIND 函数根据飞花令诗句计算每句诗词中"花"出现的位置。

	A	B	C
B2		=FIND("花",A2) ①	
1	飞花令	"花"出现的位置	
2	采莲南塘秋，莲花过人头。	8	
3	人归落雁后，思发在花前。	10	
4	暮江平不动，春花满正开。	8	
5	花须连夜发，莫待晓风吹。	1	
6	他乡共酌金花酒，万里同悲鸿雁天。	6	
7	解落三秋叶，能开二月花。	11	
8	昨夜闲潭梦落花，可怜春半不还家。	7	
9	火树银花合，星桥铁锁开。	4	
10	洛阳女儿惜颜色，坐见落花长叹息。	12	
11	今年花落颜色改，明年花开复谁在？	3	
12	古人无复洛城东，今人还对落花风。	14	
13	年年岁岁花相似，岁岁年年人不同。	5	
14	夜来风雨声，花落知多少。	7	
15	荷花娇欲语，愁杀荡舟人。	2	
16		②	

① 选择 B2 单元格，输入公式"=FIND("花",A2)"。

② 按下"Enter"键，计算出第一句诗中"花"出现的位置。随后向下方填充公式即可计算出其他诗句中"花"出现的位置。

● 函数练兵 2： **当"花"出现多次时，查找从指定字符开始"花"的位置**

FIND 函数的第三个参数表示起始的搜索位置。诗句中包含多个"花"时，可以设置第三个参数，从指定位置开始搜索。

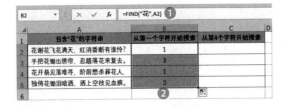

	A	B	C	D
B2		=FIND("花",A2) ①		
1	包含"花"的字符串	从第一个字符开始搜索	从第4个字符开始搜索	
2	花谢花飞花满天，红消香断有谁怜？	1		
3	手把花锄出绣帘，忍踏落花来复去。	3		
4	花开易见落难寻，阶前愁杀葬花人。	1		
5	独倚花锄泪暗洒，洒上空枝见血痕。	3		
6		②		

Step01：

从第一个字符开始查询第一个"花"的位置

① 选择 B2 单元格，输入公式"=FIND("花",A2)"。

② 随后将公式向下方填充。即可从字符串的第一个字开始，查询到第一个"花"出现的位置。

Step02：

从第4个字符开始查询"花"出现
的位置

③ 选择C2单元格，输入公式
"=FIND(" 花 ",A2,4)"。

④ 随后将公式向下方填充。即可查
询到从第4个字符开始出现的第一
个"花"的位置。

C2		× ✓ ƒx	=FIND("花",A2,4) ❸	
	A	B	C	D
1	包含"花"的字符串	从第一个字符开始搜索	从第4个字符开始搜索	
2	花谢花飞花满天，红消香断有谁怜？	1	5	
3	手把花锄出绣帷，忍踏落花来复去。	3	12	
4	花开易见落难寻，阶前愁杀葬花人。	1	14	
5	独倚花锄泪暗洒，洒上空枝见血痕。	3	#VALUE!	
6			❹	

> **特别说明：** 若没有查询到指定的字符，公式将返回
> "#VALUE!"错误。

函数 4

FINDB
——返回一个字符串出现在另一个
字符串中的起始位置

FINDB函数可从文本字符串中查找特定的文本，并返回查找文本在另一个字符
串中基于字节数的起始位置。

语法格式：=FINDB(find_text,within_text,start_num)
语法释义：=FINDB(要查找的字符串,被查找的字符串,开始位置)
参数说明：

参数	性质	说明	参数的设置原则
find_text	必需	表示查找的文本或文本所在的单元格	如果直接输入要查找的文本，则需要用双引号引起来。如果不加双引号，会返回错误值"#NAME?"。如果 find_text 是空文本 ("")，则函数会匹配搜索编号为 start_num 或 1 的字符
within_text	必需	表示包含要查找文本的文本或文本所在的单元格	如果直接输入文本，则需要用双引号引起来。如果不加双引号，则会返回错误值"#NAME？"。如果 within_text 中没有 find_text，则函数会返回错误值"#VALUE!"
start_num	可选	表示用数值或数值所在的单元格指定开始查找的字符	要查找文本的起始位置指定为一个字节数。如果忽略 start_num，则假设其为 1，从查找对象的起始位置开始检索。另外，如果 start_num 不大于 0，则函数返回错误值"#VALUE!"。如果 start_num 大于 within_text 的长度，则函数会返回错误值"#VALUE!"

> **提示：** FINDB 函数在查找时，区分大小写、全角和半角字符。查找的全角字符作为2个字节
> 数，半角字符作为1个字节数。

● 函数练兵： **查找指定字符在字符串中出现的位置**

下面将使用FINDB函数查找指定字符在字符串中的字节位置。

① 选择C2单元格，输入公式"=FINDB(B2,A2)"。

② 随后将公式向下方填充，即可计算出指定字符在对应字符串中的字节位置。

函数 5 SEARCH

——返回一个字符或字符串在字符串中第一次出现的位置

SEARCH函数可从文本字符串中查找指定字符，并返回该字符从指定位置开始第一次出现的位置。

语法格式：=SEARCH(find_text,within_text,start_num)

语法释义：=SEARCH(要查找的字符串,被查找的字符串,开始位置)

参数说明：

参数	性质	说明	参数的设置原则
find_text	必需	表示要查找的文本或文本所在的单元格	如果直接输入要查找的文本，则需要用双引号引起来。如果不加双引号，则返回错误值"#NAME？"。如果 find_text 是空文本 ("")，则 SEARCH 会匹配搜索编号为 start_num 或 1 的字符。可以在 find_text 中使用通配符，包括问号 (?) 和星号 (*)。问号可匹配任意的单个字符，星号可匹配任意一串字符
within_text	必需	表示包含要查找文本的文本或文本所在的单元格	如果直接输入文本，则需要用双引号引起来。如果不加双引号，则会返回错误值"#NAME？"。如果 within_text 中没有 find_text，则函数会返回错误值"#VALUE!"
start_num	可选	表示用数值或数值所在的单元格指定开始查找的字符	要查找的文本起始位置指定为第一个字符。如果忽略 start_num，则假设其为 1，从查找对象的起始位置开始查找。如果 start_num 不大于 0，则函数会返回错误值"#VALUE!"。如果 start_num 大于 within_text 的长度，则函数会返回错误值"#VALUE!"

提示：SEARCH函数在查找时区分文本字符串的全角和半角字符，但是不区分英文的大小写。还可以在find_text中使用通配符进行查找。查找结果的字符位置忽略全角或半角字符，显示为1个字符。

● 函数练兵 1：**忽略大小写从字符串中查找指定字符第一次出现的位置**

SEARCH函数在查找字符位置时不区分字母的大小写，下面将利用这一点，从字符串中查找指定英文字母第一次出现的位置。

① 选择C2单元格，输入公式"=SEARCH(B2,A2)"。
② 随后将公式向下方填充，即可计算出要查找的英文字符在对应字符串中第一次出现的位置。

特别说明：字符串中的空格也会被计算。

C2	▼ : ✕ ✓ fx	=SEARCH(B2,A2) ①	
	A	B	C	D
1	考试科目	查找内容	位置	
2	MS Office高级应用与设计	office	4	
3	WPS Office高级应用与设计	office	5	
4	计算机基础及Photoshop应用	photoshop	7	
5	Java语言程序设计	A	2	
6	Python语言程序设计	N	6	
7	Access数据库程序设计	access	1	
8	MySQL数据库程序设计	sql	3	
9				

● 函数练兵 2：**使用通配符查找指定内容出现的位置**

FIND函数不支持通配符的使用，而SEARCH函数却是可以使用通配符模糊查找指定内容在字符串中的位置的。

① 选择C2单元格，输入公式"=SEARCH(B2,A2)"。
② 随后将公式向下方填充，即可查找到指定内容在对应字符串中的位置。

特别说明：?通配符表示任意的一个字符。

C2	▼ : ✕ ✓ fx	=SEARCH(B2,A2) ①	
	A	B	C	D
1	考试科目	查找内容	位置	
2	MS Office高级应用与设计	??应用	10	
3	WPS Office高级应用与设计	??应用	11	
4	计算机基础及Photoshop应用	??应用	14	
5	Java语言程序设计	????设计	5	
6	Python语言程序设计	????设计	7	
7	Access数据库程序设计	????设计	8	
8	MySQL数据库程序设计	????设计	7	
9				

 第6章 文本函数的应用

SEARCHB

函数 **6**

——返回一个字符或字符串在
字符串中的起始位置

SEARCHB 函数可以从文本字符串中开始查找字符，并返回查找文本在另一文本
字符串中基于字节数的起始位置。

语法格式：=SEARCHB(find_text,within_text,start_num)

语法释义：=SEARCHB(要查找的字符串,被查找字符串,开始位置)

参数说明：

参数	性质	说明	参数的设置原则
find_text	必需	表示要查找的文本或文本所在的单元格	如果直接输入要查找的文本，则需要用双引号引起来。如果不加双引号，则返回错误值"#NAME?"。如果 find_text 是空文本 ("")，则 SEARCH 会匹配搜索编号为 start_num 或 1 的字符。可以在 find_text 中使用通配符，包括问号 (?) 和星号 (*)。问号可匹配任意的单个字符，星号可匹配任意一串字符
within_text	必需	表示包含要查找文本的文本或文本所在的单元格	如果直接输入文本，需用双引号引起来。如果不加双引号，则会返回错误值"#NAME?"。如果 within_text 中没有 find_text，则函数会返回错误值"#VALUE!"
start_num	可选	表示用数值或数值所在的单元格指定开始查找的字符	要查找的文本起始位置指定为第一个字节。如果忽略 start_num，则假设其为 1，从查找对象的起始位置开始查找。另外，如果 start_num 不大于 0，则函数会返回错误值"#VALUE!"。如果 start_num 大于 within_text 的长度，则函数会返回错误值"#VALUE!"

提示：SEARCHB 函数在查找时，区分文本字符串的全角和半角字符，但是不区分英文的大小写。当查找文本中有不明确的部分时，还可以使用通配符进行查找。

● 函数练兵：**提取字符串中第一个字母出现的位置**

SEARCHB 函数可以用字节单位求部分不明确字符的位置，下面将利用通配符
"?"作为要查询的参数，从目标单元格中提取字符串中第一个字母出现的位置。

① 选择B2单元格，输入公式"=SEARCHB("?",A2)–1"。

② 随后将公式向下方填充，即可将目标单元格中的首个字母出现的位置提取出来。

	A	B	C
	B2	✕ ✓ fx	=SEARCHB("?",A2)-1 ①
1	商品信息	第一个字母的位置	
2	电风扇MDM30	6	
3	空调MD301-变频	4	
4	净水机QYBA55(金色)	6	
5	抽油烟机DH113-b侧吸式	8	
6	滚筒洗衣机YD30D13Kg	10	
7		②	

提示：一个汉字代表两个字节。一个"?"会自动查询指定字符串中第一次出现的字母位置。公式最后减去1是为了去掉多选的一个字符。

● 函数组合应用：**SEARCHB+LEFTB——提取混合型数据中的商品名称**

SEARCHB函数计算出了商品信息中第一个字母的位置，根据本例的特点，商品名称在第一个字母的左侧，所以可以组合LEFTB函数将第一个字母左侧的文本提取出来。

① 选择B2单元格，输入公式"=LEFTB(A2,SEARCHB("?",A2)-1)"。

② 随后将公式向下方填充，即可从所有商品信息中提取出商品名称。

	A	B	C
	B2	✕ ✓ fx	=LEFTB(A2,SEARCHB("?",A2)-1) ①
1	商品信息	商品名称	
2	电风扇MDM30	电风扇	
3	空调MD301-变频	空调	
4	净水机QYBA55(金色)	净水机	
5	抽油烟机DH113-b侧吸式	抽油烟机	
6	滚筒洗衣机YD30D13Kg	滚筒洗衣机	
7		②	

函数 7 **LEFT**

——从一个字符串第一个字符开始返回指定个数的字符

使用LEFT函数可以从一个文本字符串的第一个字符开始返回指定个数的字符。

语法格式：=LEFT(text,num_chars)

语法释义：=LEFT(字符串,字符个数)

参数说明:

参数	性质	说明	参数的设置原则
text	必需	表示包含要提取字符的文本字符串	如果直接指定文本字符串,需用双引号引起来。如果不加双引号,则会返回错误值"#NAME?"
num_chars	可选	表示用大于 0 的数值或数值所在的单元格指定要提取的字符数	以 text 的开头作为第一个字符,并用字符单位指定数值

num_chars 函数的返回值见下表。

num_chars	返回值
省略	假定为 1,返回第一个字符
0	返回空格
大于文本长度	返回所有文本
负数	返回错误值"#VALUE!"

提示: LEFT 函数不区分全角和半角字符,句号或逗号和空格作为一个字符。例如,从姓氏的第一个字符开始提取"名字",从地址的第一个字符开始提取"省份",都可以使用 LEFT 函数。

● 函数练兵: **从学生信息表中提取专业信息**

本例所有学生信息的前 4 个字提取出来即是所属专业。可以使用 LEFT 函数进行提取。

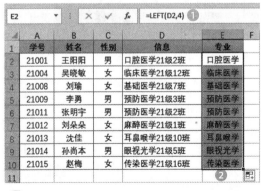

① 选择 E2 单元格,输入公式"=LEFT(D2,4)"。

② 随后将公式向下方填充,即可从所有学生信息中截取出专业信息。

提示: 本例从排列有序、长度相等的文本字符串中开始提取指定字符数的字符时,这种情况下使用 LEFT 函数比较合适。但是,如果"专业"的字符长度各不相同,在使用 LEFT 函数提取固定数量的字符数时,则无法得到理想的结果。

● 函数组合应用：**LEFT+FIND——根据关键字提取不固定数量的字符**

本列需要提取学生的专业，而专业的字符数量有所差别，但是有一个共同特点，所有专业的最后一个字符都是"学"。所以用FIND函数先将"学"的位置计算出来，再使用LEFT函数提取出文本。

① 选择E2单元格，输入公式"=LEFT(D2,FIND("学",D2))"。
② 随后将公式向下方填充，即可从所有学生信息中提取出专业信息。

函数 **8**

LEFTB
——从字符串的第一个字符开始返回
指定字节数的字符

LEFTB函数可以从一个文本字符串的第一个字符开始返回指定个数的字节数。

语法格式： =LEFTB(text,num_bytes)

语法释义： =LEFTB(字符串,字节个数)

参数说明：

参数	性质	说明	参数的设置原则
text	必需	表示包含要提取字符的文本字符串	如果直接指定文本字符串，需用双引号引起来。如果不加双引号，则返回错误值"#NAME?"
num_bytes	可选	表示输入0以上的数值，或指定要提取的字节数	文本字符串的开头也作为一个字节数，并用字节单位指定数值

num_bytes参数的设置与返回值的关系见下表。

num_bytes 参数	返回值
省略	假定为1，返回起始字符
0	返回空格
文本字符串长度以上的数值	返回所有文本字符串
负数	返回错误值"#VALUE！"

提示：全角字符为2个字节，半角字符为1个字节，句号、逗号、空格也计算在内。例如，从"商品代码"的第一个字符开始提取商品特定的分类，从电话号码的第一个字节开始提取"市外号码"，都可以使用LEFTB函数。

● 函数练兵：**利用字节数量提取商品重量**

本例中商品的重量在字符串的开始处，且数字和字母各占一个字节，下面将利用LEFTB函数提取采购商品中的重量。

① 选择C2单元格，输入公式"=LEFTB(B2,4)"。

② 随后将公式向下方填充，即可从素有采购商品中提取出重量。

函数 9 MID

——从字符串中指定的位置起返回指定长度的字符

语法格式：=MID(text,start_num,num_chars)

语法释义：=MID(字符串,开始位置,字符个数)

参数说明:

参数	性质	说明	参数的设置原则
text	必需	表示包含要提取字符的文本字符串	如果直接指定文本字符串,需用双引号引起来。如果不加双引号,则返回错误值"#NAME?"
start_num	必需	表示文本中要提取的第一个字符的位置	以文本字符串的开头作为第一个字符,并用字符单位指定数值。如果 start_num 大于文本长度,则 MID 返回空文本 ("")。如果 start_num 小于1,则 MID 返回错误值"#VALUE!"
num_chars	必需	表示指定的返回字符的个数	数值不分全角和半角字符,全作为一个字符计算

num_chars 参数的设置及返回值见下表。

num_chars	返回值
省略	显示提示信息"此函数输入参数不够"
0	返回空文本
大于文本长度	返回至多到文本末尾的字符
负数	返回错误值"#VALUE!"

 提示:MID 函数不区分全角和半角字符,句号、逗号、空格也作为一个字符。计数单位不是字符而是字节。

● 函数练兵: **从身份号码中提取出生年份**

身份证号码的第7~10位数代表出生的年份,下面将使用MID函数从身份证号码中提取出出生年份。

① 选择D2单元格,输入公式"=MID(C2,7,4)"。
② 随后将公式向下方填充,即可将所有身份证号码中的出生年份提取出来。

	A	B	C	D	E
1	序号	姓名	身份证号码	出生年份	
2	1	毛豆豆	4403001985101563**	1985	
3	2	吴明月	4201001988121563**	1988	
4	3	赵海波	3601001987051123**	1987	
5	4	林小丽	3205031988061087**	1988	
6	5	王冕	1401001989070925**	1989	
7	6	许强	6101001973040225**	1973	
8	7	姜洪峰	3401041985061027**	1985	
9	8	陈芳芳	2301031992122525**	1992	
10					

D2 ▼ : × ✓ fx =MID(C2,7,4) ❶

● 函数组合应用：MID+TEXT——从身份证号码中提取出生日期并转换成标准日期格式

身份证号码的第7～14位数代表出生年月日，使用MID函数可将这串数字提取出来，然后用TEXT函数将数字转换成标准日期格式。

Step01：

输入公式，提取出生日期

① 选择D2单元格，输入公式"=--TEXT(MID(C2,7,8),"0-00-00")"。

② 将D2单元格中的公式向下方填充，提取出所有身份证号码中的出生年月日信息。

特别说明：此时的出生年月日是以对应的数值形式显示的。

Step02：

更改日期格式

③ 保持D2：D9单元格区域为选中状态，按"Ctrl+1"组合键打开"设置单元格格式"对话框，选择需要的日期类型，单击"确定"按钮。

Step03：

出生日期以标准日期格式显示

④ D2:D9单元格区域中的数值即可转换成所选择的日期类型来显示。

公式前面不添加"--"，提取出的内容只是外观上看起来是日期，实际上是文本型数据，无法实现日期格式的转换。

D2		× ✓ ƒx	=TEXT(MID(C2,7,8),"0-00-00")	
▲	A	B	C	D	E
1	序号	姓名	身份证号码	出生年月日	
2	1	毛豆豆	4403001985101563**	1985-10-15	
3	2	吴明月	4201001988121563**	1988-12-15	
4	3	赵海波	3601001987051123**	1987-05-11	
5	4	林小丽	3205031988061087**	1988-06-10	
6	5	王冕	1401001989070925**	1989-07-09	
7	6	许强	6101001973040225**	1973-04-02	
8	7	姜洪峰	3401041985061027**	1985-06-10	
9	8	陈芳芳	2301031992122525**	1992-12-25	
10					

函数 10 MIDB
——从字符串中指定的位置起返回指定字节数的字符

语法格式：=MIDB(text,start_num,num_bytes)

语法释义：=MIDB(字符串,开始位置,字节个数)

参数说明：

参数	性质	说明	参数的设置原则
text	必需	表示包含要提取字符的文本字符串	如果直接指定文本字符串，需用双引号引起来。如果不加双引号，则返回错误值"#NAME？"
start_num	必需	表示文本中要提取的第一个字符的位置	以文本字符串的开头作为第一个字节，并用字节单位指定数值。如果 start_num 大于文本的字节数，则 MIDB 返回空文本。如果 start_num 小于1，则 MIDB 返回错误值"#VALUE!"
num_bytes	必需	表示要提取的字符串长度	全角字符作为2个字节计算，半角字符作为1个字节计算

num_bytes参数的设置及返回值见下表。

num_bytes	返回值
省略	显示提示信息"此函数输入参数不够"
0	返回空文本
大于文本长度	返回至多到文本末尾的字符
负数	返回错误值"#VALUE！"

● 函数练兵： 使用字节计算方式提取具体楼号及房号

从指定字符串中按指定字节位置提取指定数量的字符可以使用MIDB函数。

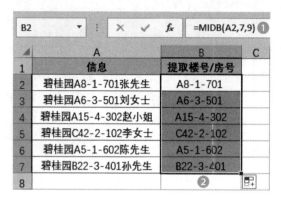

① 选择B2单元格，输入公式"=MIDB(A2,7,9)"。

② 随后将公式向下方填充，即可从所有对应的信息中提取出楼号和房间号。

函数 11 RIGHT

——从字符串的最后一个字符开始返回指定字符数的字符

语法格式： =RIGHT(text,num_chars)

语法释义： =RIGHT(字符串，字符个数)

参数说明：

参数	性质	说明	参数的设置原则
text	必需	表示包含要提取字符的文本字符串	如果直接指定文本字符串，需用双引号引起来。如果不加双引号，则返回错误值 "#NAME?"
num_chars	可选	表示要提取的字符数量	把文本字符串的结尾作为一个字符，并用字符单位指定数值

num_chars 参数的设置及返回值见下表。

num_chars	返回值
省略	假定为1，或返回结尾字符
0	返回空文本
大于文本长度	返回所有文本字符串
负数	返回错误值 "#VALUE！"

提示：RIGHT函数不区分全角和半角字符，句号、逗号、空格作为一个字符计算。例如，从姓名的最后一个字符开始提取"名字"，从地址的最后字符开始提取"地址号码"，都可以使用RIGHT函数。

● 函数练兵： **从后向前提取姓名**

本例中姓名在信息字符串的最后，且全部是3个字符，可以使用RIGHT函数从最后一个字向前提取3个字符，将姓名提取出来。

① 选择C2单元格，输入公式"=RIGHT(A2,3)"。
② 随后将公式向下方填充，即可从所有对应信息中提取出姓名信息。

C2	: × ✓ fx	=RIGHT(A2,3) ❶	
	A	B	C	D
1	信息	提取楼号/房号	姓名
2	碧桂园A8-1-701张先生	A8-1-701	张先生
3	碧桂园A6-3-501刘女士	A6-3-501	刘女士
4	碧桂园A15-4-302赵小姐	A15-4-302	赵小姐
5	碧桂园C42-2-102李女士	C42-2-102	李女士
6	碧桂园A5-1-602陈先生	A5-1-602	陈先生
7	碧桂园B22-3-401孙先生	B22-3-401	孙先生
8			❷

● 函数组合应用： **RIGHT+LEN+FIND——提取不同字符数量的姓名**

本例学生信息的最后面是学生姓名，但是学生姓名的字符个数不等，所以不能直接使用RIGHT函数进行提取，此时可以用RIGHT函数与LEN以及FIND函数组合编写公式提取姓名。

① 选择C2单元格，输入公式"=RIGHT(B2,LEN(B2)-FIND(" 班",B2))"。
② 随后将公式向下方填充，即可从所有对应的信息中提取出姓名。

C2	: × ✓ fx ❶	=RIGHT(B2,LEN(B2)-FIND("班",B2))	
	A	B	C	D
1	学号	信息	姓名
2	21001	口腔医学21级2班王阳阳	王阳阳
3	21002	法医学21级2班端木何君	端木何君
4	21003	法医学21级2班姜海	姜海
5	21004	临床医学21级2班吴晓敏	吴晓敏
6	21005	中医学21级2班李思霖	李思霖
7	21006	中药学21级2班郑刚	郑刚
8	21007	食品卫生与营养学21级2班蒋小波	蒋小波
9	21008	基础医学21级2班刘瑜	刘瑜
10	21009	预防医学21级2班李勇	李勇
11	21010	康复治疗学21级2班周潇	周潇
12	21011	预防医学21级2班张明宇	张明宇
13	21012	麻醉医学21级2班刘朵朵	刘朵朵
14			❷

函数 12 RIGHTB
——从字符串的最后一个字符起返回
指定字节数的字符

RIGHTB函数的作用是从文本字符串的最后一个字符开始返回指定字节数的字符。

语法格式：=RIGHTB(text,num_bytes)

语法释义：=RIGHTB(字符串,字节个数)

参数说明：

参数	性质	说明	参数的设置原则
text	必需	表示包含要提取字符的文本字符串	如果直接指定文本字符串，需用双引号引起来。如果不加双引号，则返回错误值"#NAME?"
num_bytes	可选	表示要提取的字符数量	把文本字符串的结尾作为一个字节，并用字节单位指定数值

num_bytes参数的设置及返回值见下表。

num_bytes	返回值
省略	假定为1，或返回结尾字符
0	返回空文本
文本长度以上的数值	返回所有文本字符串
负数	返回错误值"#VALUE！"

提示：全角字符是2个字节，半角字符是1个字节，句号、逗号、空格也要计算在内。例如从"商品代码"的最后字符开始提取特定商品的"分类"，从电话号码的最后字符开始提取"市内通话号码"，都需使用RIGHTB函数。

● 函数练兵：**利用字节数量计算方式从后向前提取学生班级**

下面将使用RIGHTB函数从大学生信息中提取学生的班级。

① 选择B2单元格，输入公式 "=RIGHTB(A2,4)"。

② 随后将公式向下方填充，即可从所有学生信息中提取出班级。

	A	B	C
1	信息	班级	
2	口腔医学21级2班	2班	
3	法医学21级2班	2班	
4	法医学21级2班	2班	
5	临床医学21级12班	12班	
6	中医学21级12班	12班	
7	中药学21级12班	12班	
8	食品卫生与营养学21级12班	12班	
9	基础医学21级12班	12班	
10	预防医学21级3班	3班	
11	康复治疗学21级2班	2班	
12	预防医学21级2班	2班	
13	麻醉医学21级1班	1班	
14			

B2 ✕ ✓ ƒx =RIGHTB(A2,4) ①

函数 13 CONCATENATE
——将多个文本字符串合并成一个文本字符串

CONCATENATE 函数可以将多个文本字符串合并成一个。例如，把分开输入的姓氏和名合并成完整的姓名，或分开输入的地址合并到一起等。

语法格式：=CONCATENATE(text1,text2,…)

语法释义：=CONCATENATE(字符串1,字符串2,…)

参数说明：

参数	性质	说明	参数的设置原则
text1	必需	表示需要合并的文本或文本所在的单元格	可以是字符串、数字或对单元格的引用
text2	可选	表示需要合并的文本或文本所在的单元格	可以是字符串、数字或对单元格的引用。最多可设置 255 个参数。

● 函数练兵： **将品牌和产品名称合并为一个整体**

下面将使用CONCATENATE函数将表格中的品牌和产品名称合并为一个整体。

	A	B	C	D
1	品牌	产品	合并	
2	娃哈哈	矿泉水	娃哈哈矿泉水	
3	娃哈哈	乳酸菌饮料	娃哈哈乳酸菌饮料	
4	娃哈哈	AD钙奶	娃哈哈AD钙奶	
5	旺仔	儿童成长牛奶	旺仔儿童成长牛奶	
6	旺仔	复原乳牛奶	旺仔复原乳牛奶	
7	旺仔	零食礼包	旺仔零食礼包	
8	旺仔	碎碎冰	旺仔碎碎冰	
9	旺仔	果冻	旺仔果冻	
10	旺仔	卷心饼	旺仔卷心饼	
11				

C2 | =CONCATENATE(A2,B2)

① 选择C2单元格，输入公式"=CONCATENATE(A2,B2)"。

② 随后将公式向下方填充，即可将A列中的品牌和B列中的产品名称合并到一起。

提示：文本运算符"&"也可合并文本字符串，"&"和CONCATENATE函数的使用方法基本相同。

函数 14 REPLACE
——将一个字符串中的部分字符用另一个字符串替换

语法格式：=REPLACE(old_text,start_num,num_chars,new_text)

语法释义：=REPLACE(原字符串,开始位置,字符个数,新字符串)

参数说明：

参数	性质	说明	参数的设置原则
old_text	必需	表示指定成为替换对象的文本或文本所在的单元格	如果直接指定文本字符串，需用双引号引起来。如果不加双引号，则返回错误值"#NAME?"
start_num	必需	表示用数值或数值所在的单元格指定开始替换的字符位置	字符串开头为第一个字符，并用字符单位指定数值。如果指定数值超过文本字符串的字符数，则在字符串的结尾追加替换字符串。如果 start_num < 0，则返回错误值"#VALUE!"
num_chars	必需	表示要从原字符串中替换的字符个数	要替换几个字符则设置该参数为数字几
new_text	必需	表示用来对源字符串中指定字符串进行替换的字符串	如果直接指定文本字符串，需用双引号引起来。如果不加双引号，则返回错误值"#NAME?"

● 函数练兵：**隐藏身份证号码后4位数**

身份证号码属于隐私信息，在公开场合应该注意设置隐私保护，下面将使用REPLACE函数将表格中的身份证号码批量处理为"*"显示。

① 选择D2单元格，输入公式
"=REPLACE(C2,15,4,"****")"。
② 随后将公式向下方填充，即可将
所有对应身份证号码的后4位数替
换成"*"符号。

序号	姓名	身份证号码	隐藏身份证号码后四位数
1	毛豆豆	44030019851015	44030019851015****
2	吴明月	42010019881215	42010019881215****
3	赵海波	36010019870511	36010019870511****
4	林小丽	32050319880610	32050319880610****
5	王冕	14010019890709	14010019890709****
6	许强	61010019730402	61010019730402****
7	姜洪峰	34010419850610	34010419850610****
8	陈芳芳	23010319921225	23010319921225****

● 函数组合应用：**REPLACE+IF——自动更新商品编号**

本例商品编码的特点为，同一种类型的商品编码前面的字母数量相同，例如，
"衣柜"的商品编码前面有2个字母，"书桌"的商品编码前面有3个字母。现在要求
升级商品编码，依次在"衣柜""书桌"以及"餐桌"的商品编码的前置字母之后增
加数字01、02以及03。下面将使用REPLACE与IF函数组合编写公式完成商品编号
的自动更新。

① 选择D2单元格，输入公式
"=IF(A2="衣柜",REPLACE
(C2,3,0,"01"),IF(A2="书
桌",REPLACE (C2,4,0,"02"),
REPLACE(C2,3,0,"03")))"。
② 随后向下方填充公式即可完成对
相应商品编码的更新。

公式栏：=IF(A2="衣柜",REPLACE(C2,3,0,"01"),IF(A2="书桌",REPLACE(C2,4,0,"02"),REPLACE(C2,3,0,"03")))

商品类型	规格/型号	原商品编码	更新后的商品编码
衣柜	欧式4门	MH22301566	MH0122301566
衣柜	两扇推拉门	MH321058732	MH01321058732
衣柜	儿童款两门	MH0075	MH010075
衣柜	儿童款高低柜	MH0060	MH010060
书桌	转角带书架	JLB1100	JLB021100
书桌	L型带柜	JLB30302B	JLB0230302B
书桌	1.2m可升降	JLR11120	JLR0211120
书桌	极简实木钢脚	JLB3965	JLB023965
餐桌	4人	CU1024	CU031024
餐桌	6人	CU1026	CU031026

函数 15 REPLACEB
——将部分字符根据所指定的字节数
用另一个字符串替换

语法格式：=REPLACEB(old_text,start_num,num_bytes,new_text)
语法释义：=REPLACEB(原字符串,开始位置,字节个数,新字符串)

参数说明:

参数	性质	说明	参数的设置原则
old_text	必需	表示指定成为替换对象的文本或输入文本的单元格	如果直接指定文本字符串,需用双引号引起来。如果不加双引号,则返回错误值"#NAME?"
start_num	必需	表示用数值或数值所在的单元格指定开始替换的字符位置	字符串开头为第一个字节,并用字节单位指定数值。如果指定数值超过文本字符串的字节数,则在字符串的结尾追加替换字符串。如果 start_num < 0,则返回错误值"#VALUE!"
num_bytes	必需	表示要从原字符串中替换的字节个数	要替换几个字节,则设置该参数为数字几
new_text	必需	表示用来替换旧字符串的文本,或文本字符串所在的单元格	如果直接指定文本字符串,需用双引号引起来。如果不加双引号,则返回错误值"#NAME?"

● 函数练兵: **从混合型数据中提取商品重量**

下面将使用REPLACEB函数从下图中的"采购商品"中提取出重量。

① 选择C2单元格,输入公式"=REPLACEB(B2,6,0,"")"。
② 随后将公式向下方填充,即可提取出相应采购商品的重量。

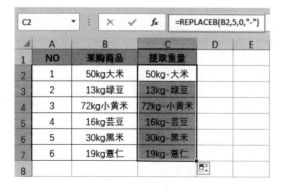

提示: 若修改公式为"=REPLACEB(B2,5,0,"-")",则可在采购商品的重量和商品名称之间添加一个"-"分隔符。

函数 16 SUBSTITUTE

——用新字符串替换字符串中的部分字符串

SUBSTITUTE函数用于在某一文本字符串中替换指定的文本字符。如果要查找的字符在字符串中出现多次，可直接指定替换第几次出现的字符串。

语法格式：=SUBSTITUTE(text,old_text,new_text,instance_num)

语法释义：=SUBSTITUTE(字符串,原字符串,新字符串,替换序号)

参数说明：

参数	性质	说明	参数的设置原则
text	必需	表示要替字符的字符串或文本单元格引用	如果直接指定文本字符串，需用双引号引起来。如果不加双引号，则返回错误值"#NAME?"
old_text	必需	表示需要替换的旧文本或文本所在的单元格	如果直接指定查找文本字符串，需用双引号引起来。如果不加双引号，则返回错误值"#NAME?"
new_text	必需	表示用于替换 old_text 的文本或文本所在的单元格	如果直接指定查找文本字符串，需用双引号引起来。如果不加双引号，则返回错误值"#NAME？"。省略替换文本字符串时，则删除查找字符串。但省略时要查找字符串后加逗号。如果不加逗号，则出现提示信息"此函数输入参数不够。"
instance_num	可选	表示用数值或数值所在的单元格指定以 new_text 替换第一次出现的 old_text	如果省略，则用 tew_text 替换字符串中出现的所有 old_text。如果 instance_num < 0，则返回错误值"#VALUE!"

● 函数练兵：**将字符串中指定的字符替换成其他字符**

下面将使用SUBSTITUTE函数将产品编号中的字母"YH"替换为"MZ"。

① 选择C2单元格，输入公式"=SUBSTITUTE(B2,"YH","MZ")"。
② 随后将公式向下方填充，即可将所有产品编号中的字母"YH"替换成"MZ"。

	A	B	C	D
1	产品名称	产品编号	新产品编号	
2	产品1	同YH-0214491	同MZ-0214491	
3	产品2	YHD-0214492	MZD-0214492	
4	产品3	YH-021493	MZ-021493	
5	产品4	YH-0214	MZ-0214	
6	产品5	YH-02149	MZ-02149	
7	产品6	YHD-0211496	MZD-0211496	
8	产品7	YH-02149558	MZ-02149558	
9	产品8	YH-021499	MZ-021499	
10	产品9	同YH-02150000	同MZ-02150000	
11	产品10	YHD-021501	MZD-021501	
12	产品11	YH-021503001	MZ-021503001	
13	产品12	YH-0211504	MZ-0211504	
14				

C2 单元格公式：=SUBSTITUTE(B2,"YH","MZ")

● 函数组合应用：**SUBTITUTE+LEN——根据用顿号分隔的数据计算每日值班人数**

假设某公司10月1日至10月7日，每天的值班人员输入在一个单元格中，每个姓名用顿号（、）分隔，下面将使用SUBTITUTE与LEN函数组合编写公式计算每日值班的人数。

日期	值班人员	值班人数
2021/10/1	蒋小波、王敏、刘丽华、陈玉、赵乐	5
2021/10/2	苏晓、李晓梅、周梅、江尚北	4
2021/10/3	孙华、刘乐乐、肖华	3
2021/10/4	李强、赵凯、刘梅、吴江进	4
2021/10/5	小鹿、陈康康	2
2021/10/6	夏宇、倪尚明、李白	3
2021/10/7	张华英、苏明月	2

C2单元格公式：=LEN(B2)-LEN(SUBSTITUTE(B2,"、",""))+1

① 选择C2单元格，输入公式"=LEN(B2)-LEN(SUBSTITUTE(B2,"、",""))+1"。

② 随后将公式向下方填充，即可计算出每日的值班人数。

函数17 UPPER
——将文本字符串转换成字母全部大写形式

UPPER函数可以将指定的文本字符串转换成大写形式。如果参数为汉字、数值等英文以外的文本字符串时，按原样返回。

语法格式：=UPPER(text)

语法释义：=UPPER(字符串)

参数说明：

参数	性质	说明	参数的设置原则
text	必需	表示需要转换成大写形式的文本	如果直接指定文本字符串，需用双引号引起来。如果不加双引号，则返回错误值"#NAME？"。指定的文本单元格只有一个，而且不能指定单元格区域。如果指定单元格区域，则返回错误值"#VALUE!"

● 函数练兵：**将产品参数中所有英文字母转换为大写**

　　某品牌电动牙刷的各项产品参数中有些包含英文字母，这些英文字母有大写也有小写，下面将用UPPER函数将所有字母转换成大写。

① 选择C2单元格，输入公式"=UPPER(B2)"。

② 随后将公式向下方填充，即可将各项参数中的字母全部转换成大写。

函数 18 LOWER
——将文本字符串的所有字母转换为小写形式

　　LOWER函数可将指定的文本字符串转换成小写形式。参数中的英文字母不区分全角和半角，当参数为汉字、数值等英文以外的文本字符串时，按原样返回。

　　语法格式：=LOWER(text)

　　语法释义：=LOWER(字符串)

　　参数说明：

参数	性质	说明	参数的设置原则
text	必需	表示需要转换成小写形式的文本	如果直接指定文本字符串，需用双引号引起来。如果不加双引号，则返回错误值"#NAME？"。指定的文本单元格只有一个，而且不能指定单元格区域。如果指定单元格区域，则返回错误值"#VALUE!"

● 函数练兵：**将产品参数中所有英文字母转换为小写**

　　某品牌电动牙刷的各项产品参数中有些包含英文字母，这些英文字母有大写也有小写，下面将用LOWER函数将所有字母转换成小写。

① 选择C2单元格，输入公式"=LOWER(B2)"。

② 随后将公式向下方填充，即可将对应产品参数中的字母全部转换为小写。

函数 19 PROPER
——将文本字符串的首字母转换成大写

语法格式: =PROPER(text)

语法释义: =PROPER(字符串)

参数说明:

参数	性质	说明	参数的设置原则
text	必需	可以是一组双引号中的文本字符串,或者返回文本值的公式或是对包含文本的单元格的引用	如果直接指定文本字符串,需用双引号引起来。如果不加双引号,则返回错误值"#NAME?"。指定的文本单元格只有一个,而且不能指定单元格区域。如果指定单元格区域,则返回错误值"#VALUE!"

● 函数练兵: **将英文歌曲的名称转换成首字母大写**

下图中所有英文歌曲的名称全部是小写字母,下面将使用PROPER函数将歌曲名称的每个单词转换成首字母大写。

① 选择B2单元格,输入公式"=PROPER(A2)"。

② 随后将公式向下方填充,即可将所有歌曲名称中的每个单词转换成首字母大写。

函数 20 ASC

——将全角（双字节）字符更改为
半角（单字节）字符

ASC函数的作用是将指定文本字符串的全角英文字符转换成半角字符。如果文本中不包含任何全角字母，则按原样返回。

语法格式：=ASC(text)

语法释义：=ASC(字符串)

参数说明：

参数	性质	说明	参数的设置原则
text	必需	表示文本或对包含文本的单元格的引用	如果直接指定文本字符串，需用双引号引起来。如果不加双引号，则返回错误值"#NAME？"。参数只能指定为一个单元格，不能指定单元格区域。如果指定单元格区域，则返回错误值"#VALUE!"

● 函数练兵：**将产品参数中的全角字符转换为半角字符**

全角输入法状态时，在Excel中输入的字母、数字、符号以及空格等占两个字节；半角状态下输入以上字符时，则是占一个字节。所以，全角和半角的选择对一个字符串中所包含的字节数量起到决定性的作用。为了便于数据统计和分析，可以使用ASC函数将全角字符转换成半角字符。

① 选择B9单元格，输入公式"=ASC(B2)"。

② 随后将公式向下方填充至B13单元格，即可将B2：B6单元格区域中的全角字符全部转换成半角字符。

提示: 使用 LENB 函数可以对字节数量进行统计,从而验证全角字符和半角字符所占的字节数量。

	A	B	C	D
		产品参数	字节数量统计	
1				
2	名称	ＢＢ－ＤＥ２０１声波震动电动牙刷	32	
3	型号	ＢＢ２０１	10	
4	充电	４Ｈ ＤＣ ５Ｖ １Ｗ	22	
5	充电时间	每次充电１２Ｈｏｕｒ	20	
6	功能	清洁／美白／抛光／牙龈护理／敏感	32	
7				
8		将全角字符转换成半角字符	字节数量统计	
9	名称	BB-DE201声波震动电动牙刷	24	
10	型号	BB201	5	
11	充电	4H DC 5V 1W	11	
12	充电时间	每次充电12Hour	14	
13	功能	清洁/美白/抛光/牙龈护理/敏感	28	
14				

C9 ▼ : × ✓ fx =LENB(B9)

全角字母、符号、空格、汉字各占2个字节

半角字母、符号、空格各占1个字节,汉字占2个字节

函数21 WIDECHAR
——将半角字符转换成全角字符

WIDECHAR 函数的作用是将指定的半角字符串转换成全角字符串。若要将全角字符转换为半角字符,可以参照 ASC 函数。

语法格式: =WIDECHAR(text)

语法释义: =WIDECHAR(字符串)

参数说明:

参数	性质	说明	参数的设置原则
text	必需	表示文本或对包含要更改文本的单元格的引用	如果直接指定文本字符串,需用双引号引起来。如果不加双引号,则返回错误值"#NAME ？"。参数只能指定一个文本单元格,而不能指定单元格区域。如果指定单元格区域,则返回错误值"#VALUE!"

● 函数练兵: **将产品参数中的半角字符转换为全角字符**

下面将使用 WIDECHAR 函数将产品参数中的半角字符转换为全角字符。

① 选择B9单元格，输入公式"=WIDECHAR(B2)"。

② 随后将公式向下方填充至B13单元格，即可将B2：B6单元格区域中的半角字符全部转换成全角字符。

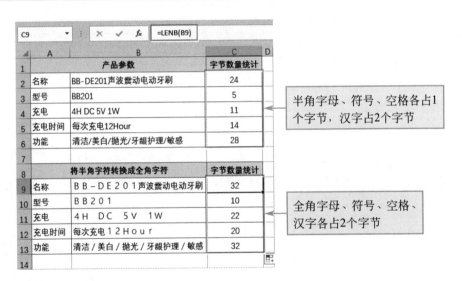

提示：使用LENB函数可以对字节数量进行统计，从而验证全角字符和半角字符所占的字节数量。

半角字母、符号、空格各占1个字节，汉字占2个字节

全角字母、符号、空格、汉字各占2个字节

函数 22 TEXT
——将数值转换为按指定数值格式表示的文本

语法格式：=TEXT(value,format_text)

语法释义：=TEXT(值,数值格式)

参数说明：

参数	性质	说明	参数的设置原则
text	必需	表示需要转换格式的值	可以是数值、计算结果为数字值的公式，或对包含数字值的单元格的引用
format_text	必需	表示用于指定文本形式的数字格式	在 TEXT 函数中指定 format_text 的方法时，选择"开始"选项卡中的"数字"选项，在弹出的"设置单元格格式"对话框中的"数字"选项卡下的"分类"列表框中指定。但 format_text 中不能包含"*"号，否则返回错误值"#VALUE！"

常用的格式符号以及作用见以下几个表。

（1）数值型

格式符号	格式符号的意思
#	表示数字。如果没有达到用"#"指定数值的位数，则不能用 0 补充（例如：将 12.3 设定为"##.##"，则显示为 12.3）
0	表示数字。没有达到用 0 指定数值的位数时，添加 0 补充（例如：将 12.3 设定为"##.#0"，则显示为 12.30）
?	表示数字
.	表示小数点（例如：将 123 设定为 ###.0 时，显示为 123.0）
,	表示 3 位分隔段。但在数值的末尾带有逗号时，在百位进行四舍五入，并用千位表示（例如：1234567 设定为"#,###"，则显示为"1,235"）
%	表示百分比。数值表示百分比时，用 % 表示（例如：0.123 设定为 ##.#% 时，显示为 12.3%）
/	表示分数（例如：1.23 设定为"#？？/？？？"，则显示为 123/100）
¥$	用带有人民币符号的 ¥ 或美元符号的 $ 数值的表示（例如：1234 设定为"¥#,##0"时，表示为"¥1,234"）
+ − = > < ∧ &()	符号或运算符号,括号的表示［例如:1234 设定为"(#,##0)",则显示"(1,234)"］

（2）日期和时间型

格式符号	格式符号的意思
yyyy	用 4 位数表示年份（例如：将 2004/1/1 设定为 yyyy，则表示为 2004）
yy	用 2 位数表示年份（例如：将 2004/1/1 设定为 yy，则表示为 04）
m	用 1 ～ 12 的数字表示日期的月份（例如：将 2004/1/1 设定为 m，则显示 1）
mm	用 01 ～ 12 两位数表示日期的月份（例如：将 2004/1/1 设定为 mm，则显示 01）
mmm	用英语（Jan ～ Dec）表示日期的月份（例如：将 2004/1/1 设定为 mmm，则显示为 Jan）
mmmm	用英语（January ～ December）表示日期的月份（例如：将 2004/1/1 设定为 mmmm，则显示为 January）

格式符号	格式符号的意思
d	用（1～月末）数字表示日期中的日（例如：将2004/1/1设定为d，则显示为1）
dd	用（01～月末）两位数字表示日期的日（例如：将2004/1/1设定为dd，则显示为01）
ddd	用英语（Sun～Sat）表示日期的星期（例如：将2004/1/1设定为ddd，则显示为Thu）
dddd	用英语（Sunday～Saturday）表示日期的星期（例如：将2004/1/1设定为dddd，则显示为Thursday）
aaa	用（日～一）汉字表示日期的星期（例如：将2004/1/1设定为aaa，则显示为四）
aaaa	用（星期日～星期四）汉字表示日期的星期（例如：将2004/1/1设定为aaaa，则显示为星期四）
h	用（0～23）的数字表示时间的小时（例如：将9:09:05设定为h，则显示为9）
hh	用（00～23）的数字表示时间的小时数（例如：将9:09:05设定为hh，则显示为09）
m	用（0～59）的数字表示时间的分钟（例如：将9:09:05设定为h:m，则显示为9:9）。如果单独指定m，则是指定日期的月份，所以它必须和表示时间中的"小时"的h或hh，或秒的s或ss一起指定
mm	用（00～59）的数字表示两位数字时间的分钟（例如：9:09:05设定为hh:mm，则显示为09:09）。它和m相同，单独指定时，必须和表示时间中的"小时"的h或表示hh，或秒的s或ss一起指定
s	用（0～59）的数字表示时间的秒数（例如：将9:09:05设定为s，则显示为5）
ss	用（00～59）的数字表示时间的秒数（例如：将9:09:05设定为ss，则显示为05）
AM/PM	用上午、下午的12点表示时间的秒数（例如：9:09:05设定为h:m和AM/PM，则显示为9:9 AM）
[]	表示经过的时间［例如：将9:09:05设定为［mm］，则显示为549（9个小时零9分=549分）］

（3）其他类型

格式符号	格式符号的意思
G/通用格式	标准格式显示（例如：将"1，234"设定为G/通用格式，则显示为1234）
[DBNum1]	显示汉字。用十、百、千、万、…显示，如将1234设定为［DBNum1］，则显示为一千二百三十四
[DBNum1]###0	用数字表示数值（例如：将1234设定为[DBNum1]###0，则显示为一二三四）
[DBNum2]	表示大写的数字（例如：将1234设定为[DBNum2]，则显示为壹仟贰百叁拾四）
[DBNum2]###0	表示大写的数字（例如：将1234设定为[DBNum2]###0，则显示为壹贰叁四）

格式符号	格式符号的意思
[DBNum3]	显示数字和汉字（例如：将 1234 设定为 [DBNum3]，则显示为 1 千 2 百 3 十 4
[DBNum3]###0	显示全角数字（例如：将 1234 设定为 [DBNum3]###0，则显示为 1 2 3 4）
;	用于不同情况下，例如，冒号左边表示正数格式，右边表示负数格式。例如：将 –1234 设定为 #,##0；（#,##0），则显示为 (1,234)
_	用于字符中有间隔情况下。(_) 的后面显示指定的字符有相同间隔（例：将 1234 设定为 ¥ _-#，##0，则显示为 ¥1,234）

TEXT 函数的常见数据格式转换公式如下图所示。

	A	B	C
1	需要转换格式的数据	公式	转换结果
2	2021/12/7	=TEXT(A2,"aaaa")	星期二
3	2022/5/22	=TEXT(A3,"yyyy")	2022
4	2010/8/6	=TEXT(A4,"yyyy-mm-dd")	2010-08-06
5	1	=TEXT(A5,"0000")	0001
6	11	=TEXT(A6,"0000")	0011
7	118	=TEXT(A7,"正数;负数;零")	正数
8	-5	=TEXT(A8,"正数;负数;零")	负数
9	2600000	=TEXT(A9,"#,###")	2,600,000
10	25.6	=TEXT(A10,"0.00")	25.60
11	65800563	=TEXT(A11,"0,000.00")	65,800,563.00
12	65	=TEXT(A12,"[>=85]优秀;[<60]不及格;良好")	良好
13	40	=TEXT(A13,"[>=85]优秀;[<60]不及格;良好")	不及格
14			

● 函数练兵1：**将电话号码设置成分段显示**

为了方便读取，可以使用 TEXT 函数将 11 位的电话号码设置成分段显示。

C2 ： × ✓ *fx* =TEXT(B2,"000 000 00000") ❶

	A	B	C	D	E
1	姓名	电话号码	分段显示		
2	姓名1	12345678900	123 456 78900		
3	姓名2	22334455667	223 344 55667		
4	姓名3	12312312312	123 123 12312		
5	姓名4	12345612345	123 456 12345		
6	姓名5	76542315645	765 423 15645		
7	姓名6	98765432165	987 654 32165		
8	姓名7	85296374185	852 963 74185		
9	姓名8	96385274185	963 852 74185		
10	姓名9	75984162357	759 841 62357		
11			❷		

① 选择 C2 单元格，输入公式"=TEXT(B2,"000 000 00000")"。

② 随后将公式向下方填充，即可将对应的所有电话号码设置为分段显示。

下面将使用TEXT函数根据某公式业务员的目标业绩和实际业绩，计算业绩完成情况。

① 选 择 D2 单 元 格 ， 输 入 公 式 "=TEXT(C2-B2,"超出#元;差#元;完成")"。

② 随后将公式向下方填充，即可以直观的文字形式返回对应业务员的业绩完成情况。

 提示: 本例公式所使用的代码用分号（;）分隔三组代码，当C2-B2的结果为正数时返回第一组代码，当结果值为负数时返回第二组代码，当结果值为0时返回第三组代码。占位符"#"的作用是计算C2-B2的结果值。

函数 23 FIXED
—— 将数字按指定位数取整，并以文本形式返回

语法格式：=FIXED(number,decimals,no_commas)
语法释义：=FIXED(数值,小数位数,无逗号分隔符)
参数说明：

参数	性质	说明	参数的设置原则
number	必需	表示要进行四舍五入并转换成文本字符串的数字	可以是数字常量或对包含数值的单元格引用
decimals	可选	表示小数点右边的位数	指定位数为 2 时，四舍五入到小数点后第 3 位的数值。如果省略 decimals 参数，则假定其值为 2
no_commas	可选	是一个逻辑值，指定在返回文本中是否显示逗号	忽略或为 FALSE 时，显示逗号；为 TRUE 时则不显示逗号

decimals参数的设置和四舍五入的位数关系见下表。

位数	四舍五入的位置
正数	四舍五入到小数点后 $n+1$ 位的数值
0	四舍五入到小数点后第 1 位的数值
负数	四舍五入到整数的第 n 位
省略	假定其值为 2，四舍五入到小数点后第 3 位的数值

● 函数练兵： **对灯具报价金额进行取整**

报价单中的灯具报价金额包含位数不等的小数，下面将使用FIXED函数对报价总额进行取整。

① 选择I2单元格，输入公式"=FIXED(H2,0,FALSE)"。

② 随后将公式向下方填充，即可对相应总价进行四舍五入取整。

特别说明：本例公式使用逻辑值FALSE，表示不阻止逗号，所以，超过1000元的数值会自动添加千位分隔符。

函数 24 RMB
——四舍五入数值，并转换为带¥货币符号的文本

语法格式：=RMB(number,decimals)
语法释义：=RMB(数值,小数位数)
参数说明：

参数	性质	说明	参数的设置原则
number	必需	表示数值或输入数值的单元格	如果指定文本，则返回错误值"#VALUE!"
decimals	可选	表示小数点后的位数	例如，保留小数点后第二位的数值时，位数指定为 2。此时，四舍五入小数点后第三位的数字。如果省略位数，则假定其值为 2

decimals参数的设置和四舍五入的位数关系如下表所示。

位数	四舍五入的位置
正数	四舍五入到小数点后 $n+1$ 位的数值
0	四舍五入到小数点后第 1 位的数值
负数	四舍五入到整数的第 n 位
省略	假定其值为 2，四舍五入到小数点后第 3 位的数值

● 函数练兵：**将代表金额的数字转换为带人民币符号的货币格式**

下面将使用RMB函数将灯具报价单中的总价转换成带¥符号的货币格式，并四舍五入保留小数点后的1位小数。

① 选择I2单元格，输入公式
"=RMB(H2,1)"。
② 随后将公式向下方填充，即可将总价四舍五入保留1位小数并转换成带¥符号的货币格式。

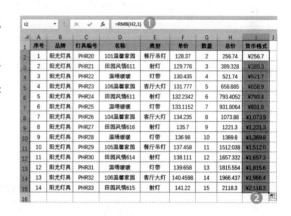

提示：若忽略第二个参数，则默认保留2位小数。若要舍去所有小数只保留整数，则将第二个参数设置为0。

忽略第二个参数，默认保留2位小数

名称	类型	单价	数量	总价	货币格式
101温馨家园	餐厅吊灯	128.37	2	256.74	¥257
田园风情611	射灯	129.776	3	389.328	¥389
温晴暖暖	灯带	130.435	4	521.74	¥522
106温馨家园	客厅大灯	131.777	5	658.885	¥659
田园风情611	射灯	132.2342	6	793.4052	¥793
温晴暖暖	灯带	133.1152	7	931.8064	¥932
104温馨家园	客厅大灯	134.235	8	1073.88	¥1,074
田园风情616	射灯	135.7	9	1221.3	¥1,221

第二个参数为0，四舍五入保留整数

函数25 DOLLAR

——四舍五入数值，并转换为带$货币符号的文本

语法格式：=DOLLAR(number,decimals)

语法释义：=DOLLAR(数值,小数位数)

参数说明：

参数	性质	说明	参数的设置原则
number	必需	表示数字或对包含数字的单元格引用，或是计算结果为数字的公式	如果指定的数值中含有文本，则返回错误值"#VALUE!"
decimals	可选	表示小数点后的位数	例如，表示到小数点后第三位的数值时，位数指定为2。此时，四舍五入小数点后第三位的数字。如果省略位数，则假定其值为2

decimals参数的设置和四舍五入的位数关系如下表所示。

位数	四舍五入的位置
正数	四舍五入到小数点后 $n+1$ 位的数值
0	四舍五入到小数点后第 1 位的数值
负数	四舍五入到整数的第 n 位
省略	假定其值为 2，四舍五入到小数点后第 3 位的数值

● 函数练兵： **将代表金额的数字转换为带＄符号的货币格式**

下面将使用DOLLAR函数对灯具总价进行四舍五入，保留到整数，并转换成带＄符号的货币格式。

① 选择I2单元格，输入公式"=DOLLAR(H2,0)"。

② 随后将公式向下方填充，将所有总价四舍五入到整数部分，并转换成带＄符号的货币形式的文本。

I2		× ✓ fx	=DOLLAR(H2,0) ❶					
▲	C	D	E	F	G	H	I	J
1	灯具编号	名称	类型	单价	数量	总价	货币格式	
2	PHR20	101温馨家园	餐厅吊灯	128.37	2	256.74	$257	
3	PHR21	田园风情611	射灯	129.776	3	389.328	$389	
4	PHR22	温晴暖暖	灯带	130.435	4	521.74	$522	
5	PHR23	106温馨家园	客厅大灯	131.777	5	658.885	$659	
6	PHR24	田园风情611	射灯	132.2342	6	793.4052	$793	
7	PHR25	温晴暖暖	灯带	133.1152	7	931.8064	$932	
8	PHR26	104温馨家园	客厅大灯	134.235	8	1073.88	$1,074	
9	PHR27	田园风情616	射灯	135.7	9	1221.3	$1,221	
10	PHR28	温晴暖暖	灯带	136.98	10	1369.8	$1,370	
11	PHR29	105温馨家园	餐厅吊灯	137.458	11	1512.038	$1,512	
12	PHR30	田园风情614	射灯	138.111	12	1657.332	$1,657	
13	PHR31	温晴暖暖	灯带	139.658	13	1815.554	$1,816	
14	PHR32	106温馨家园	客厅大灯	140.4598	14	1966.437	$1,966	
15	PHR33	田园风情615	射灯	141.22	15	2118.3	$2,118	
16							❷	

函数 26 BAHTTEXT

——将数字转换为泰语文本

语法格式：=BAHTTEXT(number)

语法释义：=BAHTTEXT(数值)

参数说明：

参数	性质	说明	参数的设置原则
number	必需	表示要转换成文本的数字、或对包含数字的单元格的引用或结果为数字的公式	如果参数指定为文本，则返回错误值"#VALUE!"

● 函数练兵： **将数字转换为泰语文本**

下面将使用BAHTTEXT函数函数，将菜单中的价格转换为泰语文本。

① 选择D2单元格，输入公式"=BAHTTEXT(C2)"。

② 随后将公式向下方填充，即可价格所有对应的价格转换为泰文显示。

类别	名称	价格	泰铢	
小炒类	新鲜时蔬	18	สิบแปดบาทถ้วน	
小炒类	合菜	18	สิบแปดบาทถ้วน	
小炒类	炸蘑菇	25	ยี่สิบห้าบาทถ้วน	
小炒类	炒菜心	18	สิบแปดบาทถ้วน	
小炒类	香菇	20	ยี่สิบบาทถ้วน	
粥类	小米粥	3	สามบาทถ้วน	
粥类	绿豆粥	4	สี่บาทถ้วน	
粥类	南瓜粥	4	สี่บาทถ้วน	
粥类	黑米粥	4	สี่บาทถ้วน	
粥类	豆腐条汤	5	ห้าบาทถ้วน	

函数27 NUMBERSTRING
——将数字转换为中文字符串

NUMBERSTRING函数可以将数值转换为汉字文本。汉字的转换方法有三种，例如"123"可用"一百二十三""壹百贰十叁""一二三"中的任何一个表示。

语法格式：=NUMBERSTRING(value,type)

语法释义：=NUMBERSTRING(数值,选项)

参数说明：

参数	性质	说明	参数的设置原则
value	必需	表示数值或数值所在的单元格	如果省略参数，则假定值为 0，如果参数中指定文本，则返回错误值"#VALUE!"
type	必需	用 1 ~ 3 的数值指定汉字的表示方法	如果省略 type，则返回错误值"#NUM!"

type参数的设置与返回值的关系见下表。

形式	汉字	表示方法
1	一百二十三	用"十百千万"的表示方法
2	壹百贰十叁	用大写表示
3	一二三	不取位数，按原样表示

● 函数练兵: 将数字转换成汉字

下面将使用NUMBERSTRING函数，把数字形式的金额转换成中文的大写格式。

① 选择H19:I19的合并单元格，输入公式"=NUMBERSTRING ((D18+H18-D19),2)"。

② 按下"Enter"键即可返回中文大写格式的金额。

提示: 将公式修改为"=NUMBERSTRING ((D18+H18-D19),2)&"元整""可让中文大写格式的金额更加标准。

提示: 使用NUMBERSTRING函数转换的文本不能作为公式中的数值使用，只作为文本表示。用汉字的格式制作公式时，选择"设置单元格格式"对话框中的"数字"选项卡中的"特殊"选项，再从"类型"列表中选择"中文大写数字"。

函数 28 VALUE

——将代表数字的文本转换为数字

语法格式：=VALUE(text)

语法释义：=VALUE(字符串)

参数说明：

参数	性质	说明	参数的设置原则
text	必需	表示能转换为数值并加双引号的文本，或文本所在的单元格	如果文本不加双引号，则返回错误值"#NAME？"。如果指定不能转换为数值的文本或单元格区域，则返回错误值"#VALUE!"

● 函数练兵：**将销量数据由文本型转换成数值型**

下面的这份销售报表中，所有销量数据都是文本格式，对这些文本型数据进行求和，其返回结果为0。下面将使用VALUE函数，把文本型数字转换成数值型数字，再进行求和计算。

	A	B	C	D	E	F
E2	▼	⋮	× ✓	fx	=VALUE(D2) ❶	
1	序号	姓名	地区	销量	转换成数字格式	
2	1	张东	华东	77	77	
3	2	万晓	华南	68	68	
4	3	李斯	华北	32	32	
5	4	刘冬	华中	45	45	
6	5	郑丽	华北	72	72	
7	6	马伟	华北	68	68	
8	7	孙丹	华东	15	15	
9	8	蒋钦	华中	98	98	❷
10	9	钱亮	华南	43	43	
11	10	丁茜	华南	50	50	
12		合计		0		
13						

=SUM(D2:D11)

① 选择E2单元格，输入公式"=VALUE(D2)"。

② 随后向下填充公式至E11单元格，即可将D列中对应单元格中的文本型数字转换成数值型数字。

	A	B	C	D	E	F
E12	▼	⋮	× ✓	fx	=SUM(E2:E11)	
1	序号	姓名	地区	销量	转换成数字格式	
2	1	张东	华东	77	77	
3	2	万晓	华南	68	68	
4	3	李斯	华北	32	32	
5	4	刘冬	华中	45	45	
6	5	郑丽	华北	72	72	
7	6	马伟	华北	68	68	
8	7	孙丹	华东	15	15	
9	8	蒋钦	华中	98	98	
10	9	钱亮	华南	43	43	
11	10	丁茜	华南	50	50	
12		合计		0	568	
13						

返回求和结果

提示：完成转换后，再使用SUM函数对转换后的数字进行求和即可得到正确的结果。

函数 29 **CODE**
——返回文本字符串中第一个字符的数字代码

CODE 函数可以用十进制数表示指定文本字符串相对应的数字代码。字符代码是与标准规定的 ASCII 代码和 JIS 代码相对应的。

语法格式：=CODE(text)

语法释义：=CODE(字符串)

参数说明：

参数	性质	说明	参数的设置原则
text	必需	表示加双引号的文本，或文本所在的单元格	如果不加双引号，则返回错误值"#NAME？"。指定多个字符时，返回第一个字符的数字代码

● 函数练兵：**将字符串的首字符转换为数字代码**

下面将使用 CODE 函数提取字符串中第一个字的数字代码。

① 选 择 B2 单 元 格， 输 入 公 式"=CODE(A2)"。

② 随后向下方填充公式，即可将 A 列中对应字符串的第一个字符（半角）转换成数字代码。

> 提示：全角或半角状态下录入的字符以及大小写形式，其对应的数字代码是不同的。

左图以字母 A 为例，反映了在不同录入状态下转换成不同数字代码的效果。

B2	: × ✓ *fx*	=CODE(A2) ❶	
	A	B	C
1	歌曲名称（半角）	首字符转换成数值	
2	Everything I Need	69	
3	海阔天空	47779	
4	Let Go	76	
5	Ocean To Ocean	79	
6	San Francisco	83	
7	Imagine	73	
8	Give Me Everything	71	
9	大海	46323	
10		❷	

C2	: × ✓ *fx*	=CODE(B2)	
	A	B	C	D
1	录入状态	歌曲名称	首字符转换成数值	
2	半角大写	A	65	
3	半角小写	a	97	
4	全角大写	A	41921	
5	全角小写	a	41953	
6				

第 6 章

第 6 章
文本函数的应用

271

函数 30 CHAR
——返回对应于数字代码的字符

CHAR函数可以将指定的数值转换为与之对应的字符代码。CHAR函数是和CODE函数功能相反的函数。

语法格式：=CHAR(number)

语法释义：=CHAR(数值)

参数说明：

参数	性质	说明	参数的设置原则
number	必需	表示用于转换的数字代码，介于 1 ~ 255 之间	如果参数为不能当作字符的数值或数值以外的文本，则返回错误值 "#VALUE!"

● 函数练兵：**将数字代码转换成文本**

下面将使用CHAR函数把指定的数字转换成对应的文本。

第一组数字	转换的文本	第二组数字	转换的文本	第三组数字	转换的文本
48	0	63	?	78	N
49	1	64	@	79	O
50	2	65	A	80	P
51	3	66	B	81	Q
52	4	67	C	82	R
53	5	68	D	83	S
54	6	69	E	84	T
55	7	70	F	85	U
56	8	71	G	86	V
57	9	72	H	87	W
58	:	73	I	88	X
59	;	74	J	89	Y
60	<	75	K	90	Z
61	=	76	L	91	[
62	>	77	M	92	\

① 选择B2单元格，输入公式"=CHAR(A2)"。

② 随后将公式填充或复制到其他需要转换文本的单元格中，即可将对应的数字转换成相应的文本。

提示：数值在 1 ~ 31 间对应的字符称为控制字符，在 Excel 中不能被打印出来。控制字符在工作表中显示为 "•" 或不显示。

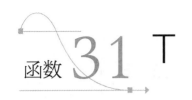

函数 **31** **T**

——返回value引用的文本

语法格式：=T(value)

语法释义：=T(数值)

参数说明：

参数	性质	说明	参数的设置原则
value	必需	表示需要转换为文本的数值	指定加双引号的文本数值，或指定输入文本的单元格。文本如果不加双引号，则返回错误值"#NAME？"

提示：使用T函数进行转换的内容，如果为文本则返回文本，如果指定的不是文本，则返回空值。该函数也可用于从设定好的文本中提取无格式的文本。

● 函数练兵：**提取文本格式的字符串**

下面将使用T函数从A列中提取文本格式的字符串。

① 选择B2单元格，输入公式"=T(A2)"。

② 随后将公式向下方填充，即可从A列中对应的单元格中提取出文本格式的字符串，日期和数字会被忽略。

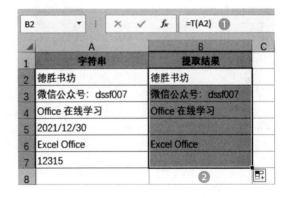

函数 **32** **EXACT**

——比较两个文本字符串是否完全相同

语法格式：=EXACT(text1,text2)

语法释义：=EXACT(字符串1,字符串2)

参数说明：

参数	性质	说明	参数的设置原则
text1	必需	表示待比较的第一个字符串	如果指定字符串，字符串用双引号引起来
text2	必需	表示待比较的第二个字符串	和 text1 相同，直接输入时，字符串用双引号引起来。若不加双引号，则返回错误值"#NAME！"。并且只能指定一个单元格，如果 text1、text2 中指定为单元格区域，则返回错误值"#VALUE!"

提示：EXACT函数只能比较两个字符串，如果它们完全相同，则返回TRUE，否则返回FALSE。该函数能区分全角和半角、大小写，字符间的不同空格。若要比较两个数值的大小，请参照DELTA函数。

● 函数练兵：**比较两组字符串是否相同**

下面将使用EXACT函数对比下表中字符串1和字符串2是否相同。

① 选择C2单元格，输入公式"=EXACT(A2,B2)"。

② 随后将公式向下方填充，返回对比结果。TRUE表示相同，FALSE表示不同。

提示：单元格格式的不同造成的数据外观改变并不会使数据的本质发生变化。例如日期"2021/12/30"和"2021年12月30日"只是使用的日期格式不同，所以EXACT函数判断这两个字符串是相同的。

函数 33 CLEAN
——删除文本中的所有非打印字符

CLEAN函数用于删除文本中不能打印的字符。Excel中不能打印的字符主要是控制字符和特殊字符。

语法格式：=CLEAN(text)

语法释义：=CLEAN(字符串)

参数说明：

参数	性质	说明	参数的设置原则
text	必需	表示要从中删除不能打印字符的任何工作信息	如果直接指定文本，需加双引号。如果不加双引号，则返回错误值"#VALUE!"

● 函数练兵：**清除字符串中不能打印的字符**

下面将使用CLEAN函数清除字符串中不能被打印的强制换行符。

① 选择B2单元格，输入公式"=CLEAN(A2)"。

② 随后将公式向下方填充，即可去除相应单元格中的强制换行符。

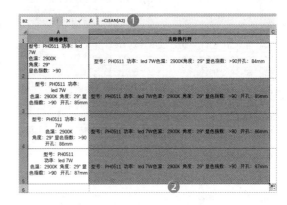

函数 34 TRIM

————删除文本中的多余空格

TRIM函数可以删除文本中的多余空格。字符串开头和结尾处的空格将被全部删除，插入在字符串间的多个空格，会被保留一个。

语法格式：=TRIM(text)

语法释义：=TRIM(字符串)

参数说明：

参数	性质	说明	参数的设置原则
text	必需	表示需要清除文本中的空格	直接指定为文本时，需加双引号。如果不加双引号，则返回错误值"#VALUE!"

● 函数练兵：**删除产品名称中的空格**

本例产品名称中有些名称包含数字和文本两种类型的数据，数字和文本之间只需要一个空格来起到分隔作用，下面将使用TRIM函数删除名称中多余的空格，只保留一个空格。

① 选择E2单元格，输入公式"=TRIM(D2)"。

② 随后将公式向下方填充，即可将相应单元格中多余的空格删除，只保留一个空格来分隔数据。

函数 35 REPT
——按照给定的次数重复显示文本

REPT函数可以按照给定的次数重复显示文本。用户可以通过REPT函数来不断地重复显示某一文本字符串，对单元格进行填充。

语法格式：=REPT(text,number_times)

语法释义：=REPT(字符串,重复字数)

参数说明：

参数	性质	说明	参数的设置原则
text	必需	表示需要重复显示的文本	直接指定文本时，需加双引号。如果不加双引号，则返回错误值"#VALUE!"
number_times	必需	表示根据指定的次数重复显示文本	如果指定次数不是整数，则将被截尾取整。如果指定次数为0，则REPT返回空文本。重复次数不能大于32767个字符或为负数，否则，REPT将返回错误值"#VALUE!"

● 函数练兵：**以小图标直观显示业绩完成率**

下面将以指定的小图标直观地显示销售员的业绩完成率。完成率越高，图标数量越多。

① 选择D2单元格，输入公式"=REPT("☆",C2*10)"。

② 随后将公式向下方填充，即可将对应的业绩完成率转换成图标显示。

D2			fx	=REPT("☆",C2*10) ①	
	A	B	C	D	E
1	序号	姓名	业绩完成率	业绩完成率直观展示	
2	1	毛豆豆	30%	☆ ☆ ☆	
3	2	吴明月	55%	☆ ☆ ☆ ☆ ☆	
4	3	赵海波	80%	☆ ☆ ☆ ☆ ☆ ☆ ☆ ☆	
5	4	林小丽	75%	☆ ☆ ☆ ☆ ☆ ☆ ☆	
6	5	王冕	100%	☆ ☆ ☆ ☆ ☆ ☆ ☆ ☆ ☆ ☆	
7	6	许强	60%	☆ ☆ ☆ ☆ ☆ ☆	
8	7	姜洪峰	90%	☆ ☆ ☆ ☆ ☆ ☆ ☆ ☆ ☆	
9	8	陈芳芳	88%	☆ ☆ ☆ ☆ ☆ ☆ ☆ ☆	
10				②	

第 **7** 章

日期与时间函数的应用

扫码观看
本章视频

日期和时间函数是用来处理日期和时间值的一类函数，Excel中包含着很多种类型的日期与时间函数，每种类型负责处理一种日期或时间问题，例如用TODAY函数计算当前日期、用YEAR函数提取年份值、用MONTH提取月份值等。本章将对日期和时间函数的分类、语法格式以及使用方法进行详细介绍。

日 期 与 时 间 函 数 速 查 表

日期与时间函数的类型及作用见下表。

函数	作用
DATE	返回在 Microsoft Excel 日期时间代码中代表日期的数字
DATEDIF	计算两个日期之间的天数、月数或年数
DATEVALUE	将存储为文本的日期转换为 Excel 识别为日期的序列号
DAY	返回以序列数表示的某日期的天数
DAYS	返回两个日期之间的天数
DAYS360	按照一年 360 天的算法（每个月以 30 天计，一年共计 12 个月）返回两个日期间相差的天数
EDATE	返回表示某个日期的序列号，该日期与指定日期 (start_date) 相隔（之前或之后）指示的月份数
EOMONTH	返回某个月份最后一天的序列号，该月份与 start_date 相隔（之前或之后）指示的月份数
HOUR	将序列号转换为小时
ISOWEEKNUM	返回给定日期在全年中的 ISO 周数
MINUTE	返回时间值中的分钟
MONTH	返回日期（以序列数表示）中的月份

函数	作用
NETWORKDAYS	返回参数 start_date 和 end_date 之间完整的工作日数值
NETWORKDAYS.INTL	返回两个日期之间的所有工作日数
NOW	返回当前日期和时间的序列号
SECOND	返回时间值的秒数
TIME	在给定时、分、秒三个值的情况下，将三个值合并为一个 Excel 内部表示时间的小数
TIMEVALUE	返回由文本字符串表示的时间的十进制数字
TODAY	返回当前日期的序列号
WEEKDAY	返回对应于某个日期的一周中的第几天
WEEKNUM	返回特定日期的周数
WORKDAY	返回在某日期（起始日期）之前或之后、与该日期相隔指定工作日的某一日期的日期值
WORKDAY.INTL	返回指定的若干个工作日之前或之后的日期的序列号（使用自定义周末参数）
YEAR	返回对应于某个日期的年份
YEARFRAC	计算代表整个（start_date 和 end_date）的两个日期之间的天数的年分数

使用日期与时间函数是必须了解的关键字。

（1）序列号

在 Excel 中，使用日期或时间进行计算时，包含有序列号的计算。序列号分为整数部分和小数部分。序列号表示整数部分，如：1900年1月1日看作1，1900年1月2日看作2，把每一天的每一个数字一直分配到9999年12月31日中。例如，序列号是30000，从1900年1月1日开始数到第30000天，日期则变成1982年2月18日。序列号表示小数部分，从上午0点0分0秒开始到下午11点59分59秒的24小时分配到0～0.99999999的数字中。例如，0.5用半天时间表示为下午0点0分0秒。Excel是把整数和小数部分组合成一个表示日期和时间的数字。

因为序列号作为数值处理，所以可以进行通常的加、减运算。例如，想知道某日期90天后的日期，只需把此序列号加上90就可以。相反，想知道90天前的日期，则用此序列号减去90天。

把单元格的"单元格格式"转换为"日期"和"时间"以外的格式时，可以改变日期的序列号的格式。

（2）日期系统

序列号的起始日期在 Windows 版中是1900年1月1日，在 Macintosh 版中是1904

年1月1日。因此，使用Windows和Macintosh版编制的工作表时，会有4年的误差。使用Macintosh日期系统时，可以通过"文件"菜单打开"选项"对话框中选择"1904年日期系统"即可（如下图所示），然后进行计算。

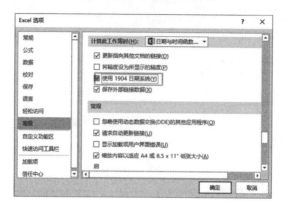

（3）日期的单元格格式

序列号分为整数部分和小数部分。整数部分表示日期，小数部分表示时间。但是，只有序列号时，使用者若想知道日期或时间表示的数值，需先设置单元格格式。

在单元格内设定日期和时间的格式，即使删除单元格中输入的日期，输入其他数值也表示日期。这是因为单元格还是表示日期的单元格格式。通过功能区或者是右键菜单均可打开"设置单元格格式"对话框，如下图所示。

从中打开"数字"选项卡，选择"日期"或"时间"。没有设置好需使用的单元格格式时，必须在"自定义"中设定用户需用的格式。

日期的表示格式如下表所示（以2022年5月1日为例）。

要求	代码	表示
年（公历显示4位数）	yyyy	2022
年（公历显示2位数）	yy	22
月	m	5
月（显示2位）	mm	05
月（显示3个英文字母）mmm	mmm	May
月（英文表示）	mmmm	May
月（显示一个英文字母）	mmmmm	M
日	d	1
日（显示2位）	dd	01
星期（显示3个英文字母）	ddd	Sun
星期（英文显示）	dddd	Sunday

时间的表示格式如下表所示（以8时30分15秒为例）。

种类	代码	表示
时间	h	8
时间（显示2位）	hh	08
分	m	1
分（显示2位）	mm	01
秒	s	15
秒（显示2位）	ss	15

函数 1 TODAY

——提取当前日期

使用 TODAY 函数，可以返回计算机系统内部时钟当前日期的序列号。

语法格式：=TODAY()

该函数没有参数，但函数名称后面的一对括号不能省略。若在括号中输入任何参数，都会返回错误值。

● 函数练兵：**自动填写当前日期**

下面将在费用报销单中填入当前日期，使用 TODAY 函数可直接返回当前日期。

| G2 | ▼ | : | × | ✓ | fx | =TODAY() ➊ |

费用报销单

| | | | | 填制日期： | 2021/8/28 ➋ |

费用发生日期	摘要	费用性质	发票张数	报销金额	备注
8月28日	出差报销住宿费	住宿费	1	600	
8月28日	出差报销餐费	餐费	5	200	
8月28日	出差报销往返高铁票	交通费	2	520	
8月28日	出差报销打车费	交通费	3	62	

财务： 领款人： 报销人：

① 选择 G2 单元格，输入公式"=TODAY()"。

② 按 "Enter" 键，即可返回当前日期。

● 函数组合应用：**TODAY+IF——统计哪些合同最近30天内到期**

使用 TODAY 函数跟 IF 函数组合编写公式，可根据合同的签订日期以及截止日期判断是否在 30 天内到期。

| C2 | ▼ | : | × | ✓ | fx ➊ | =IF((B2-TODAY())<30,"即将到期","") |

合同编号	截止日期	到期提醒		
19053301	2023/5/18			
15630832	2021/9/20	即将到期		
18990653	2022/5/1			
20379951	2023/12/30			
17398711	2021/12/30			
19030258	2025/10/15			
20115511	2022/9/1			
16543530	2029/3/10			
17705352	2021/8/31	即将到期		

➋

① 选择 C2 单元格，输入公式"=IF((B2-TODAY()) < 30,"即将到期","")"。

② 将公式向下填充，此时合同截止日期距离当前日期小于 30 天，即会返回提示文本"即将到期"。

函数 **2** NOW

——提取当前日期和时间

使用NOW函数，可以返回计算机系统内部时钟当前日期的序列号。

语法格式：=NOW()

NOW函数没有参数，函数名称后面的一对括号不能省略。若在括号中输入任何参数，都会返回错误值。

● 函数练兵：**返回当前日期和时间**

下面将使用NOW函数在Excel表格中返回当前日期和时间。

① 选择B5单元格，输入公式"=NOW()"。

② 按"Enter"键即可返回当前日期和时间。

B5	▼	× ✓ fx	=NOW() ❶

▲	A	B	C
1	测试统计	测试时间	
2	第一次测试	2021/8/20 8:30	
3	第二次测试	2021/8/22 11:45	
4	第三次测试	2021/8/26 16:05	
5	第四次测试	2021/8/28 13:51	
6		❷	

💡

提示：TODAY和NOW函数的返回值会随着手动刷新或自动的刷新操作自动更新到最新日期和时间，若想让返回值固定在最初的返回结果，可以去除公式只保留结果值。复制包含公式的单元格后，以"值"方式粘贴到原单元格即可完成去除公式，保留结果值的操作。

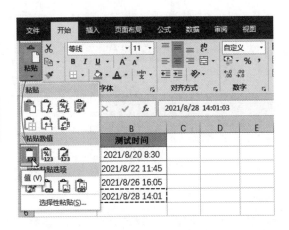

函数 **3** # WEEKNUM

——提取序列号对应的一年中的周数

WEEKNUM函数用于返回指定日期是一年中是第几个星期的数字。WEEKNUM函数将1月1日所在的星期定义为一年中的第一个星期。

语法格式：=WEEKNUM(serial_number,return_type)

语法释义：=WEEKNUM(日期序号,返回值类型)

参数说明：

参数	性质	说明	参数的设置原则
serial_number	必需	表示要计算一年中周数的日期	如果参数为日期以外的文本，则返回错误值"#VALUE!"（例如"7月15日的生日"）。如果输入负数，则返回错误值"#NUM!"
return_type	可选	表示确定星期计算从哪一天开始的数字，默认值为1，即是从星期日开始	如果指定1，则从星期日开始进行计算，如果指定2，则从星期一开始进行计算，以此类推

● 函数练兵1: **计算各种节日是今年的第几周**

下面将使用WEEKNUM函数计算各种指定的节日是今年中的第几周。

Step01:
输入公式

① 选择C2单元格，手动输入公式，当输入到第二个参数时屏幕中会出现一个列表，提示不同数字分别对应的一周是从星期几开始。用户可以根据提示选择要使用的参数。

Step02:
填充公式

② 继续输入完整的公式 "=WEEKNUM(B2,2)"。

③ 将公式向下填充，即可计算出每个节日分别在当前年份中的第几周。

	A	B	C	D
	C2			=WEEKNUM(B2,2) ②
1	节日	日期	第几周	
2	劳动节	2021/5/1	18	
3	母亲节	2021/5/9	19	
4	儿童节	2021/6/1	23	
5	端午节	2021/6/14	25	
6	建军节	2021/8/1	31	
7	中秋节	2021/9/21	39 ③	
8				

● 函数练兵2: **计算从下单到交货经历了几周时间**

已知订单的下单时间和交货日期，下面将使用WEEKNUM函数计算下单日期和交货日期之间的间隔周数。

① 选择E2单元格，输入公式 "=WEEKNUM(D2,2)-WEEKNUM(C2,2)+1"。

② 将公式向下填充，即可计算出对应的两个日期间隔的周数。

	A	B	C	D	E	F
	E2			=WEEKNUM(D2,2)-WEEKNUM(C2,2)+1 ①		
1	序号	订单号	下单日期	交货日期	周处天数	
2	1	1105011	2021/7/12	2021/8/22	6	
3	2	1105012	2021/6/13	2021/8/20	11	
4	3	1105013	2021/7/5	2021/7/30	4	
5	4	1105014	2021/6/18	2021/9/5	12	
6	5	1105015	2021/8/2	2021/8/31	5	
7	6	1105016	2021/5/15	2021/7/20	11	
8	7	1105017	2021/6/18	2021/7/16	5	
9	8	1105018	2021/6/1	2021/6/19	3 ②	
10						

函数 4 NETWORKDAYS
——计算起始日和结束日间的天数（除星期六、星期日和节假日）

使用NETWORKDAYS函数，可以求两日期间的工作日天数，或计算出不包含星期六、星期日和节假日的工作日天数。

语法格式：=NETWORKDAYS(start_date,end_date,holidays)

语法释义：=NETWORKDAYS(开始日期,终止日期,假期)

参数说明：

参数	性质	说明	参数的设置原则
start_date	必需	表示开始日期，是一串代表起始日期的日期	如果参数为日期以外的文本，则返回错误值"#VALUE!"
end_date	必需	表示终止日期，是一串代表终止日期的日期	可以是表示日期的序列号或文本，也可以是单元格引用日期
holidays	可选	表示假期，是从工作日历中去除的一个或多个日期的可选组合，例如传统假日、国家法定假日以及非固定假日	该参数可以是包含日期的单元格区域，也可以是由代表日期的序列号所构成的数组常量。也可以省略此参数，省略时，用除去星期六和星期日的天数计算

● 函数练兵1： **计算每项任务的实际工作天数（除去周六和周日）**

下面将使用NETWORKDAYS函数根据任务开始和结束日期计算去除双休日后的实际工作天数。

① 选择E2单元格，输入公式"=NETWORKDAYS(B2,C2)"。

② 将公式向下填充即可计算出每项任务从开始日期到结束日期之间实际的工作天数。公式返回的结果自动去除了周六和周日。

● 函数练兵2： **计算每项任务的实际工作天数（除去周六、周日和节假日）**

假设在项目进行过程中除了周六、周日正常休息外还包含了假期，那么应该将放假的天数从工作天数中除去。

① 选择D2单元格，输入公式"=NETWORKDAYS(B2,C2,$F$2:$F$4)"。

② 将公式向下填充，即可返回除去双休日和节假日后开始日期和结束日期之间的实际工作天数。

函数 5 DAYS360
——按照一年360天的算法，返回两日期间相差的天数

使用DAYS360函数，将按照一年360天来计算两日期间的天数。

语法格式：=DAYS360(start_date,end_date,method)

语法释义：=DAYS360(开始日期,终止日期,选项)

参数说明：

参数	性质	说明	参数的设置原则
start_date	必需	表示开始日期	可以指定加双引号的表示日期的文本，例如"2021年12月20日"。如果参数为日期以外的文本，则返回错误值"#VALUE!"
end_date	必需	表示终止日期	与start_date参数相同，可以是表示日期的序列号或文本，也可以是单元格引用日期
method	可选	表示用于指定计算方式的逻辑值	用TRUE或1、FALSE或0指定计算方式。如果省略，则作为FALSE来计算。TRUE表示用欧洲方式进行计算。FALSE表示用美国方式进行计算

● 函数练兵：**用NASD方式计算贷款的还款期限**

下面将根据贷款日期和最迟还款日期，按照一年360天的算法，计算还款期限为多少天。

① 选择D2单元格，输入公式"=DAYS360(B2,C2,FALSE)"。

② 将公式向下填充，即可计算出对应贷款的还款期限，即贷款日期和最迟还款日期之间的间隔天数。

D2	▼	× ✓ fx	=DAYS360(B2,C2,FALSE) ❶

	A	B	C	D	E
1	项目	贷款日期	最迟还款日期	还款期限(天)	
2	1	2021/5/1	2022/5/1	360	
3	2	2021/3/20	2021/12/30	280	
4	3	2020/1/1	2021/5/30	509	
5	4	2019/7/18	2021/7/18	720	
6	5	2019/12/1	2020/3/1	90	
7	6	2020/6/12	2022/12/30	918	
8	7	2018/1/1	2021/5/1	1200	
9				❷	

函数 **6 DAYS**

——计算两个日期之间的天数

Excel可将日期存储为序列号，以便可以在计算中使用它们。默认情况下，1900年1月1日的序列号是1，而2022年1月1日的序列号是44562，这是因为它距1900年1月1日有44561天。

语法格式：=DAYS(end_date,start_date)

语法释义：=DAYS(终止日期,开始日期)

参数说明：

参数	性质	说明	参数的设置原则
end_date	必需	表示用于计算期间天数的终止日期	可以指定加双引号的表示日期的文本，例如"2021年12月20日"，或者引用包含日期的单元格。如果参数为日期以外的文本，则返回错误值"#VALUE!"
start_date	必需	表示用于计算期间天数的起始日期	与end_date参数相同，可以是表示日期的序列号或文本，也可以是单元格引用日期

提示：在使用DAYS函数时，若两个日期参数为数字，则使用end_date-start_date计算两个日期之间的天数。

若任何一个日期参数为文本，则该参数将被视为DATEVALUE(date_text)并返回整型日期，而不是时间组件。

若日期参数是超出有效日期范围的数值，则DAYS返回"#NUM!"错误值。

若日期参数是无法解析为字符串的有效日期，则DAYS返回"#VALUE!"错误值。

● 函数练兵：**计算贷款的实际还款期限**

DAYS函数克服了函数DAYS360以360天计算的缺陷，完全依据实际的日期进行计算，因此更具准确性。

	A	B	C	D	E
1	项目	贷款日期	最迟还款日期	还款期限(天)	
2	1	2021/5/1	2022/5/1	365	
3	2	2021/3/20	2021/12/30	285	
4	3	2020/1/1	2021/5/30	515	
5	4	2019/7/18	2021/7/18	731	
6	5	2019/12/1	2020/3/1	91	
7	6	2020/6/12	2022/12/30	931	
8	7	2018/1/1	2021/5/1	1216	
9					

D2 单元格公式：=DAYS(C2,B2)

① 选择D2单元格，输入公式"=DAYS(C2,B2)"。

② 将公式向下填充，即可计算出每笔贷款的实际还款期限，即贷款日期和最迟还款日期之间的实际间隔天数。

提示：若日期格式错误（例如输入的是不存在的日期），公式会返回错误值；若终止日期早于起始日期，则公式会返回负数值。

项目	贷款日期	最迟还款日期	还款期限(天)
1	2021/5/1	2022/5/1	365
2	2021/3/20	2021/12/30	285
3	2020/1/1	2021/5/30	515
4	2019/7/18	2021/7/18	731
5	2019/12/1	2020/3/1	91
6	2020/6/40	2022/12/30	#VALUE!	← 日期错误，返回错误值
7	2021/5/1	2018/1/1	-1216	← 终止日期早于起始日期，返回负数值

函数 7 YEARFRAC
——从开始日到结束日间所经过天数占全年天数的比例

函数YEARFRAC计算从开始日到结束日之间的天数占全年天数的百分比，返回值是比例数字。

语法格式：=YEARFRAC(start_date,end_date,basis)

语法释义：=YEARFRAC(开始日期,终止日期,基准选项)

参数说明：

参数	性质	说明	参数的设置原则
start_date	必需	表示一个代表开始日期的日期	可以指定加双引号的表示日期的文本，例如"2011年12月20日"，或者引用包含日期的单元格。如果参数为日期以外的文本，则返回错误值"#VALUE!"
end_date	必需	表示一个代表终止日期的日期	与start_date参数相同，可以是日期的序列号或文本，也可以是单元格引用日期
basis	可选	表示用数字指定日期的计算方法	可以省略，省略时作为0计算

basis 函数为不同数字时，所表示的日期计算方法见下表。

0（或省略）	1 年作为 360 天，用 NASD 方式计算
1	用一年的天数（365 或 366）除经过的天数
2	360 除经过的天数
3	365 除经过的天数
4	1 年作为 360 天，用欧洲方式计算

● 函数练兵： **计算各项工程施工天数占全年天数的比例**

表格中记录了车库施工中各个项目的开始和结束日期，下面将使用YEARFRAC 函数计算每个项目的施工天数占全年天数的比例。

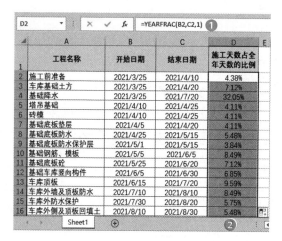

① 选择D2单元格，输入公式"=YEARFRAC(B2,C2,1)"。

② 将公式向下填充，即可计算出每个项目的施工天数占全年天数的比例。

函数 8 DATEDIF
——计算两个日期之间的天数、月数或年数

函数DATEDIF用于返回指定单位计算起始日和结束日间的天数，该函数不能从插入函数对话框输入。使用此函数时，必须在计算日期的单元格内直接输入函数。

语法格式：=DATEDIF(start_date,end_date,unit)

语法释义：=DATEDIF(开始日期,终止日期,比较单位)

参数说明：

参数	性质	说明	参数的设置原则
start_date	必需	表示一个代表开始日期的日期	可以指定加双引号的表示日期的文本，例如"2021年12月20日"，或者引用包含日期的单元格。如果参数为日期以外的文本，则返回错误值"#VALUE!"
end_date	必需	表示一个代表终止日期的日期	与start_date参数相同，可以是日期的序列号或文本，也可以是单元格引用日期
unit	可选	表示所需信息的返回类型	必需用加双引号的字符指定日期的计算方法

unit参数的设置方法以及符号所代表的含义见下表。

unit参数	含义
"Y"	计算两个日期间隔的整年数
"M"	计算两个日期间隔的整月数
"D"	计算两个日期间隔的的整日数
"YM"	计算不到一年的月数
"YD"	计算不到一年的日数
"MD"	计算不到一个月的日数

● 函数练兵：**分别以年、月、日的方式计算还款期限**

已知贷款日期和最迟还款日期，下面将使用DATEDIF函数分别以年、月以及天数的方式计算还款期限。

分别在D2、E2、F2单元格中输入下列公式：

"D2=DATEDIF(B2,C2,"D")"；

"E2=DATEDIF(B2,C2,"M")"；

"=DATEDIF(B2,C2,"D")"。

随后分别将这三个单元格中的公式向下方填充，即可计算出以年、月以及天数为单位的还款期限。

F2		× ✓ fx	=DATEDIF(B2,C2,"D")			
▲	A	B	C	D	E	F	G
1	项目	贷款日期	最迟还款日期	还款期限（年）	还款期限（月）	还款期限（天）	
2	1	2021/5/1	2022/5/1	1	12	365	
3	2	2021/3/20	2021/12/30	0	9	285	
4	3	2020/1/1	2021/5/30	1	16	515	
5	4	2019/7/18	2021/7/18	2	24	731	
6	5	2019/12/1	2020/3/1	0	3	91	
7	6	2020/6/12	2022/12/30	2	30	931	
8	7	2018/1/1	2021/5/1	3	40	1216	
9							

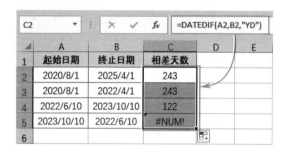

提示：将DATEDIF函数的第三个参数设置为"YM"时，将忽略年份，计算从起始日期到结束日期之间不到一年的月数。终止日期不能早于起始日期，否则将返回"#NUM!"错误。

而将第三个参数设置为"YD"时，将忽略年份计算从起始日期到结束日期之间不到一年的天数。

● 函数组合应用：**DATEDIF+TODAY——根据入职日期计算员工工龄**

使用DATEDIF函数根据入职日期和当前日期可计算出员工的工龄。当前日期可使用TODAY函数计算。

① 选择E2单元格，输入公式"=DATEDIF(D2,TODAY(),"Y")&"年""。

② 将公式向下填充，即可计算出工龄，即入职日期到当前日期间隔的年数。

函数 **9**

YEAR

——提取某日期对应的年份

使用YEAR函数，只显示日期值或表示日期的文本的年份部分。返回值为1900 ～ 9999间的整数。

语法格式： =YEAR(serial_number)

语法释义： =YEAR(日期序号)

参数说明：

参数	性质	说明	参数的设置原则
serial_number	必需	表示一个日期值	可以指定加双引号的表示日期的文本，例如"2021 年 12 月 20 日"，或者引用包含日期的单元格。如果参数为日期以外的文本，则返回错误值 "#VALUE!"

● 函数练兵： **提取入职年份**

下面将使用YEAR函数根据入职日期提取入职年份。

① 选择E2单元格，输入公式"=YEAR(D2)"。

② 将公式向下填充，即可从所有入职日期中提取出年份。

E2	▼	× ✓ fx	=YEAR(D2) ❶		
▲	A	B	C	D	E	F
1	姓名	部门	性别	入职日期	入职年份	
2	李雷	财务部	男	2005/6/10	2005	
3	韩梅梅	人力资源部	女	2019/8/3	2019	
4	周舒克	市场开发部	女	2016/7/1	2016	
5	夏贝塔	人力资源部	男	2020/5/20	2020	
6	刘毛毛	财务部	男	2015/3/18	2015	
7	张晓霞	设计部	女	2009/6/5	2009	
8	马良	业务部	男	2018/8/16	2018	
9	孙青	业务部	女	2021/5/8	2021	
10	刘宁远	设计部	男	2017/9/1	2017	
11	刘佩琪	生产部	女	2004/3/15	2004	
12	赵肖恩	生产部	男	2018/3/10	2018	
13					❷	

● 函数组合应用： **YEAR+COUNTIF——计算指定年份入职的人数**

使用YEAR函数提取出所有员工的入职年份后，可以利用COUNTIF函数统计这些入职年份中指定的某个年份入职的人数。

B15	▼ : ✕ ✓ fx	=COUNTIF(E2:E12,A15) ①			

▲	A	B	C	D	E	F
1	姓名	部门	性别	入职日期	入职年份	
2	李雷	财务部	男	2005/6/10	2005	
3	韩梅梅	人力资源部	女	2019/8/3	2019	
4	周舒克	市场开发部	女	2016/7/1	2016	
5	夏贝塔	人力资源部	男	2020/5/20	2020	
6	刘毛毛	财务部	男	2015/3/18	2015	
7	张晓霞	设计部	女	2009/6/5	2009	
8	马良	业务部	男	2018/8/16	2018	
9	孙青	业务部	女	2021/5/8	2021	
10	刘宁远	设计部	男	2017/9/1	2017	
11	刘佩琪	生产部	女	2004/3/15	2004	
12	赵肖恩	生产部	男	2018/3/10	2018	
13					②	
14	入职年份	入职人数				
15	2018	2				
16						

① 选择B15单元格，输入公式"=COUNTIF(E2:E12,A15)"。

② 按"Enter"键，即可统计出2018年入职的人数。

在E2单元格中输入公式"=YEAR(D2)"，随后向下填充公式，提取入职年份

函数 **10** MONTH
——提取以序列号表示的日期中的月份

使用MONTH函数，只显示日期值或表示日期的文本的月份部分。返回值是1 ～ 12间的整数。

语法格式：=MONTH(serial_number)

语法释义：=MONTH(日期序号)

参数说明：

参数	性质	说明	参数的设置原则
serial_number	必需	表示一个日期值	可以指定加双引号的表示日期的文本，例如"2021 年 12 月 20 日"，或者引用包含日期的单元格。如果参数为日期以外的文本，则返回错误值 "#VALUE!"

● 函数练兵：**提取员工出生月份**

下面将使用MONTH函数根据员工的出生日期提取出生月份。

① 选择E2单元格，输入公式"=MONTH(D2)"。

② 将公式向下填充，即可从对应的出生日期中提取出月份。

	A	B	C	D	E	F
1	姓名	部门	性别	出生日期	出生月份	
2	李雷	财务部	男	1988/8/4	8	
3	韩梅梅	人力资源部	女	1987/12/9	12	
4	周舒克	市场开发部	女	1998/9/10	9	
5	夏贝塔	人力资源部	男	1981/6/13	6	
6	刘毛毛	财务部	男	1986/10/11	10	
7	张晓霞	设计部	女	1988/8/4	8	
8	马良	业务部	男	1985/11/9	11	
9	孙青	业务部	女	1990/8/4	8	
10	刘宁远	设计部	男	1971/12/5	12	
11	刘佩琪	生产部	女	1993/5/21	5	
12	赵肖恩	生产部	男	1986/6/12	6	
13						

- **函数组合应用：MONTH+TODAY+SUM——统计当前月份过生日的人数**

使用MONTH函数可从出生日期中提取出生月份，用提取出的月份与当前月份相比较，可返回一组有TRUE或FALSE组成的逻辑值，最后用SUM函数统计TRUE的数量即可得到当前月份出生的总人数。由于本例是对区域进行计算，因此需要用数组公式。

① 选择F2单元格，输入数组公式"=SUM((MONTH(D2:D12)=MONTH(TODAY()))*1)"。

② 随后按"Ctrl+Shift+Enter"组合键即可统计出出生日期和当前月份相同的人数。

	A	B	C	D	E	F	G
1	姓名	部门	性别	出生日期		当前月份过生日的人数	
2	李雷	财务部	男	1988/8/4		3	
3	韩梅梅	人力资源部	女	1987/12/9			
4	周舒克	市场开发部	女	1998/9/10			
5	夏贝塔	人力资源部	男	1981/6/13			
6	刘毛毛	财务部	男	1986/10/11			
7	张晓霞	设计部	女	1988/8/4			
8	马良	业务部	男	1985/11/9			
9	孙青	业务部	女	1990/8/4			
10	刘宁远	设计部	男	1971/12/5			
11	刘佩琪	生产部	女	1993/5/21			
12	赵肖恩	生产部	男	1986/6/12			
13							

特别说明：本案例的当前月份为8月。

函数 11 DAY

——提取以序列号表示的日期中的天数

语法格式：=DAY(serial_number)

语法释义：=DAY(日期序号)

参数说明：

参数	性质	说明	参数的设置原则
serial_number	必需	表示一个日期值	可以指定加双引号的表示日期的文本，例如"2021年12月20日"，或者引用包含日期的单元格。如果参数为日期以外的文本，则返回错误值"#VALUE!"

使用DAY函数，只显示日期值或表示日期的文本的天数部分。返回值为 1 ~ 31 间的整数。

● 函数练兵：**从商品生产日期中提取生产日**

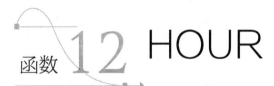

① 选择C2单元格，输入公式"=DAY(B2)"。

② 将公式向下填充，即可从相应的生产日期中提取出生产日。

函数 12 HOUR

——提取序列号对应的小时数

使用HOUR函数，只显示日期值或表示日期的文本的小时数。返回值是 0 ~ 23 间的整数。

语法格式：=HOUR(serial_number)

语法释义：=HOUR(日期序号)

参数说明：

参数	性质	说明	参数的设置原则
serial_number	必需	表示一个日期值	可以指定加双引号的表示日期的文本，例如"21:19:08"或"2020/7/9 19:30"，或者引用包含日期的单元格。如果参数为日期以外的文本，则返回错误值"#VALUE!"

● 函数练兵：**从打卡记录中提取小时数**

下面将使用HOUR函数从员工的上班打卡时间中提取小时数。

① 选择D2单元格，输入公式"=HOUR(C2)"。

② 将公式向下填充，即可从相应的时间中提取出代表小时的数值。

	A	B	C	D	E
1	打卡日期	员工姓名	上班打卡	打卡小时数	
2	2021/8/1	李雷	9:18:22	9	
3	2021/8/1	韩梅梅	9:26:17	9	
4	2021/8/1	周舒克	9:15:00	9	
5	2021/8/1	夏贝塔	9:30:05	9	
6	2021/8/1	刘毛毛	9:08:00	9	
7	2021/8/1	张晓霞	10:20:00	10	
8	2021/8/1	马良	12:00:00	12	
9	2021/8/1	孙青	9:06:09	9	
10	2021/8/1	刘宁远	8:30:00	8	
11	2021/8/1	刘佩琪	9:53:20	9	
12	2021/8/1	赵肖恩	8:46:43	8	
13					

函数 13 **MINUTE**

——提取时间值的分钟数

使用MINUTE函数，从时间值或表示时间的文本中只提取分钟数。返回值为0～59间的整数。

语法格式：=MINUTE(serial_number)

语法释义：=MINUTE(日期序号)

参数说明：

参数	性质	说明	参数的设置原则
serial_number	必需	表示一个日期值	可以指定加双引号的表示日期的文本，例如"21:19:08"或"2020/7/9 19:30"，或者引用包含日期的单元格。如果参数为日期以外的文本，则返回错误值"#VALUE!"

● 函数练兵：**从打卡记录中提取分钟数**

下面将使用MINUTE函数根据上班打卡时间提取打卡时的分钟数。

	A	B	C	D	E
1	打卡日期	员工姓名	上班打卡	提取打卡分钟数	
2	2021/8/1	李雷	9:18:22	18	
3	2021/8/1	韩梅梅	9:26:17	26	
4	2021/8/1	周舒克	9:15:00	15	
5	2021/8/1	夏贝塔	9:30:05	30	
6	2021/8/1	刘毛毛	9:08:00	8	
7	2021/8/1	张晓霞	10:20:00	20	
8	2021/8/1	马良	12:00:00	0	
9	2021/8/1	孙青	9:06:09	6	
10	2021/8/1	刘宁远	8:30:00	30	
11	2021/8/1	刘佩琪	9:53:20	53	
12	2021/8/1	赵肖恩	8:46:43	46	
13					

① 选择D2单元格，输入公式"=MINUTE(C2)"。

② 将公式向下填充，即可从对应的上班打卡时间中提取出打卡时的分钟数。

函数 14 SECOND

——提取时间值的秒数

使用SECOND函数，从时间值或表示时间的文本中只提取秒数。返回值为0 ~ 59间的整数。

语法格式：=SECOND(serial_number)

语法释义：=SECOND(日期序号)

参数说明：

参数	性质	说明	参数的设置原则
serial_number	必需	表示一个日期值	可以指定加双引号的表示日期的文本，例如"21:19:08"或"2020/7/9 19:30"，或者引用包含日期的单元格。如果参数为日期以外的文本，则返回错误值"#VALUE!"

● 函数练兵：**从打卡记录中提取秒数**

下面将使用MINUTE函数根据上班打卡时间提取打卡时的秒数。

① 选择D2单元格，输入公式"=SECOND(C2)"。

② 将公式向下填充，即可从对应的上班打卡时间中提取出秒数。

	A	B	C	D	E
1	打卡日期	员工姓名	上班打卡	提取打卡秒数	
2	2021/8/1	李雷	9:18:22	22	
3	2021/8/1	韩梅梅	9:26:17	17	
4	2021/8/1	周舒克	9:15:00	0	
5	2021/8/1	夏贝塔	9:30:05	5	
6	2021/8/1	刘毛毛	9:08:00	0	
7	2021/8/1	张晓霞	10:20:00	0	
8	2021/8/1	马良	12:00:00	0	
9	2021/8/1	孙青	9:06:09	9	
10	2021/8/1	刘宁远	8:30:00	0	
11	2021/8/1	刘佩琪	9:53:20	20	
12	2021/8/1	赵肖恩	8:46:43	43	
13					

D2 =SECOND(C2) ①

函数 15 WEEKDAY

——计算指定日期为星期几

使用WEEKDAY函数从日期值或表示日期的文本中提取表示星期数，返回值是1～7的整数。

语法格式：=WEEKDAY(serial_number,return_type)

语法释义：=WEEKDAY(日期序号,返回值类型)

参数说明：

参数	性质	说明	参数的设置原则
serial_number	必需	表示一个日期值	可以指定加双引号的表示日期的文本，或者引用包含日期的单元格。如果参数为日期以外的文本，则返回错误值"#VALUE!"
return_type	可选	表示一个代表返回值类型的数字	用数字1～3表示，若忽略则默认为数字1

return_type参数的各数字所代表的含义见下表。

return_type	返回结果
1 或省略	把星期日作为一周的开始，从星期日到星期六的 1～7 的数字作为返回值（星期日 =1；星期一 =2；星期二 =3；星期三 =4；星期四 =5；星期五 =6；星期六 =7）
2	把星期一作为一周的开始，从星期一到星期日的 1～7 的数字作为返回值（星期一 =1；星期二 =2；星期三 =3；星期四 =4；星期五 =5；星期六 =6；星期日 =7）
3	把星期日作为一周的开始，从星期日到星期六的 0～6 的数字作为返回值（星期日 =0；星期一 =1；星期二 =2；星期三 =3；星期四 =4；星期五 =5；星期六 =6）

第7章

在手动输入公式时，当输入到第二个参数时，屏幕中会出现如下图所示的参数选项列表，用户可从该列表中选择需要使用的返回值类型。

1 - 从 1 (星期日)到 7 (星期六)的数字
2 - 从 1 (星期一)到 7 (星期日)的数字
3 - 从 0 (星期一)到 6 (星期日)的数字
11 - 数字 1 (星期一)至 7 (星期日)
12 - 数字 1 (星期二)至 7 (星期一)
13 - 数字 1 (星期三)至 7 (星期二)
14 - 数字 1 (星期四)至 7 (星期三)
15 - 数字 1 (星期五)至 7 (星期四)
16 - 数字 1 (星期六)至 7 (星期五)
17 - 数字 1 (星期日)至 7 (星期六)

● 函数练兵：**根据日期提取任务开始时是星期几**

下面将使用WEEKDAY函数根据任务开始日期提取该日期是星期几。

C2	:	× ✓ fx	=WEEKDAY(B2,2) ❶

▲	A	B	C	D
1	任务	开始时间	星期几	
2	报告提交	2017/11/2	4	
3	数据分析	2017/12/1	5	
4	数据录入	2017/12/19	2	
5	实地考察	2017/12/27	3	
6	问卷调查	2018/1/15	1	
7	试访	2018/1/21	7	
8	设计	2018/2/1	4	
9			❷	

① 选择C2单元格，输入公式"=WEEKDAY(B2,2)"。

② 将公式向下填充，即可计算出所有开始时间对应的是星期几。

提示：通常中国人习惯将星期一看做一周的第1天，将星期日看做一周的最后一天也就是第7天。所以，若无特殊要求，一般会将WEEKDAY函数的第二个参数设置成"2"，即星期一返回数字1、星期二返回数字2、…、星期日返回数字7。

● 函数组合应用：**WEEKDAY+CHOOSE——将代表星期几的数字转换成中文格式**

WEEKDAY函数的返回值只能是1 ~ 7的数字，若想将数字转换成中文的"星期几"格式，可以用CHOOSE函数嵌套编写公式。

① 选择C3单元格，输入公式 "=CHOOSE(WEEKDAY(B2,2),"星期一","星期二","星期三","星期四","星期五","星期六","星期日")"。
② 将公式向下填充，即可根据开始日期提取出中文格式的星期几。

C2		fx	=CHOOSE(WEEKDAY(B2,2),"星期一","星期二","星期三","星期四","星期五","星期六","星期日") ①
	A	B	C	D	E
1	任务	开始时间	星期几		
2	报告提交	2017/11/2	星期四		
3	数据分析	2017/12/1	星期五		
4	数据录入	2017/12/19	星期二		
5	实地考察	2017/12/27	星期三		
6	问卷调查	2018/1/15	星期一		
7	试访	2018/1/21	星期日		
8	设计	2018/2/1	星期四		
9			②		

提示：本例除了使用CHOOSE函数外，也可利用文本函数TEXT与WEEKDAY函数进行嵌套，提取中文格式的星期几。而且，使用这两个函数编写的公式更简短。

C2		fx	=TEXT(WEEKDAY(B2,1),"aaaa")
	A	B	C	D	E
1	任务	开始时间	星期几		
2	报告提交	2017/11/2	星期四		
3	数据分析	2017/12/1	星期五		
4	数据录入	2017/12/19	星期二		
5	实地考察	2017/12/27	星期三		
6	问卷调查	2018/1/15	星期一		
7	试访	2018/1/21	星期日		
8	设计	2018/2/1	星期四		
9					

在C2单元格中输入公式"=TEXT(WEEKDAY(B2,1),"aaaa")"，随后将公式向下填充

第 7 章

函数16 EDATE
——计算出所指定月数之前或之后的日期

语法格式：=EDATE(start_date,months)
语法释义：=EDATE(开始日期,月数)

参数说明：

参数	性质	说明	参数的设置原则
start_date	必需	表示开始日期	可以指定加双引号的表示日期的文本，或者引用包含日期的单元格。如果参数为日期以外的文本，则返回错误值"#VALUE!"
months	必需	表示开始日期之前或之后的月数	正数表示未来日期，负数表示过去日期。如果 months 不是整数，将截尾取整

提示：在计算第一个月后的相同日数或半年后的相同日数时，只需加、减相同日数的月数，就能简单地计算出来。但一个月可能有 31 天或 30 天。而且，2 月在闰年或不是闰年的计算就不同。此时，使用 EDATE 函数，能简单地计算指定月数后的日期。EDATE 函数的应用示例见下表。

公式示例	返回结果
=EDATE("1990/5/3",2)	1990/7/3
=EDATE("2000/12/20",5)	2001/5/20
=EDATE("2021/6/11",–3)	2021/3/11
=EDATE("2005 年 8 月 15 日 ",2)	2005/10/15
=EDATE("2020/5/1",2.99)	2020/7/1
=EDATE("2005.8.15",2)	"#VALUE!"（日期格式不正确）
=EDATE("2020/5/1",TRUE)	"#VALUE!"（月份值不是数字）

● 函数练兵：**根据商品生产日期以及保质期推算过期日期**

根据食品的生产日期和保质期可以计算出过期的日期，下面将使用 EDATE 函数完成这项计算。

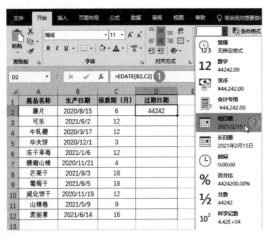

Step01：

输入公式并转换成日期格式

① 选择 D2 单元格，输入公式"=EDATE(B2,C2)"，按"Enter"键返回结果；

② 重新选择 D2 单元格，在"开始"选项卡中的"数字"组内单击"数字格式"下拉按钮，从下拉列表中选择"短日期"选项；

Step02:
填充公式

③ 将D2单元格中的公式向下方填充，即可根据生产日期和保质期，计算出商品的过期日期。

	A	B	C	D	E
1	商品名称	生产日期	保质期（月）	过期日期	
2	薯片	2020/8/15	6	2021/2/15	
3	可乐	2021/6/2	12	2022/6/2	
4	牛轧糖	2020/3/17	12	2021/3/17	
5	华夫饼	2020/12/1	3	2021/3/1	
6	冻干草莓	2021/1/6	12	2022/1/6	
7	糖霜山楂	2020/11/21	4	2021/3/21	
8	芒果干	2021/8/3	18	2023/2/3	
9	葡萄干	2021/6/5	18	2022/12/5	
10	威化饼干	2020/11/19	12	2021/11/19	
11	山楂卷	2021/5/9	9	2022/2/9	
12	麦丽素	2021/6/14	16	2022/10/14	
13				③	

D2 单元格公式：=EDATE(B2,C2)

函数 17 EOMONTH
——从序列号或文本中算出指定月最后一天的序列号

进行月末日期的计算时，因为一个月有31天或30天，而闰年的2月或不是闰年的2月最后一天不同，所以日期的计算也不同。使用EOMONTH函数，能简单地计算月末日。

语法格式：=EOMONTH(start_date,months)

语法释义：=EOMONTH(开始日期,月数)

参数说明：

参数	性质	说明	参数的设置原则
start_date	必需	表示开始日期	可以指定加双引号的表示日期的文本，或者引用包含日期的单元格。如果参数为日期以外的文本，则返回错误值"#VALUE!"
months	必需	表示开始日期之前或之后的月数	正数表示未来日期，负数表示过去日期。如果 months 不是整数，将截尾取整

● 函数练兵： 根据约定收款日期计算最迟收款日期

根据某公司要求，必须在约定的收款日期和延期收款月数的最后一天之前完成收款，下面将使用EOMONTH函数计算最迟还款日期。

Step01:
输入公式

① 选择D2单元格，输入公式"=EOMONTH(B2,C2)"，按"Enter"键返回计算结果；

Step02:
设置日期格式

② 此时返回的是数字形式的日期代码，需要将数字转换成日期格式。保持D2单元格为选中状态，按"Ctrl+1"组合键，打开"设置单元格格式"对话框，选择一个合适的日期格式；

Step03:
填充公式

③ 将D2单元格中的公式向下方填充，计算出延期收款的最迟收款日期。

提示：若要求必须在约定收款日期的当月的最后一天之前收款，可以使用公式"=EOMONTH(B2,0)"计算最迟收款日期。

C2			✕ ✓ fx	=EOMONTH(B2,0)	
	A	B	C	D	
1	收款项目	约定收款日期	最迟收款日期		
2	款项1	2021/9/10	2021/9/30		
3	款项2	2021/9/15	2021/9/30		
4	款项3	2021/9/20	2021/9/30		
5	款项4	2021/10/20	2021/10/31		
6	款项5	2021/10/15	2021/10/31		
7	款项6	2021/11/30	2021/11/30		
8	款项7	2021/11/20	2021/11/30		
9					

函数 18 WORKDAY
——从序列号或文本中算出指定工作日后的日期

使用WORKDAY函数，返回起始日期之前或之后相隔指定工作日的某一日期的日期值。

语法格式：=WORKDAY(start_date,days,holidays)

语法释义：=WORKDAY(开始日期,天数,假期)

参数说明：

参数	性质	说明	参数的设置原则
start_date	必需	表示开始日期	可以指定加双引号的表示日期的文本，或者引用包含日期的单元格。如果参数为日期以外的文本，则返回错误值"#VALUE!"
days	必需	表示开始日期之前或之后的非周末和非假日的天数	为start_date之前或之后不含周末及节假日的天数。days为正值将产生未来日期；为负值，则产生过去日期；如参数为–10，则表示10个工作日前的日期
holidays	可选	表示要从工作日历中去除的一个或多个日期	可以是一个或多个日期的可选组合，例如传统假期、国家法定假日及非固定假日。参数可以是包含日期的单元格区域，也可以是由代表日期的序列号所构成的数组常量。也可以省略此参数，省略时，用除去星期六和星期天的天数计算

函数练兵：根据开工日期和预计工作天数计算预计完工日期

根据各项工程任务的开始日期和预计工作天数，可计算出完成日期，下面将使用WORKDAY函数进行计算。

Step01：

计算不包含节假日的预计完工日期

① 选择D2单元格，输入公式"=WORKDAY(B2-1,C2)"。

② 将公式向下填充即可计算出去除周末的预计完工日期。

特别说明： WORKDAY函数是用来计算起始日期之后或之前的某个日期的，计算时要去除起始日期，因此本例公式中用B2-1，也就是开始日期的前一天来作为起始日期，这样才能获得准确的计算结果。

Step02：

计算包含节假日的完工日期

③ 若工作过程中包含假期，需要去除放假的天数。选择D2单元格，输入公式"=WORKDAY(B2-1,C2,$F$2:$F$8)"。

④ 随后向下方填充公式，即可计算出去除周末和假期的预计完工日期。

函数 19 DATE
——求以年、月、日表示的日期的序列号

DATE函数用于将分别输入在不同单元格中的年、月、日综合在一个单元格中进行表示，或在年、月、日为变量的公式中使用。

语法格式：=DATE(year,month,day)

语法释义：=DATE(年,月,日)

参数说明:

参数	性质	说明	参数的设置原则
year	必需	表示年份或者年份所在的单元格	年份的指定在 Windows 系统中范围为 1900 ~ 9999，在 Macintosh 系统中范围为 1904 ~ 9999。如果输入的年份为负数，函数返回错误值"#NUM！"。如果输入的年份数据带有小数，则只有整数部分有效，小数部分将被忽略
month	必需	表示月份或者月份所在的单元格	月份数值在 1 ~ 12 之间，如果输入的月份数据带有小数，那么小数部分将被忽略。如果输入的月份数据大于 12，那么月份将从指定年份的一月开始往上累加计算［例如 DATE(2008,14,2) 返回代表 2009 年 2 月 2 日的序列号］；如果输入的月份数据为 0，那么就以指定年份的前一年的 12 月来进行计算；如果输入月份为负数，那么就以指定年份的前一年的 12 月加上该负数来进行计算
day	必需	表示日或者日所在的单元格	如果日期大于该月份的最大天数，则将从指定月份的第一天开始往上累加计算。如果输入的日期数据为 0，那么就以指定月份的前一个月的最后一天来进行计算；如果输入日期为负数，那么就以指定月份的前一月的最后一天来向前追溯

● 函数练兵: **根据给定年份和月份计算最早和最迟收款日期**

根据给定的年份和月份可计算出当月的第一天和最后一天的日期。下面将使用 DATE 函数完成计算。

Step01：
计算指定年份各月份的第一天

① 选择 C2 单元格，输入公式 "=DATE(A2,B2,0)+1"。
② 将公式向下填充，即可根据指定年份和月份计算出第一天的日期。

	A	B	C	D	E
1	年份	月份	月初收款 （最早收款日期）	月末收款 （最迟收款日期）	
2	2021	1	2021/1/1	2021/1/31	
3	2021	2	2021/2/1	2021/2/28	
4	2021	3	2021/3/1	2021/3/31	
5	2021	4	2021/4/1	2021/4/30	
6	2021	5	2021/5/1	2021/5/31	
7	2021	6	2021/6/1	2021/6/30	
8	2021	7	2021/7/1	2021/7/31	
9	2021	8	2021/8/1	2021/8/31	
10	2021	9	2021/9/1	2021/9/30	
11	2021	10	2021/10/1	2021/10/31	
12	2021	11	2021/11/1	2021/11/30	
13	2021	12	2021/12/1	2021/12/31	
14					

D2 ｜ =DATE(A2,B2+1,0) ③

Step02：

计算指定年份各月份的最后一天

③ 选择D2单元格，输入公式"=DATE(A2,B2+1,0)"。

④ 将公式向下填充，即可根据指定年份和月份计算出最后一天的日。

特别说明：DATE 函数的第三个参数为 0 或忽略时，会返回给定月份的上一个月的最后一天的日期，例如公式"=DATE(2021,8,0)"所返回的日期即为"2021/7/31"。

所以在公式的最后加"1"，就表示上个月的最后一天再加1天，返回结果为当前月的第一天；而在"月"参数后面加"1"则表示加1个月，公式返回当前月的最后一天。

函数 20 TIME

——求某一特定时间的小数值

TIME 函数是将输入在各个单元格内的小时、分、秒作为时间统一为一个数值，返回特定时间的小数值。

语法格式： =TIME(hour,minute,second)

语法释义： =TIME(小时, 分, 秒)

参数说明：

参数	性质	说明	参数的设置原则
hour	必需	用数值或数值所在的单元格指定表示小时的数值	在 0 ～ 23 之间指定小时数。忽略小数部分
minute	必需	用数值或数值所在的单元格指定表示分钟的数值	在 0 ～ 59 之间指定分钟数。忽略小数部分
second	必需	用数值或数值所在的单元格指定表示秒的数值	在 0 ～ 59 之间指定秒数。忽略小数部分

● 函数练兵： **根据给定的时、分、秒参数返回具体时间**

下面将使用TIME函数根据给定的小时、分钟以及秒数值返回具体的时间值。

① 选择D2单元格，输入公式"=TIME(A2,B2,C2)"。

② 将公式向下填充，即可得到具体的时间值。

提示：公式返回的时间格式可以根据需要进行修改。选择包含时间值的单元格后，按"Ctrl+1"组合键，打开"设置单元格格式"对话框，在"数字"选项卡中即可设置时间格式。

函数 21 DATEVALUE
——将日期值从字符串转换为序列号

语法格式：=DATEVALUE(date_text)

语法释义：=DATEVALUE(日期字符串)

参数说明：

参数	性质	说明	参数的设置原则
date_text	必需	表示一个日期	可以是与 Excel 日期格式相同的文本，并加双引号，例如"2021/1/5"或"1月5日"之类的文本。输入日期以外的文本，或指定 Excel 日期格式以外的格式，则返回错误值"#VALUE!"。如果指定的数值省略了年数，则为当前的年数

● 函数练兵：**将文本形式的年份、月份以及日信息转换成标准日期格式**

下面将使用DATEVALUE函数把文本形式的年、月、日信息转换成标准日期格式。

Step01：
输入公式

① 选择D4单元格，输入公式"=DATEVALUE($B$2&$D$2&C4)"，按"Enter"键返回计算结果；
② 将公式结果更改成标准日期格式；

Step02：
填充公式

③ 将D4单元格的公式向下方填充，至D8单元格，完成所有出库日期的转换。

函数 22 TIMEVALUE
——提取由文本字符串所代表的时间的小数值

语法格式：=TIMEVALUE(time_text)
语法释义：=TIMEVALUE(时间字符串)
参数说明：

参数	性质	说明	参数的设置原则
time_text	必需	表示一个时间	可以是与 Excel 时间格式相同的文本，并加双引号，例如"15:10"或"15 时 30 分"的文本。但输入时间以外的文本，则返回错误值"#VALUE!"。忽略时间文本中包含的日期信息

● 函数练兵：**根据规定下班时间和实际下班时间计算加班时长**

下面将使用TIMEVALUE函数根据规定的下班时间以及实际下班时间计算加班的时长。

Step01:
输入公式

① 选择F2单元格，输入公式"=TIMEVALUE(D2&E2)-TIMEVALUE(B2&C2)"，按"Enter"键返回计算结果。

② 此时返回的是代表时间值的数字，用户可通过更改单元格格式，将数字转换成标准时间格式。

F2		× ✓ fx	=TIMEVALUE(D2&E2)-TIMEVALUE(B2&C2) ①			
	A	B	C	D	E	F	G
1	姓名	下班时间		实际打卡时间		加班时间	
2	李雷	17时	30分	19时	20分	0.076388889	
3	韩梅梅	17时	30分	17时	32分	②	
4	周舒克	17时	30分	21时	18分		
5	夏贝塔	17时	30分	19时	40分		
6	刘毛毛	17时	30分	20时	50分		
7	张晓霞	17时	30分	18时	17分		
8	马良	17时	30分	18时	39分		
9	孙青	17时	30分	20时	6分		
10	刘宇远	17时	30分	20时	42分		
11	刘佩琪	17时	30分	17时	22分		
12	赵肖恩	17时	30分	28时	28分		
13							

Step02:
填充公式

③ 将F2单元格中的公式向下方填充，即可计算出加班时间。

特别说明：当实际下班时间早于规定下班时间时，文本格式的日期超出正常的时间范围，将返回"#"符号以及"#VALUE!"错误值。

F2		× ✓ fx	=TIMEVALUE(D2&E2)-TIMEVALUE(B2&C2)			
	A	B	C	D	E	F	G
1	姓名	下班时间		实际打卡时间		加班时间	
2	李雷	17时	30分	19时	20分	1:50:00	
3	韩梅梅	17时	30分	17时	32分	0:02:00	
4	周舒克	17时	30分	21时	18分	3:48:00	
5	夏贝塔	17时	30分	19时	40分	2:10:00	
6	刘毛毛	17时	30分	20时	50分	3:20:00	
7	张晓霞	17时	30分	18时	17分	0:47:00	
8	马良	17时	30分	18时	39分	1:09:00	
9	孙青	17时	30分	20时	6分	2:36:00	
10	刘宇远	17时	30分	20时	42分	3:12:00	
11	刘佩琪	17时	30分	17时	22分	##########	
12	赵肖恩	17时	30分	28时	28分	#VALUE!	
13						③	

函数 23 DATESTRING
——将指定日期的序列号转换为文本日期

DATESTRING函数可以将指定的日期序列号转换为文本格式的日期。此函数是隐藏函数,不能从"插入函数"对话框中输入,所以使用时,必须直接输入到单元格。

语法格式: =DATESTRING(serial_number)

语法释义: =DATESTRING(日期字符串)

参数说明:

参数	性质	说明	参数的设置原则
serial_number	必需	表示一个日期值	可以指定加双引号的表示日期的文本,例如"2021年10月1日"。如果参数为日期以外的文本,则返回错误值"#VALUE!"

● 函数练兵: **将指定日期转换成文本格式**

下面将使用DATESTRING函数把指定的日期转换成文本格式的日期。

B2	▼	× ✓ fx	=DATESTRING(A2) ❶

▲	A	B	C	D
1	日期	转换成文本格式		
2	2021/5/1	21年05月01日		
3	2021/10/20	21年10月20日		
4	2022年3月2日	22年03月02日		
5	2022-11-08	22年11月08日		
6	36872	00年12月12日		
7		❷		

① 选择B2单元格,输入公式"=DATESTRING(A2)"。

② 将公式向下填充,即可将对应的日期转换成文本格式的日期。

● 函数组合应用: **DATESTRING+DATEVALUE——将文本字符组合成日期**

下面将使用DATESTRING函数与DATEVALUE函数嵌套编写公式将各产品的出库年、月、日信息组合成文本格式的日期。

① 选择D4单元格，输入公式
"=DATESTRING(DATEVALUE
($B$2&$D$2&C4))"。
② 将公式向下填充，即可提取出所
有产品的出库日期。

| D4 | | : | × | ✓ | fx | =DATESTRING(DATEVALUE($B$2&$D$2&C4)) | ❶ |

A	B	C	D	E	F
		出库表			
年份	2021年	月份	8月		
订单编号	产品名称	出库日	出库日期		
2101001	茉莉花茶	3日	21年08月03日		
2101002	西湖龙井	5日	21年08月05日		
2101003	云南普洱	7日	21年08月07日		
2101004	白毫银针	12日	21年08月12日		
2101005	六安瓜片	12日	21年08月12日 ❷		

第 **8** 章
财务函数的应用

扫码观看
本章视频

　　使用财务函数可以进行简单的财务计算，例如确定贷款的支付额、投资的未来值或净现值以及债券或息票的价值等。Excel财务函数大致可以分为4类：投资计算函数、折旧计算函数、偿还率计算函数、债券及其他金融函数。下面将对财务函数的分类、用途以及相关注意事项进行介绍。

财务函数速查表

　　财务函数的类型及作用见下表。

函数	作用
ACCRINT	返回定期付息证券的应计利息
ACCRINTM	返回在到期日支付利息的有价证券的应计利息
AMORDEGRC	返回每个结算期间的折旧值
AMORLINC	返回每个结算期间的折旧值
COUPDAYBS	返回从付息期开始到结算日的天数
COUPDAYS	返回结算日所在的付息期的天数
COUPDAYSNC	返回从结算日到下一票息支付日之间的天数
COUPNCD	返回一个表示在结算日之后下一个付息日的数字
COUPNUM	返回在结算日和到期日之间的付息次数，向上舍入到最近的整数
COUPPCD	返回表示结算日之前的上一个付息日的数字
CUMIPMT	返回一笔贷款在给定的 start_period 到 end_period 期间累计偿还的利息数额
CUMPRINC	返回一笔贷款在给定的 start_period 到 end_period 期间累计偿还的本金数额
DB	使用固定余额递减法，计算一笔资产在给定期间内的折旧值
DDB	用双倍余额递减法或其他指定方法，返回指定期间内某项固定资产的折旧值

函数	作用
DISC	返回有价证券的贴现率
DOLLARDE	将以整数部分和分数部分表示的价格（例如 1.02）转换为以小数部分表示的价格
DOLLARFR	使用 DOLLARFR 将小数转换为分数表示的金额数字，如证券价格
DURATION	用于计量债券价格对于收益率变化的敏感程度
EFFECT	利用给定的名义年利率和每年的复利期数，计算有效的年利率
FV	FV 是一个财务函数，用于根据固定利率计算投资的未来值
FVSCHEDULE	返回应用一系列复利率计算的初始本金的未来值
INTRATE	返回完全投资型证券的利率
IPMT	基于固定利率及等额分期付款方式，返回给定期数内对投资的利息偿还额
IRR	返回由值中的数字表示的一系列现金流的内部收益率
ISPMT	计算利率支付（或接收）给定期间内的贷款（或投资）甚至本金付款
MDURATION	返回假设面值 ¥100 的有价证券的 Macauley 修正期限
MIRR	返回一系列定期现金流的修改后内部收益率 MIRR 同时考虑投资的成本和现金再投资的收益率
NOMINAL	基于给定的实际利率和年复利期数，返回名义年利率
NPER	基于固定利率及等额分期付款方式，返回某项投资的总期数
NPV	使用贴现率和一系列未来支出（负值）和收益（正值）来计算一项投资的净现值
ODDFPRICE	返回首期付息日不固定（长期或短期）的面值 ¥100 的有价证券价格
ODDFYIELD	返回首期付息日不固定的有价证券（长期或短期）的收益率
ODDLPRICE	返回末期付息日不固定的面值 ¥100 的有价证券（长期或短期）的价格
ODDLYIELD	返回末期付息日不固定的有价证券（长期或短期）的收益率
PDURATION	返回投资到达指定值所需的期数
PMT	根据固定付款额和固定利率计算贷款的付款额
PPMT	返回根据定期固定付款和固定利率而定的投资在已知期间内的本金偿付额
PRICE	返回定期付息的面值 ¥100 的有价证券的价格
PRICEDISC	返回折价发行的面值 ¥100 的有价证券的价格
PRICEMAT	返回到期付息的面值 ¥100 的有价证券的价格
PV	根据固定利率计算贷款或投资的现值
RATE	返回年金每期的利率
RECEIVED	返回一次性付息的有价证券到期收回的金额

函数	作用
RRI	返回投资增长的等效利率
SLN	返回一个期间内的资产的直线折旧
SYD	返回在指定期间内资产按年限总和折旧法计算的折旧
TBILLEQ	返回国库券的等效收益率
TBILLPRICE	返回面值 ¥100 的国库券的价格
TBILLYIELD	返回国库券的收益率
VDB	使用双倍余额递减法或其他指定方法，返回一笔资产在给定期间（包括部分期间）内的折旧值
XIRR	返回一组不一定定期发生的现金流的内部收益率
XNPV	返回一组现金流的净现值，这些现金流不一定定期发生
YIELD	返回定期支付利息的债券的收益。函数 YIELD 用于计算债券收益率
YIELDDISC	返回折价发行的有价证券的年收益率
YIELDMAT	返回到期付息的有价证券的年收益率

提示：在使用财务函数过程中，由于需要得到不同形式的计算结果，所以必须首先设定单元格格式。

财务函数中的参数是否应该带负号是经常容易混淆的问题。Excel 把流入资金看作正数计算，流出资金看作负数计算。储蓄时，支付现金看作流出资金，收到现金看作流入资金。参数中加不加负号会得到完全不同的计算结果，所以必须注意参数符号的指定。

函数 1 RATE

——计算年金的各期利率

使用RATE函数，可以求出贷款或储蓄的利息。用于计算的利息与支付期数是相对应的，所以如果按月支付，则计算一个月的利息。

语法格式：=RATE(nper,pmt,pv,fv,type,guess)

语法释义：=RATE(支付总期数,定期支付额,现值,终值,是否期初支付,预估值)

参数说明：

参数	性质	说明	参数的设置原则
nper	必需	表示用单元格、数值或公式指定结束贷款或储蓄时的总次数	如果指定为负数，则返回错误值"#NUM!"
pmt	必需	表示用单元格或数值指定各期付款额	在整个期间内的利息和本金的总支付额不能使用RATE函数来计算。不能同时省略参数pmt和pv
pv	必需	表示用单元格或数值指定支付当前所有余额的金额	如果省略，则假设该值为0
fv	可选	表示用单元格或数值指定最后一次付款时的余额	如果省略，则假设该值为0。指定负数，则返回错误值"#NUM!"
type	可选	表示指定各期的付款时间是在期初还是期末	期初支付指定值为1，期末支付指定值为0。省略支付时间，则假设其值为零。指定负数，则返回错误值"#NUM!"
guess	可选	表示大概利率	如果省略参数guess，则假设该值为10%

● 函数练兵：**用RATE函数计算贷款的月利率和年利率**

下面将使用RATE函数根据贷款总额、贷款期数以及每月还款额计算贷款的月利率以及年利率。

Step01：
计算贷款的月利率

① 选择B4单元格，输入公式"=RATE(B1,B2,B3,0,0)"。

② 按下"Enter"键，计算出当前贷款的月利率。

计算贷款的年利率

③ 选择B5单元格，输入公式"=RATE(B1,B2,B3,0,0)*12"。

④ 按下"Enter"键，即可计算出当前贷款的年利率。

提示：由于RATE函数是计算与期数相对应的利率，故本例先计算出每月的利率，再乘以12即得出年利率。如果每半年偿还贷款，计算的结果则为半年的利率，乘以2得出年利率。

函数2 EFFECT

——计算实际的年利率

语法格式：=EFFECT(nominal_rate,npery)

语法释义：=EFFECT(单利率,复利率期数)

参数说明：

参数	性质	说明	参数的设置原则
nominal_rate	必需	表示单利率	如果参数小于 0，则返回错误值 "#NUM！"
npery	必需	表示每年的复利率期数	如果参数小于 1，则返回错误值 "#NUM！"

● 函数练兵：**计算实际年利率**

下面将使用EFFECT函数，根据名义年利率以及每年的复利率期数计算实际年利率。

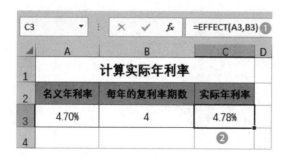

① 选择C3单元格，输入公式"=EFFECT(A3,B3)"。

② 按下"Enter"键，计算出实际年利率。

提示：默认情况下EFFECT函数的返回值是普通数字而不是百分比格式。用户可通过"设置单元格格式"对话框将数字转换成百分比格式，并设置小数的位数。

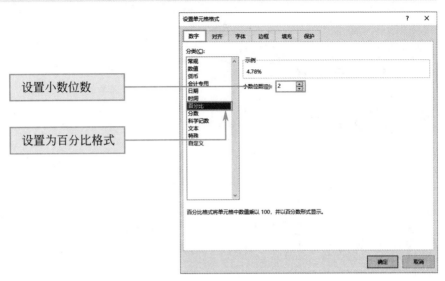

函数 3 NOMINAL

——计算名义利率

NOMINAL函数用于计算贷款等名义利率。名义利率并不是投资者能够获得的真实收益，还与货币的购买力有关。如果发生通货膨胀，投资者所得的货币会贬值。因此，投资者所获得的真实收益必须剔除通货膨胀的影响，这就是实际利率。

语法格式：=NOMINAL(effect_rate,npery)

语法释义：=NOMINAL(有效利率,复利率期数)

参数说明：

参数	性质	说明	参数的设置原则
effect_rate	必需	表示用单元格或数值指定实际的年利率	如果指定小于 0 的数值，则返回错误值"#NUM！"
npery	必需	表示每年的复利率期数	如果指定小于 1 的数值，则返回错误值"#NUM！"

● 函数练兵： 求以复利计算的证券产品的名义利率

下面将使用NOMINAL函数求以复利率计算的名义利率。

① 选择B4单元格，输入公式"=NOMINAL(B2,B3)"。
② 将公式向右侧填充，计算出A证券和B证券的名义利率。

函数 4 PV
——计算投资的现值

PV函数用于计算定期内固定支付的贷款或储蓄等的现值。支付期内，把固定的支付额和利率作为前提。由于用负数指定支出，因此定期支付额、期值的指定方法是重点。

语法格式： =PV(rate,nper,pmt,fv,type)
语法释义： =PV(利率,支付总期数,定期支付额,终值,是否期初支付)
参数说明：

参数	性质	说明	参数的设置原则
rate	必需	表示各期利率	可以直接输入带%的数值或是数值所在单元格的引用。rate和nper的单位必须一致。由于通常用年利率表示利率，因此如果按年利率2.5%支付，则月利率为2.5%/12。如果指定负数，则返回错误值"#NUM!"
nper	必需	表示指定付款期总数	可以使用数值或引用数值所在的单元格。例如，10年期的贷款，如果每半年支付一次，则nper为10×2，5年期的贷款，如果按月支付，则nper为5×12。如果指定负数，则返回错误值"#NUM!"
pmt	必需	表示各期所应支付的金额，其数值在整个年金期间保持不变	通常，pmt包括本金和利息，但不包括其他的费用及税款。如果pmt＜0，则返回正值

参数	性质	说明	参数的设置原则
fv	可选	表示未来值，或在最后一次付款后希望得到的现金余额	如果省略 fv，则假设其值为零
type	可选	用以指定付息方式是在期初或是期末	指定 1 为期初支付，指定 0 为期末支付。如果省略，则指定为期末支付

● 函数练兵 1： **计算银行贷款的总金额**

下面将使用PV函数根据利率、还款期数以及定期还款额等信息计算银行贷款的总金额。

① 选择B6单元格，输入公式"=PV(B2/12,B3*12,-B4,0,0)"。
② 按"Enter"键，即可计算出贷款的总金额。

提示：在Excel中负号表示支出，正号表示收入。接受现金时，则用正号；用现金偿还贷款时，则用负号。求贷款的现值时，最好用负数表示计算结果，用正数指定定期支付额。

● 函数练兵 2： **计算投资的未来现值**

PV函数还可以计算投资的现值。下面将根据指定年回报率、支付月数以及每月支付金额，计算投资的未来现值。

① 选择B6单元格，输入公式"=PV(B2/12,B3,-B4,0,1)"。
② 按"Enter"键即可计算出这笔投资的未来现值。

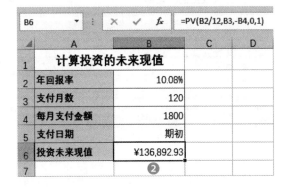

函数 **5** NPV

——基于一系列现金流和固定贴现率，
返回净现值

NPV函数是基于一系列现金流和固定贴现率，返回一项投资的净现值。净现值是现金流量的结果，是未来相同时间内现金流入量与现金流出量之间的差值。而且，现金流量必须在期末产生。

语法格式：=NPV(rate,value1,value2,…)
语法释义：=NPV(贴现率,收益1,收益2,…)
参数说明：

参数	性质	说明	参数的设置原则
rate	必需	表示某一期间的贴现率，是一个固定值	用单元格或数值指定现金流量的贴现率，如果指定为数值以外的值，则返回错误值"#VALUE!"
value1	必需	表示第一个支出及收入参数	value1,value2,…在时间上必须具有相等间隔，并且都发生在期末。支出用负号，流入用正号
value2,…	可选	表示其他支出及收入参数	最多可设置254个支出及收入参数

● 函数练兵： **计算投资的净现值**

下面将使用NPV函数根据利率以及各期的投资和收益额计算净现值。

B8		:	× ✓ fx	=NPV(B2,B3,B4,B5,B6,B7) ❶

▲	A	B	C	D
1	**计算投资的净现值**			
2	利率	8.05%		
3	第1年投资	-20000		
4	第2年投资	-20000		
5	第1年收益	10000		
6	第2年收益	15000		
7	第3年收益	30000		
8	净现值	¥3,661.80		
9		❷		

① 选择B8单元格，输入公式"=NPV(B2,B3,B4,B5,B6,B7)"。
② 按"Enter"键即可计算出投资的净现值。

函数 **6** **XNPV**
——基于不定期发生的现金流，返回它的净现值

XNPV函数用于计算不定期内发生现金流量的净现值。XNPV函数中的现金流量和日期的指定方法是重点。

语法格式：=XNPV(rate,values,dates)
语法释义：=XNPV(贴现率,现金流,日期流)
参数说明：

参数	性质	说明	参数的设置原则
rate	必需	表示用单元格或数值指定用于计算现金流量的贴现率	如果指定负数，则返回错误值"#NUM!"
values	必需	表示用单元格区域指定计算的资金流量	如果单元格内容为空，则返回错误值"#VALUE!"
dates	必需	表示发生现金流量的日期	如果现金流量和支付日期的顺序相对应，则不必指定发生的顺序。如果起始日期不是最初的现金流量，则返回错误值"#NUM!"

提示：所谓净现值是现金流量的结果，是未来相同时间内现金流入量与现金流出量之间的差值。如果将相同的贴现率用于XNPV函数的结果中，只能看到相同金额的期值。如果此函数结果为负数，则表示投资的本金为负数。

● 函数练兵：**计算一组现金流的净现值**

下面将使用XNPV函数根据贴现率、现金流以及日期流计算这组现金流的净现值。

① 选择C9单元格，输入公式"=XNPV(B2,B3:B8,C3:C8)"。
② 按"Enter"键，即可求出这一组现金流的净现值。

提示：现金流可以是不定期的，如果XNPV函数的日期和现金流量相对应，则没必要按顺序指定。

	A	B	C	D
	信息	值	日期	
1				
2	贴现率	10%		
3	投资金额	¥200,000.00	2020/5/1	
4	第1笔本息	¥15,000.00	2020/6/20	
5	第2笔本息	¥20,000.00	2020/8/15	
6	第3笔本息	¥23,000.00	2020/9/1	
7	第4笔本息	¥31,000.00	2020/11/1	
8	第5笔本息	¥38,000.00	2021/2/10	
9	现金流的净现值		¥321,352.92	
10				

C9 ✕ ✓ *fx* =XNPV(B2,B3:B8,C3:C8) ①

函数 **7** **FV**

——基于固定利率及等额分期
付款方式，返回期值

FV函数是基于固定利率及等额分期付款方式，返回它的期值。用负号指定支出
值，用正号指定流入值。如何指定定期支付额和现值是此函数的重点。

语法格式：=FV(rate,nper,pmt,pv,type)

语法释义：=FV(利率,支付总期数,定期支付额,现值,是否期初支付)

参数说明：

参数	性质	说明	参数的设置原则
rate	必需	表示各期利率	可以直接输入带 % 的数值或是引用数值所在单元格。rate 和 nper 的单位必须一致。由于通常用年利率表示利率，因此如果按年利率 2.5% 支付，则月利率为 2.5%/12。如果指定负数，则返回错误值"#NUM！"
nper	必需	表示付款期总数	用数值或数值所在的单元格指定。例如，10 年期的贷款，如果每半年支付一次，则 nper 为 10×2；5 年期的贷款，如果按月支付，则 nper 为 5×12。如果指定负数,则返回错误值"#NUM！"
pmt	必需	表示各期所应支付的金额	其数值在整个年金期间保持不变。通常，pmt 包括本金和利息，但不包括其他的费用及税款。如果 pmt ＜ 0，则返回正值
pv	可选	表示现值，即从该项投资开始计算时已经入账的款项，或一系列未来付款当前值的累积和，也称为本金	如果省略 PV，则假设其值为零，并且必须包括 pmt 参数
type	可选	用以指定付息方式是在期初或是期末	指定 1 为期初支付，指定 0 为期末支付。如果省略，则指定为期末支付

● 函数练兵：**计算银行储蓄的本金与利息总和**

下面将使用FV函数根据银行的年利率、每月固定存款金额以及存款期数计算多
笔存款在指定期数后的本金与利息总和。

① 选择E2单元格，输入公式"=FV(B2,C2,-D2*12,0)"。

② 将公式向下填充，计算出所有存款项目的本金和利率总金额。

	A	B	C	D	E	F
	E2				fx	=FV(B2,C2,-D2*12,0) ①
1	存款项目	年利率	存款年限	每月存款金额	本金+利率总额	
2	存款1	3.20%	5	¥3,000.00	¥191,894.58	
3	存款2	0.80%	10	¥3,000.00	¥373,240.39	
4	存款3	4.10%	20	¥3,000.00	¥1,083,202.47	
5	存款4	1.50%	8	¥3,000.00	¥303,582.21	
6					②	

提示：存款时，通常用负号指定定期支付额和现值。但是，若以负数为计算结果，则要保持这两个参数为正数。

函数 8

FVSCHEDULE
——计算应用一系列复利后，初始本金的终值

在用复利计算变动利率的情况下，可以使用函数FVSCHEDULE求出投资的期值。利率的指定方法为此函数的重点。

语法格式：=FVSCHEDULE(principal,schedule)

语法释义：=FVSCHEDULE(投资现值,利率数组)

参数说明：

参数	性质	说明	参数的设置原则
principal	必需	表示投资的现值	可以引用单元格中的值或指定数值
schedule	必需	表示要应用的利率组合	用如果指定数值以外的数组，则返回错误值"#VALUE!"。空白单元格作为0计算

● 函数练兵：**计算投资的期值**

下面将使用FVSCHEDULE函数计算一笔投资在指定的利率数组下累积的本金是多少。

① 选择D2单元格，输入公式"=FVSCHEDULE(B1,B2:B9)"。

② 按"Enter"键，即可计算出累积的本金。

	A	B	C	D	E
	D2			fx	=FVSCHEDULE(B1,B2:B9) ①
1	本金	¥50,000.00		累积的本金	
2	利息1	1.20%		65160.00902	
3	利息2	2.30%		②	
4	利息3	0.90%			
5	利息4	4.50%			
6	利息5	3.62%			
7	利息6	5.55%			
8	利息7	3.76%			
9	利息8	5.20%			
10					

NPER

——求某项投资的总期数

NPER 函数是基于固定利率及等额分期付款方式，返回某项投资的总期数。若是将固定利率、等额支付本金和利率作为条件求有价证券利息的支付次数，可使用 COUPNUM 函数。

语法格式：=NPER(rate,pmt,pv,fv,type)

语法释义：=NPER(利率,定期支付额,现值,终值,是否期初支付)

参数说明：

参数	性质	说明	参数的设置原则
rate	必需	表示各期利率	可以直接输入带 % 的数值或是数值所在单元格的引用。由于通常用年利率表示利率，所以如果按年利率2.5%支付，则月利率为2.5%/12。如果指定负数，则返回错误值"#NUM!"
pmt	必需	表示各期所应支付的金额，其数值在整个年金期间保持不变	通常，pmt 包括本金和利息，但不包括其他的费用及税款。如果 pmt < 0，则返回错误值"#NUM!"
pv	必需	表示现值，即从该项投资开始计算时已经入账的款项，或一系列未来付款当前值的累积和，也称为本金	如果 pv < 0，则返回错误值"#NUM!"
fv	可选	表示未来值，或在最后一次付款后希望得到的现金余额	如果省略 fv，则假设其值为零。如果 fv < 0，则返回错误值"#NUM!"
type	可选	表示指定付息方式是在期初或是期末	期初支付指定为1，期末支付指定为0。如果省略，则指定为期末支付。如果 type 不是数字 0 或 1，则函数返回错误值"#NUM!"

● 函数练兵：求期值达到30万时投资的总期数

下面将使用NPER函数根据给定的信息计算期值达到30万时的投资总期数。

① 选择B2单元格，输入公式
"=NPER(B2/12,-B3,-B4,B5,0)"。
② 按"Enter"键即可求出达到目标
期值时的投资总期数。

投资信息	数值
年利率	11.80%
每期支付金额	¥2,200.00
现值	¥50,000.00
期值	¥300,000.00
支付时间	期末
投资总期数	66.30722466

=NPER(B2/12,-B3,-B4,B5,0)

● 函数组合应用：**NPER+ROUNDUP——计算达到目标期值时的整期数**

使用NPER函数计算投资期数时可能会返回小数，而实际上偿还小数次数是不可能的，所以这里使用ROUNDUP函数将返回的小数值向上取整到最接近的整数。

① 选择B7单元格，输入公式
"=ROUNDUP(NPER(B2/12,-B3,-B4,B5,0),0)"。
② 按"Enter"键即可返回整数的投资总期数。

投资信息	数值
年利率	11.80%
每期支付金额	¥2,200.00
现值	¥50,000.00
期值	¥300,000.00
支付时间	期末
投资总期数	67

=ROUNDUP(NPER(B2/12,-B3,-B4,B5,0),0)

提示：投资或贷款等，必须连续支付到目的金额时，按照反复操作的计算结果，求最后支付的次数。本例函数组合应用中NPER函数的计算结果是66.30722466，在第66次支付金额时，还不能达到30万元，所以需要支付第67次。

函数 10 COUPNUM
——计算成交日和到期日之间的付息次数

COUPNUM函数用于返回在成交日和到期日之间的付息次数，并向上舍入到最近的整数。使用此函数的要点是年付息次数的指定。如果要求达到目标金额的支付次数，可以使用NPER函数。

语法格式：=COUPNUM(settlement,maturity,frequency,basis)

语法释义：=COUPNUM(成交日,到期日,年付息次数,基准选项)

参数说明：

参数	性质	说明	参数的设置原则
settlement	必需	表示用单元格、文本、日期、序列号或公式指定证券成交日期	如果指定日期以外的数值，则返回错误值"#VALUE!"
maturity	必需	表示用单元格、文本、日期、序列号或公式指定证券偿还日期	如果指定日期以外的数值，则返回错误值"#VALUE!"
frequency	必需	表示用数值或单元格指定年利息的支付次数	如果指定值为1，则一年支付一次，如果指定值为2，则每半年支付一次，如果指定4，每3个月支付一次。如果指定1、2、4以外的值，则返回错误值"#NUM!"
basis	可选	表示用单元格或数值指定计算日期的方法	如果指定值0，则为30/360（NASD方式），如果指定1，则为实际日数/实际日数，如果指定2，则变为实际日数/360，指定3，则为实际日数/365，指定4，则为30/360（欧洲方式）。如果省略数值，则假定为0，如果指定0～4以外的数值，则返回错误值"#NUM!"

● 函数练兵：**计算债券的付息次数**

下面将使用COUPNUM函数根据给定的结算日、到期日、年付息次数等信息计算证券的付息次数。

B6	▼	⁝	×	✓	fx	=COUPNUM(B2,B3,B4,B5) ❶
▲	A	B	C	D		
1	证券信息	数值				
2	结算日	2020/6/2				
3	到期日	2021/9/1				
4	按季度支付	4				
5	基准	1				
6	债券的付息次数	5				
7		❷				

① 选择B6单元格，输入公式"=COUPNUM(B2,B3,B4,B5)"。

② 按"Enter"键，求出给定信息下的债券付息次数。

函数 11 PDURATION
——求投资到达指定值所需的期数

语法格式: =PDURATION(rate,pv,fv)

语法释义: =PDURATION(利率,现值,未来值)

参数说明:

参数	性质	说明	参数的设置原则
rate	必需	表示每期利率	必须为正数,如果参数值无效将返回错误值"#NUM!",如果参数没有使用有效的数据类型,则会返回错误值"#VALUE!"
pv	必需	表示投资的现值	同上
fv	必需	表示所需的投资未来值	同上

● 函数练兵: **求投资达到50万所需的年限**

下面将使用PDURATION函数根据给定的年利率、现值以及未来值计算投资达到未来值所需的年数以及月数。

Step01:

按年为单位计算期数

① 选择B5单元格,输入公式"=PDURATION(B2,B3,B4)"。

② 按"Enter"键,计算出达到目标未来值所需的年数。

	B5	:	× ✓ fx	=PDURATION(B2,B3,B4) ❶
	A	B	C	D
1	投资信息	数据		
2	年利率	3.50%		
3	现值	¥350,000.00		
4	未来值	¥500,000.00		
5	所需期数(年)	10.36802767		
6	所需期数(月)	❷		
7				

Step02:

按月为单位计算期数

③ 选择B5单元格,输入公式"=PDURATION(B2/12,B3,B4)"。

④ 按"Enter"键,计算出达到目标未来值所需的月数。

	B6	:	× ✓ fx	=PDURATION(B2/12,B3,B4) ❸
	A	B	C	D
1	投资信息	数据		
2	年利率	3.50%		
3	现值	¥350,000.00		
4	未来值	¥500,000.00		
5	所需期数(年)	10.36802767		
6	所需期数(月)	122.4668031		
7		❹		

第8章

函数 12 PMT
——基于固定利率，返回贷款的每期等额付款额

PMT 函数用于计算为达到储存额每次必须储存的金额，或在特定期间内要偿还完贷款每次必须偿还的金额。PMT 函数既可用于贷款，也可用于储蓄。现值和期值的指定方法是此函数的重点。

语法格式：=PMT(rate,nper,pv,fv,type)

语法释义：=PMT(利率,支付总期数,现值,中值,是否期初支付)

参数说明：

参数	性质	说明	参数的设置原则
rate	必需	表示期间内的利率	rate 和 nper 的单位必须一致。因为通常用年利率表示利率，如果按月偿还，则除以 12；如果每两个月偿还，则除以 6；每三个月偿还，则除以 4
nper	必需	表示付款期总数	如果按月支付，是 25 年期，则付款期总数是 25×12；按每半年支付，如果是 5 年期，则付款期总数是 5×2
pv	必需	表示各期所应支付的金额	其数值在整个年金期间保持不变
fv	可选	贷款的付款总数结束后的金额	最后贷款的付款总数结束时的贷款余额或储蓄额。如果省略此参数，则假设其值为零
type	可选	各期的付款时间是在期初还是在期末	在各期的期初支付称为期初付款，各期的最后时间支付称为期末付款，期初指定为 1，期末指定为 0。如果省略此参数，则假设其值为 0

● 函数练兵： **计算贷款的每月偿还额**

下面将使用 PMT 函数根据给定的利息、当前本金、贷款年限以及支付方式计算贷款的每月偿还额。

B6		× ✓ fx	=PMT(B2,B4*12,B3,0,0) ❶		
	A	B	C	D	E
1	贷款信息	数据			
2	月利息	0.68%			
3	当前本金	-50000			
4	贷款期限（年）	3			
5	支付方式	期末			
6	每月偿还额	¥1,570.51			
7		❷			

① 选择 B6 单元格，输入公式"=PMT(B2,B4*12,B3,0,0)"。

② 按"Enter"键，即可计算出每月偿还额。

提示：若支付时间为期初，那么可以将计算每月偿还额的公式修改为"=PMT(B2,B4*12,B3,0,1)"。

第5个参数值为1表示期初付款

| B6 | ▼ | : | × ✓ fx | =PMT(B2,B4*12,B3,0,1) |

	A	B	C	D	E
1	贷款信息	数据			
2	月利息	0.68%			
3	当前本金	-50000			
4	贷款期限（年）	3			
5	支付方式	期初			
6	每月偿还额	¥1,559.90			
7					

可以看出期末付款和期初付款每月的偿还额有所差别

函数 13 PPMT

——求偿还额的本金部分

PPMT函数用于计算支付的本金。对于等额本息还款方法来讲，每次的支付额（本金和利息的和）是一定的，随着支付的推进，内容也在发生变化。因此，使用此函数时，期次不能指定错。

语法格式：=PPMT(rate,per,nper,pv,fv,type)

语法释义：=PPMT(利率,期数,支付总期数,现值,终值,是否期初支付)

参数说明：

参数	性质	说明	参数的设置原则
rate	必需	表示各期利率	可以直接输入带%的数值或是引用数值所在单元格。rate和nper的单位必须一致。由于通常用年利率表示利率，因此如果按年利率2.5%支付，则月利率为2.5%/12
per	必需	表示用于计算其本金数额的期次，求分几次支付本金	第一次支付为1。参数per必须介于1到参数nper之间
nper	必需	表示总投资或贷款期，即该项目投资或贷款的付款总期数	例如，10年期的贷款，若每半年支付一次，则nper为10×2；5年期的贷款，如果按月支付，则nper为5×12
pv	必需	表示现值，即从该项投资开始计算时已经入账的款项，或一系列未来付款当前值的累积和，也称为本金	如果省略fv，则假设其值为零

参数	性质	说明	参数的设置原则
fv	可选	表示未来值，或在最后一次付款后希望得到的现金余额	在各期的期初支付称为期初付款，各期的最后时间支付称为期末付款，期初指定为 1，期末指定为 0。如果省略此参数，则假设其值为 0
type	可选	表示各期的付款时间是在期初或是期末	指定 1 为期初支付，指定 0 为期末支付。如果省略，则指定为期末支付

● 函数练兵： **计算贷款的每年偿还本金额度**

下面将使用PPMT函数根据给定的利率、本金、贷款年限等信息计算每年应偿还的本金额度。

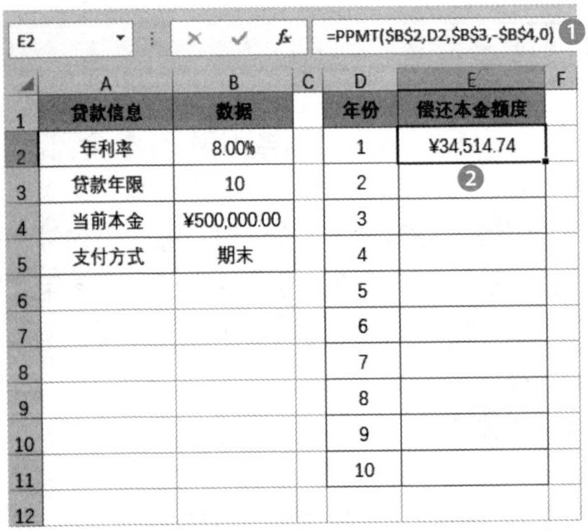

Step01:

计算第一年的本金偿还额

① 选择E2单元格，输入公式"=PPMT($B$2,D2,$B$3,-$B$4,0)"。

② 按"Enter"键，计算出第1年的本金偿还金额。

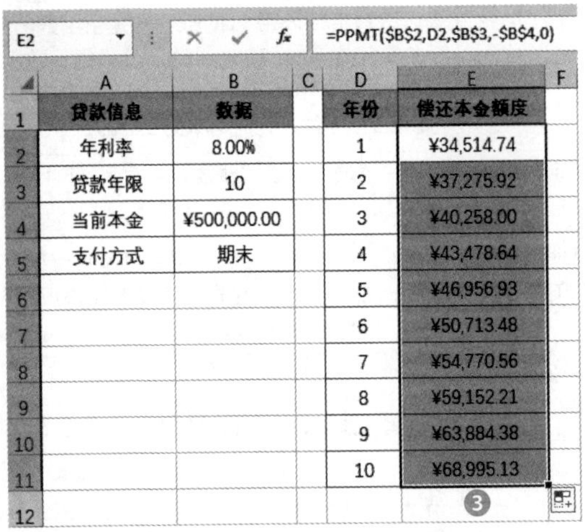

Step02:

计算剩余年份的每年本金偿还额

③ 选中E2单元格，向下方拖动该单元格的填充柄，拖动至E11单元格。计算出剩余年份每年的本金偿还额。

函数 14 IPMT
——计算给定期数内对投资的利息偿还额

IPMT函数用于计算给定期数内对投资的利息偿还额。每次支付的金额相同，随着本金的减少，利息也随之减少。因此，计算结果随每次的支付而变化。

语法格式：=IPMT(rate,per,nper,pv,fv,type)

语法释义：=IPMT(利率,期数,支付总期数,现值,终值,是否期初支付)

参数说明：

参数	性质	说明	参数的设置原则
rate	必需	表示各期利率	可以直接输入带%的数值或是引用数值所在单元格。rate和nper的单位必须一致。由于通常用年利率表示利率，因此如果按年利2.5%支付，则月利率为2.5%/12
per	必需	表示用于计算其本金数额的期次，求分几次支付本金	第一次支付为1。参数per必须介于1到参数nper之间
nper	必需	表示付款期总数	可以是数值或数值所在的单元格。例如，10年期的贷款，若每半年支付一次，则nper为10×2；5年期的贷款，如果按月支付，则nper为5×12
pv	必需	表示现值，即从该项投资开始计算时已经入账的款项，或一系列未来付款当前值的累积和，也称为本金	如果省略fv，则假设其值为零
fv	可选	表示未来值，或在最后一次付款后希望得到的现金余额	在各期的期初支付称为期初付款，各期的最后时间支付称为期末付款，期初指定为1，期末指定为0。如果省略此参数，则假设其值为0
type	可选	表示各期的付款时间是在期初或是期末	指定1为期初支付，指定0为期末支付。如果省略，则指定为期末支付

● 函数练兵：**计算贷款每年应偿还的利息**

下面将使用TPMT函数根据给定的利率、本金、贷款年限等信息计算每年应偿还的利息额度。

第8章
财务函数的应用

333

| E2 | ▼ | : | × | ✓ | *fx* | =IPMT($B$2,D2,$B$3,-$B$4,0) ❶ |

▲	A	B	C	D	E	F
1	贷款信息	数据		年份	偿还利息额度	
2	年利率	8.00%		1	¥40,000.00	
3	贷款年限	10		2	❷	
4	当前本金	¥500,000.00		3		
5	支付方式	期末		4		
6				5		
7				6		
8				7		
9				8		
10				9		
11				10		
12						

Step01：

计算第一年偿还的利息

① 选择E2单元格，输入公式"=IPMT($B$2,D2,$B$3,-$B$4,0)"。

② 按"Enter"键，计算出第一年应偿还的利息。

| E2 | ▼ | : | × | ✓ | *fx* | =IPMT($B$2,D2,$B$3,-$B$4,0) |

▲	A	B	C	D	E	F
1	贷款信息	数据		年份	偿还利息额度	
2	年利率	8.00%		1	¥40,000.00	
3	贷款年限	10		2	¥37,238.82	
4	当前本金	¥500,000.00		3	¥34,256.75	
5	支付方式	期末		4	¥31,036.11	
6				5	¥27,557.82	
7				6	¥23,801.26	
8				7	¥19,744.18	
9				8	¥15,362.54	
10				9	¥10,630.36	
11				10	¥5,519.61	
12					❸	

Step02：

计算剩余年份每年应偿还的利息

③ 将E2单元格中的公式向下方填充，至E10单元格，计算出剩余9年每年应偿还的利息。

函数 15 ISPMT

——计算特定投资期内要支付的利息

语法格式：=ISPMT(rate,per,nper,pv)

语法释义：=ISPMT(利率,期数,支付总期数,现值)

参数说明：

参数	性质	说明	参数的设置原则
rate	必需	表示贷款的利率	利率通常用年利率表示。应确保 rate 和 nper 的单位一致。如果半年期支付，用利率除以 2。利率可指定单元格、数值或公式

参数	性质	说明	参数的设置原则
per	必需	表示要计算利息的期数	必须在 1 到 nper 之间。如果指定 0 或大于 nper 的数值，则返回错误值"#NUM!"
nper	必需	表示投资的总支付期数	可以是数值或数值所在的单元格。例如，10 年期的贷款，若每半年支付一次，则 nper 为 10×2；5 年期的贷款，如果按月支付，则 nper 为 5×12
pv	必需	表示投资的当前值	对于贷款，pv 为贷款数额。也可指定为负数

● 函数练兵： **计算贷款第一个月应支付的利息**

下面将使用ISPMT函数根据年利率、贷款期数、贷款总额等信息计算第一个月支付的利息。

① 选择B6单元格，输入公式 "=ISPMT(B2/12,B3,B4*12,-B5)"。
② 按"Enter"键，即可计算出第一个月的利息。

函数 16 CUMIPMT
——求两个周期之间的累积利息

CUMIPMT函数用于计算两个周期之间累积应偿还的利息。使用固定的利率，固定的期数计算支付全部利息的总额。

语法格式：=CUMIPMT(rate,nper,pv,start_period,end_period,type)

语法释义：=CUMIPMT(利率,支付总期数,现值,首期,末期,是否期初支付)

参数说明：

参数	性质	说明	参数的设置原则
rate	必需	表示各期利率	可以直接输入带 % 的数值或是引用数值所在单元格。rate 和 nper 的单位必须一致。由于通常用年利率表示利率，因此如果按年利率 2.5% 支付，则月利率为 2.5%/12。如果指定负数，则返回错误值"#NUM!"
nper	必需	表示付款期总数	可以使用数值或数值所在的单元格。例如，10 年期的贷款，如果每半年支付一次，则 nper 为 10×2；5 年期的贷款，如果按月支付，则 nper 为 5×12。如果指定负数，则返回错误值"#NUM!"
pv	必需	表示现值，即从该项投资开始计算时已经入账的款项，或一系列未来付款当前值的累积和，也称为本金	付款期数从 1 开始计数。如果 start_period ＜ 1，或 start_period ＞ end_period，则函数返回错误值"#NUM!"
start_period	必需	表示计算中的首期	如果 end_period ＜ 1，则函数返回错误值"#NUM!"
end_period	必需	表示计算中的末期	对于贷款，pv 为贷款数额。也可指定为负数
type	必需	表示指定付息方式是在期初或是期末	指定 1 为期初支付，指定 0 为期末支付。如果省略，则指定为期末支付。如果 type 不是数字 0 或 1，则函数返回错误值"#NUM!"

● 函数练兵：**计算指定期间内投资的累积利息**

下面将使用CUMIPMT函数根据利息、投资期数、现值等信息计算第5 ～ 10年的投资累积利息总额。

| B8 | ▾ | ⋮ | × | ✓ | *fx* | =CUMIPMT(B2,B3,B4,B5,B6,0) **1** |

▲	A	B	C	D
1	投资信息	数据		
2	年利息	8.50%		
3	投资期限	10		
4	现值	350000		
5	计算中的首期	5		
6	计算中的末期	10		
7	付款时间	期末		
8	期间累积的利息总额	77155.56105		
9		**2**		

① 选择B8单元格，输入公式"=-CUMIPMT(B2,B3,B4,B5,B6,0)"。

② 按"Enter"键，即可求出指定期间内的投资累积利息总额。

现值为负数，公式返回"#NUM!"错误

函数 17 CUMPRINC
——求两个周期之间支付本金的总额

CUMPRINC 函数用于计算两个周期之间支付本金的总额。例如，求偿还一年期贷款的本金总额。

语法格式：=CUMPRINC(rate,nper,pv,start_period,end_period,type)

语法释义：=CUMPRINC(利率,支付总期数,现值,首期,末期,是否期初支付)

参数说明：

参数	性质	说明	参数的设置原则
rate	必需	表示各期利率	可以直接输入带 % 的数值或是引用数值所在单元格。rate 和 nper 的单位必须一致。由于通常用年利率表示利率，所以如果按年利率 2.5% 支付，则月利率为 2.5%/12。如果指定负数，则返回错误值"#NUM!"
nper	必需	表示付款期总数	可以使用数值或数值所在的单元格。例如，10 年期的贷款，如果每半年支付一次，则 nper 为 10×2；5 年期的贷款，如果按月支付，则 nper 为 5×12。如果指定负数，则返回错误值"#NUM!"
pv	必需	表示现值，即从该项投资开始计算时已经入账的款项，或一系列未来付款当前值的累积和，也称为本金	付款期数从 1 开始计数。如果 start_period ＜ 1，或 start_period ＞ end_period，则函数返回错误值"#NUM!"

第 8 章

参数	性质	说明	参数的设置原则
start_period	必需	表示计算中的首期	如果 end_period ＜ 1，则函数返回错误值 "#NUM!"
end_period	必需	表示计算中的末期	对于贷款，pv 为贷款数额。也可指定为负数
type	必需	表示指定付息方式是在期初或是期末	指定 1 为期初支付，指定 0 为期末支付。如果省略，则指定为期末支付。如果 type 不是数字 0 或 1，则函数返回错误值 "#NUM!"

● 函数练兵：**计算指定期间内投资的本金总额**

下面将使用CUMPRINC函数根据利息、投资期数、现值等信息计算第5 ～ 10年的投资本金总额。

① 选择B8单元格，输入公式 "=-CUMPRINC(B2,B3,B4,B5, B6,0)"。

② 按 "Enter" 键，即可求出指定期间的累积本金总额。

提示：CUMPRINC 函数与 CUMIPMT 函数的使用方法以及注意事项基本相同，CUMPRINC 函数也不可以使用负数参数，否则将返回错误值 "#NUM!"。

若想让代表金额的数字以货币形式显示，可打开 "设置单元格格式" 对话框，设置数字格式为 "货币"，然后选择需要的小数位数以及负数的显示形式。

函数 18 IRR

——求一组现金流的内部收益率

语法格式：=IRR(values,guess)

语法释义：=IRR(现金流,预估值)

参数说明：

参数	性质	说明	参数的设置原则
values	必需	表示引用单元格区域指定现金流量的数值	必须包含至少一个正值和一个负值，以计算返回的内部收益率。函数 IRR 根据数值的顺序来解释现金流的顺序。故应按需要的顺序输入支付和收入的数值。如果数组或引用包含文本、逻辑值或空白单元格，这些数值将被忽略。现金流量为正数或负数时，则返回错误值"#NUM!"
guess	可选	表示预估值，即内部报酬率的猜测值	若忽略，则为 0.1（百分之十）。IRR 函数是根据估计值开始计算，所以如果它的数值与结果相差很远，则返回错误值"#NUM!"。指定为非数值时，返回错误值"#NAME?"

● 函数练兵：**计算投资炸鸡店的内部收益率**

假设已知一家炸鸡店的初期投入资金以及前五年的收入，下面将使用IRR函数根据已知条件计算指定年数后的内部收益。

Step01：

计算三年后的内部收益率

① 选择B8单元格，输入公式"=IRR(B2:B5)"。

② 按"Enter"键，计算出三年后的内部收益。

| B8 | ▼ | ⋮ | × ✓ fx | =IRR(B2:B5) ❶ |
	A		B	C
1	炸鸡店投资及收益信息		数据	
2	初期投资		-150000	
3	第一年收益		60000	
4	第二年收益		50000	
5	第三年收益		80000	
6	第四年收益		80000	
7	第五年收益		90000	
8	三年后的内部收益		12%	
9	五年后的内部收益率		❷	
10				

| B9 | ▼ | : | × | ✓ | fx | =IRR(B2:B7) ③ |

▲	A	B	C
1	炸鸡店投资及收益信息	数据	
2	初期投资	-150000	
3	第一年收益	60000	
4	第二年收益	50000	
5	第三年收益	80000	
6	第四年收益	80000	
7	第五年收益	90000	
8	三年后的内部收益率	12%	
9	五年后的内部收益率	35%	
10		④	

Step02:
计算五年后的内部收益率

③ 选择B9单元格，输入公式"=IRR(B2:B7)"。

④ 按下"Enter"键计算出五年后的内部收益率。

7	第五年收益	90000
8	三年后的内部收益 ! ▼	12%
9	五年后的内部收益	
10		公式省略了相邻单元格。
11		更新公式以包括单元格(U)
12		关于此错误的帮助(H)
13		忽略错误(I)
14		在编辑栏中编辑(F)
		错误检查选项(O)...

提示：本案例输入公式后单元格左上角出现了绿色的小三角，这其实是一种错误标识。用户可以选中这个单元格，单元格的左侧会显示"⚠"小图标，单击该图标，通过下拉列表中的内容可以了解到错误标识产生的原因以及解决办法。

本例公式之所以会出现错误标识，是因为公式忽略了相邻单元格。所以公式本身并无错误，无须处理。

函数 19 XIRR

——求不定期内产生的现金流量的内部收益率

XIRR函数用于计算不定期内产生的现金流量的内部收益率。使用此函数的重点是现金流和日期的指定方法。

语法格式：=XIRR(values,dates,guess)

语法释义：=XIRR(现金流,日期流,预估值)

参数说明：

参数	性质	说明	参数的设置原则
values	必需	表示一系列按日期对应付款计划的现金流	必须包含至少一个正值和一个负值，以计算内部收益率。开始的现金流如果是在最初时间内产生的，则它后面的指定范围没必要按顺序排列。现金流量都为正数或负数时，则返回错误值"#NUM!"

参数	性质	说明	参数的设置原则
dates	必需	表示一组数与现金流支付相对应的支付日期表	起始日期如果比其他日期提前，则没必要按时间顺序排列。如果其他日期比起始日期早，则返回错误值"#NUM!"
guess	可选	表示内部报酬率的猜测值	XIRR 函数是根据估计值开始计算的，所以如果它的数值与结果相差很远，则不能得到结果，而是返回错误值"#NUM!"。如果省略，则假定它为 0.1（10%）。如果指定非数值，则返回错误值"#NAME?"

● **函数练兵：计算投资的收益率**

下面将根据初期投资金额以及第 1 ~ 10 期的收益金额还有每个金额的到账日期计算投资的收益率。

① 选择 C13 单元格，输入公式"=XIRR(B2:B12,C2:C12,0.2)"。
② 按"Enter"键，计算出投资的收益率。

	A	B	C	D
	投资信息	数据	到账日期	
1				
2	投资金额	¥-5,000.00	2020/1/5	
3	第1期收益	¥300.00	2020/3/12	
4	第2期收益	¥290.00	2020/5/12	
5	第3期收益	¥520.00	2020/8/1	
6	第4期收益	¥380.00	2020/9/5	
7	第5期收益	¥960.00	2020/12/20	
8	第6期收益	¥430.00	2021/2/10	
9	第7期收益	¥860.00	2021/5/8	
10	第8期收益	¥720.00	2021/8/5	
11	第9期收益	¥280.00	2021/9/20	
12	第10期收益	¥390.00	2021/10/20	
13	收益率		2.40%	
14				

函数 **20 MIRR**
——计算某一连续期间内现金流的修正内部收益率

MIRR 函数用于计算现金流量的收入和支出利率不同时的内部收益率（修正内部收益率）。由于收入和支出的利率不同，因此必须注意现金流量的符号和顺序，而且必须是定期内产生的现金流量。

语法格式：=MIRR(values,finance_rate,reinvest_rate)

语法释义：=MIRR(现金流,支付率,再投资的收益率)

参数说明：

参数	性质	说明	参数的设置原则
values	必需	表示引用单元格区域指定现金流量的数值	参数中必须至少包含一个正值和一个负值，才能计算修正后的内部收益率。必须按现金流量的产生顺序排列。当现金流量全为正数或负数时，函数MIRR会返回错误值"#DIV/0!"
finance_rate	必需	表示引用单元格或数值指定收入（正数的现金流量）的相应利率	如果参数为非数值，则返回错误值"#VALUE!"
reinvest_rate	必需	表示将各期收入净额再投资的报酬率	可以使用数值或数值所在的单元格

● 函数练兵：**计算4年后投资的修正收益率**

下面将使用MIRR函数根据资产原值、前6年的收益额以及在投资收益的年利率计算4年后投资的修正收益率。

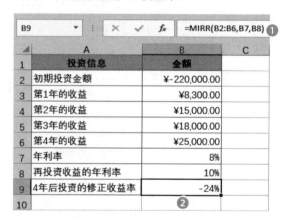

① 选择B9单元格，输入公式"=MIRR(B2:B6,B7,B8)"。

② 按"Enter"键即可返回投资4年后的修正收益率。

函数 21 DB

——使用固定余额递减法❶计算折旧值

DB函数可以用固定余额递减法求指定期间内的折旧值。折旧期限和期间的指定

---

❶ 根据固定资产的折旧期限，使用折旧率求余额递减法的折旧费称为固定余额递减法。

方法是DB函数的重点。

语法格式：=DB(cost,salvage,life,period,month)

语法释义：=DB(原值,残值,折旧期限,期间,月份数)

参数说明：

参数	性质	说明	参数的设置原则
cost	必需	表示用单元格或数值指定的固定资产的原值	如果指定为负数，则返回错误值"#NUM!"
salvage	必需	表示用单元格或数值指定的折旧期限结束后的固定资产的价值	如果指定为负数，则返回错误值"#NUM!"
life	必需	表示固定资产的折旧期限，也称作资产的使用寿命	如果指定为0或负数，则返回错误值"#NUM!"
period	必需	表示用单元格或数值指定的计算折旧值的期间	period 必须和 life 使用相同的单位，所以如果用月指定期间，则折旧期限也必须用月指定。如果指定0、负数或比 life 大的数值，则返回错误值"#NUM!"
month	可选	表示用单元格或数值指定购买固定资产的时间的剩余月份数	必须用 1 ~ 12 之间的整数指定月数。如果指定为负数值，或比 12 大的数值，则返回错误值"#NUM!"。如省略，则假定为 12

● 函数练兵：**使用固定余额递减法计算资产折旧值**

已知一台设备的购入价格（资产原值）、资产残值以及使用年限等信息，下面将使用DB函数计算第5年的资产折旧值。

① 选择B6单元格，输入公式"=DB(B2,B3,B4,5,B5)"。

② 按"Enter"键，即可计算出第5年的资产折旧值。

B6		× ✓ fx	=DB(B2,B3,B4,5,B5) ❶	
	A	B	C	
1	资产信息	数据		
2	资产原值	¥80,000.00		
3	资产残值	¥1,500.00		
4	使用年限	10		
5	第1年的使用月数	6		
6	第5年的资产折旧值	¥6,656.99		
7		❷		

● 函数组合应用：**DB+ROW——计算连续多年的固定资产折旧值**

当需要计算连续多年的固定资产折旧值时可以使用DB函数与ROW函数进行嵌套编写公式完成计算。下面将计算第1 ~ 8年的固定资产折旧值。

| E2 | | × ✓ fx | =DB($B$2,$B$3,$B$4,ROW(A1),$B$5) ❶ |

	A	B	C	D	E	F
1	资产信息	数据		期间	资产折旧值	
2	资产原值	¥80,000.00		第1年	¥13,120.00	
3	资产残值	¥1,500.00		第2年	¥21,936.64	
4	使用年限	10		第3年	¥14,741.42	
5	第1年的使用月数	6		第4年	¥9,906.24	
6				第5年	¥6,656.99	
7				第6年	¥4,473.50	
8				第7年	¥3,006.19	
9				第8年	¥2,020.16	
10					❷	

① 选择E2单元格，输入公式"=DB($B$2,$B$3,$B$4,ROW(A1),$B$5)"。

② 将公式向下填充至E9单元格，即可计算出第1～8年每一年的资产折旧值。

函数 22 SLN

——计算某项资产在一个期间中的线性折旧❶值

SLN函数可以用线性折旧法求折旧值。因此，不用考虑计算折旧值的期间。SLN函数的使用重点是折旧期限和资产残值的指定方法。

语法格式：=SLN(cost,salvage,life)

语法释义：=SLN(原值,残值,折旧期限)

参数说明：

参数	性质	说明	参数的设置原则
cost	必需	表示用单元格或数值指定的固定资产的原值	如果指定为负数，则返回错误值"#NUM!"
salvage	必需	表示用单元格或数值指定的折旧期限结束后的固定资产的价值，也称作资产残值	如果指定为负数，则返回错误值"#NUM!"
life	必需	表示固定资产的折旧期限，也称作资产的使用寿命	如果按月计算折旧，则直接指定月数。如果指定为0或负数，则返回错误值"#NUM!"

● 函数练兵：**计算资产的线性折旧值**

下面将使用SLN函数，根据资产原值、资产残值以及使用年限计算固定资产的线性折旧值。

---

❶ 通常情况下，在折旧期限的期间范围内把相同金额作为折旧值计算的方法称为线性折旧法。

① 选择B5单元格，输入公式
"=SLN(B2,B3,B4)"。
② 按"Enter"键，计算出线性折
旧值。

	A	B	C
1	资产信息	数据	
2	资产原值	¥150,000.00	
3	资产残值	¥50,000.00	
4	使用年限	20	
5	线性折旧值	¥5,000.00	
6		❷	

函数 23 DDB
——使用双倍余额递减法❶计算折旧值

DDB函数可以通过使用双倍余额递减法或其他指定方法，计算一笔资产在给定期间内的折旧值。

语法格式：=DDB(cost,salvage,life,period,factor)

语法释义：=DDB(原值,残值,折旧期限,期间,余额递减速率)

参数说明：

参数	性质	说明	参数的设置原则
cost	必需	表示用单元格或数值指定的固定资产的原值	如果指定为负数，则返回错误值"#NUM!"
salvage	必需	表示用单元格或数值指定的折旧期限结束后的固定资产的价值，也称作资产残值	如果指定为负数，则返回错误值"#NUM!"
life	必需	表示固定资产的折旧期限，也称作资产的使用寿命	如果指定为0或负数，则返回错误值"#NUM!"
period	必需	表示用单元格或数值指定的需计算折旧的期间	period必须使用与life相同的单位。需求每月的递减折旧值时，必须使用月份数指定折旧期限。如指定为0或负数，则返回错误值"#NUM!"
factor	可选	表示用单元格或数值指定的递减折旧率	如果被省略，则假定为2。如果指定为负数或0，则返回错误值"#NUM!"

---

❶ 当递减折旧值比折旧期间的开始金额多时，随着年度的增加而变小的计算方法称为"双倍余额法"。

● 函数练兵： 计算公司商务用车在指定期间内的折旧值

已知公司购置的一台商务用车的购入价格（资产原值）、使用期限、资产残值以及折旧率，下面将使用DDB函数计算使用期限内指定期间的折旧值。

① 选择B7单元格，输入公式"=DDB(B2,B3,B4,B5,B6)"。

② 按"Enter"键，计算出资产折旧值。

函数 24 VDB

——使用双倍余额递减法或其他指定
方法返回折旧值

VDB函数可通过双倍递减余额法或线性折旧法求固定资产的递减折旧值。用no_switch参数指定是否在必要时启用线性折旧法。使用此函数的重点是参数factor和no_switch的指定方法。在使用此函数的过程中，除no_switch外的所有参数必须为正数。

语法格式：=VDB(cost,salvage,life,start_period,end_period,factor,no_switch)

语法释义：=VDB(原值,残值,折旧期限,起始期间,截止期间,余额递减速率,不换用直线法)

参数说明：

参数	性质	说明	参数的设置原则
cost	必需	表示用单元格或数值指定的固定资产的原值	如果指定为负数，则返回错误值"#NUM!"
salvage	必需	表示用单元格或数值指定的折旧期限结束后的固定资产的价值，也称作资产残值	如果指定为负数，则返回错误值"#NUM!"
life	必需	表示固定资产的折旧期限，也称作资产的使用寿命	折旧期限和起始日期、截止日期的时间单位必须一致。如果指定为0或负数，则返回错误值"#NUM!"

参数	性质	说明	参数的设置原则
start_period	必需	表示用数值或单元格指定进行折旧的开始日期	end_period 与 life 的单位必须相同。如果指定为负数，则返回错误值"#NUM!"
end_period	必需	表示用数值或单元格指定进行折旧的结束日期	
factor	可选	表示余额递减速率，即折旧因子	如果省略参数 factor，则函数假设 factor 为 2（双倍余额递减法）。如果不想使用双倍余额递减法，可改变参数 factor 的值。如果指定为负数，则返回错误值"#NUM!"
no_switch	可选	表示逻辑值，指定当折旧值大于余额递减计算值时是否转用线性折旧法	如果 no_switch 为 TRUE，即使折旧值大于余额递减计算值，那么 Microsoft Excel 也不转用线性折旧法。如果 no_switch 为 FALSE 或被忽略，且折旧值大于余额递减计算值时，Excel 将转用线性折旧法

● 函数练兵：**计算指定时间段的资产的折旧值**

下面将使用 VDB 函数根据资产原值、资产残值以及使用寿命，计算不同的时间段的资产折旧值。

Step01：

计算第1天的资产折旧值

① 选择 E2 单元格，输入公式"=VDB(B2,B3,B4*365,0,1)"。

② 按"Enter"键，计算出第1天的资产折旧值。

Step02：

输入其他公式

③ 分别在 E3、E4、E5、E6、E7、E8 单元格中输入左图所示公式。

	A	B	C	D	E	F
1	资产信息	数据		时间段	资产折旧值	
2	资产原值	800000		第1天	¥175.34	
3	资产残值	30000		前90天	¥15,452.55	
4	使用寿命	25		第1个月	¥5,333.33	
5				第3年	¥122,880.00	
6				最后3个月	¥5,228.34	
7				第6至24个月	¥87,178.69	
8				第1至3年	¥113,049.60	
9						

E8 =VDB(B2,B3,B4,1,3)

④

Step03：
查看结果值

④ 分别计算对应时间段的资产折旧值。

函数 25 SYD
——按年限总和折旧法计算折旧值

SYD函数用于返回某项资产按年限总和折旧法计算的某期的折旧值。使用SYD函数的重点是参数life和per的指定。另外，life和per的时间单位必须一致，否则不能得到正确的结果。

语法格式：=SYD(cost,salvage,life,per)
语法释义：=SYD(原值,残值,折旧期限,期间)
参数说明：

参数	性质	说明	参数的设置原则
cost	必需	表示用单元格或数值指定的固定资产的原值	如果指定为负数,则返回错误值"#NUM!"
salvage	必需	表示用单元格或数值指定的折旧期限结束后的固定资产的价值,也称作资产残值	如果指定为负数,则返回错误值"#NUM!"
life	必需	表示固定资产的折旧期限,也称作资产的使用寿命	如果是求月份数的折旧值,则单位必须指定为月份数。如果指定负数,则返回错误值"#NUM!"
per	必需	表示用单元格或数值指定进行折旧的期间	如果是求月份数的递减余额的折旧值,则单位必须指定为月份数。per和life的时间单位必须相同。如果指定为0或负数,则返回错误值"#NUM!"

提示：年限总和法又称年数比率法、级数递减法或年限合计法，是固定资产加速折旧法的一种。它是将固定资产的原值减去残值后的净额乘以一个逐年递减的分数来计算确定固定资产折旧额的一种方法。它与固定余额递减法相比，属于一种缓慢的曲线。

● 函数练兵：**求余额递减折旧值**

用年限总和法计算原值780000元、折旧年限为25年的固定资产的递减折旧值。固定资产越新，则余额递减折旧值越高。

① 选择B6单元格，输入公式"=SYD(B2,B3,B4,B5)"。

② 按"Enter"键，即可求出资产第10年的折旧值。

	A	B	C
	B6 ▼ : × ✓ fx	=SYD(B2,B3,B4,B5) ❶	
1	资产信息	数据	
2	资产原值	¥780,000.00	
3	资产现值	¥21,000.00	
4	折旧期限	25	
5	期间	10	
6	第10年的折旧值	¥37,366.15	
7		❷	

函数 26 PRICEMAT

——返回到期付息的面值$100的
有价证券的价格

PRICEMAT函数用于计算到期付息的面值$100的有价证券的价格，结果为美元。使用此函数的重点是日期和天数的计算方法的确定。

语法格式：=PRICEMAT(settlement,maturity,issue,rate,yld,basis)

语法释义：=PRICEMAT(结算日,到期日,发行日,利率,收益率,基准类型)

参数说明：

参数	性质	说明	参数的设置原则
settlement	必需	表示用日期、单元格引用、序列号或公式结果等指定购买证券的日期	如果该日期在发行日期前，则返回错误值"#NUM!"
maturity	必需	表示用日期、单元格引用、序列号或公式结果等指定有价证券的到期日	如果该日期在发行时间或购买时间前，则返回错误值"#NUM!"
issue	必需	表示用日期、单元格引用或公式等指定为有价证券的发行日	如果指定日期以外的数值，则返回错误值"#VALUE!"
rate	必需	表示引用单元格或数值指定有价证券在发行日的利率	若为负数，则返回错误值"#NUM!"

参数	性质	说明	参数的设置原则
yld	必需	表示引用单元格或数值指定有价证券的年收益率	如果指定负数，则返回错误值"#NUM!"
basis	可选	表示用数值指定证券日期的计算方法	如果指定 0，则用 30/360（NASD 方式）计算；如果指定为 1，则用实际天数 / 实际天数计算；如果指定为 2，则用实际天数 /360 计算；如果指定为 3，则用实际天数 /365 计算；如果指定为 4，则用 30/360（欧洲方式）计算。如果省略，则假定其值为 0。如果指定 0 ～ 4 以外的数值，则返回错误值"#NUM!"

证券日期的计算基准数字类型见下表。

日基数基准类型	说明
0 或省略	US(NASD)30/360
1	实际天数 / 实际天数
2	实际天数 /360
3	实际天数 /365
4	欧洲 30/360

● 函数练兵： **计算指定条件下债券的价格**

下面将使用PRICEMAT函数根据债券的发行日、结算日到期日以及收益率等信息计算债券的价格。

① 选择B8单元格，输入公式"=PRICEMAT(B2,B3,B4,B5,B6,B7)"。

② 按"Enter"键，即可计算出指定条件下债券的价格。

函数 **27** YIELDMAT

——计算到期付息的有价证券的年收益率

YIELDMAT函数用于计算到期付息的有价证券的年收益率。每一个月必须按照30天或实际天数计算，此函数的重点是计算年收益率时基准的指定。

语法格式：=YIELDMAT(settlement,maturity,issue,rate,pr,basis)

语法释义：=YIELDMAT(结算日,到期日,发行日,利率,价格,基准类型)

参数说明：

参数	性质	说明	参数的设置原则
settlement	必需	表示用日期、单元格引用、序列号或公式结果等指定购买证券的日期	如果该日期在发行日期前，则返回错误值"#NUM！"
maturity	必需	表示用日期、单元格引用、序列号或公式结果等指定有价证券的到期日	如果该日期在发行时间或购买时间前，则返回错误值"#NUM！"
issue	必需	表示用日期、单元格引用或公式等指定为有价证券的发行日	如果指定日期以外的数值，则返回错误值"#VALUE！"
rate	必需	表示引用单元格或数值指定有价证券在发行日的利率	若为负数，则返回错误值"#NUM！"
pr	必需	表示引用单元格或数值指定面值100美元的有价证券的价格	若为负数，则返回错误值"#NUM！"
basis	可选	表示用数值指定证券日期的计算方法	如果指定0，则用30/360（NASD方式）计算；如果指定为1，则用实际天数/实际天数计算；如果指定为2，则用实际天数/360计算；如果指定为3，则用实际天数/365计算；如果指定为4，则用30/360(欧洲方式)计算。如果省略，则假定其值为0。如果指定0～4以外的数值，则返回错误值"#NUM！"

● 函数练兵： **计算指定条件下债券的年收益率**

下面将使用YIELDMAT函数根据债券的发行日、结算日到期日以及收益率等信息计算债券的年收益率。

第8章

 第8章
财务函数的应用 **351**

| B8 | ▼ : × ✓ fx | =YIELDMAT(B2,B3,B4,B5,B6,B7) ❶ |

▲	A	B	C	D
1	债券信息	数据		
2	成交日	2021/2/20		
3	到期日	2021/8/22		
4	发行日	2005/10/8		
5	息票半年利率	6.23%		
6	价格	99.138		
7	以30/360为日计数基准	0		
8	上述条件下债券的年收益率	4.07%		
9		❷		

① 选择B8单元格，输入公式"=YIELDMAT(B2,B3,B4,B5,B6,B7)"。

② 按"Enter"键，便可求出给定条件下债券的年收益率。

函数 28 ACCRINTM
——计算到期一次性付息有价证券的应计利息

ACCRINTM函数用于返回到期一次性付息有价证券的应计利息。使用此函数的重点是日期的计算方法。日期的计算方法随证券不同而不同，所以必须正确指定日期。

语法格式：=ACCRINTM(issue,settlement,rate,par,basis)

语法释义：=ACCRINTM(发行日,到期日,利率,票面价值,基准选项)

参数说明：

参数	性质	说明	参数的设置原则
issue	必需	表示用日期、单元格引用或公式等指定为有价证券的发行日	如果指定日期以外的数值，则返回错误值"#VALUE!"
settlement	必需	表示用日期、单元格引用、序列号或公式结果等指定有价证券的到期日	如果该日期在发行时间或购买时间前，则返回错误值"#NUM!"
rate	必需	表示引用单元格或数值指定有价证券在发行日的利率	如果指定负数，则返回错误值"#NUM!"
par	可选	表示有价证券的票面价值	如果省略par，则函数ACCRINTM视par为$1000。如果指定为负数，则返回错误值"#NUM!"
basis	可选	表示用数值指定证券日期的计算方法	如果指定为0，则用30/360（NASD方式）计算；如果指定为1，则用实际天数/实际天数计算；如果指定为2，则用实际天数/360计算；如果指定为3，则用实际天数/365计算；如果指定为4，则用30/360（欧洲方式）计算。如果省略，则假定其值为0。如果指定0～4以外的数值，则返回错误值"#NUM!"

● **函数练兵：** **求票面价值2万元的证券的应计利息**

下面将使用ACCRINTM函数根据证券的发行日、到期日、利率以及票面价值等信息计算应计的利息。

① 选择B7单元格，输入公式"=ACCRINTM(B2,B3,B4,B5,B6)"。

② 按"Enter"键，返回给定条件下证券的应计利息。

B7		× ✓ fx	=ACCRINTM(B2,B3,B4,B5,B6) ❶
	A	B	C
1	证券信息	数据	
2	发行日	2021/2/20	
3	到期日	2021/12/22	
4	息票半年利率	9.80%	
5	票面价值	¥20,000.00	
6	以实际天数/365为日计数基准	3	
7	上述条件下证券的应计利息	¥1,637.81	
8		❷	

函数 29 PRICE

——计算每张票面为100元且定期支付利息的债券的现值

PRICE函数用于计算定期支付利息的面值100元的证券价格。求证券的价格时，必须注意利率和收益率的指定。利率即是基于证券票面价格的计算数值，收益率即是基于证券购买价格的计算数值。

语法格式：=PRICE(settlement,maturity,rate,yld,redemption,frequency,basis)

语法释义：=PRICE(成交日,到期日,利率,年收益率,面值100元的债券的清偿价值,年付息次数,基准选项)

参数说明：

参数	性质	说明	参数的设置原则
settlement	必需	表示用日期、单元格引用、序列号或公式结果等指定购买证券的日期	如果该日期在发行日期前，则返回错误值"#NUM!"
maturity	必需	表示用日期、单元格引用、序列号或公式结果等指定有价证券的到期日	如果该日期在发行时间或购买时间前，则返回错误值"#NUM!"
rate	必需	表示引用单元格或数值指定有价证券在发行日的利率	如果指定负数，则返回错误值"#NUM!"

参数	性质	说明	参数的设置原则
yld	必需	表示引用单元格或数值指定有价证券的年收益率	如果指定负数,则返回错误值"#NUM!"
redemption	必需	表示为面值100元的有价证券的清偿价值	如果指定负数,则返回错误值"#NUM!"
frequency	必需	表示年付息次数	如果按年支付,则frequency指定为1;按半年期支付,frequency指定为2;按季支付,frequency指定为4。如果frequency不为1、2或4,则函数返回错误值"#NUM!"
basis	可选	表示用数值指定证券日期的计算方法	如果指定为0,则用30/360(NASD方式)计算;如果指定为1,则用实际天数/实际天数计算;如果指定为2,则用实际天数/360计算;如果指定为3,则用实际天数/365计算;如果指定为4,则用30/360(欧洲方式)计算。如果省略,则假定其值为0。如果指定0~4以外的数值,则返回错误值"#NUM!"

💡 提示:成交日是购买者买入息票(如债券)的日期。到期日是息票有效期截止时的日期。例如,在2020年1月1日发行的30年期债券,6个月后被购买者买走。则发行日为2020年1月1日,成交日为2020年7月1日,而到期日是在发行日2020年1月1日的30年后,即2050年1月1日。

● 函数练兵: **每半年支付利息的债券发行价格**

下面将使用PRICE函数根据给定的结算日、到期日、票息半年利率、收益率等信息,计算按半年期支付利息的债券发行价格。

债券信息	数据
购买时间	2021/2/20
到期时间	2021/12/22
息票半年利率	4.95%
年收益率	5.52%
清还价值	¥99.50
年付息次数	2
以实际天数/365为日计数基准	3
上述条件下债券的发行价格	99.0554992

① 选择B9单元格,输入公式"=PRICE(B2,B3,B4,B5,B6,B7,B8)"。
② 按"Enter"键计算出给定条件下债券的发行价格。

B9 │ × ✓ fx =PRICE(B2,B3,B4,B5,B6,B7,B8) ❶

提示：

① PRICE 函数所求的结果是完全针对面值为100元的价格。票面价格如果不是100元，则必须按照票面价格进行计算。

② 到期日期不能早于购买日期，否则公式将返回"#NUM!"错误值。

到期日期早于购买日期

公式返回"#NUM!"错误

B9		× ✓ fx	=PRICE(B2,B3,B4,B5,B6,B7,B8)	
	A	B	C	
1	债券信息	数据		
2	购买时间	2022/2/20		
3	到期时间	2021/12/22		
4	息票半年利率	4.95%		
5	年收益率	5.52%		
6	清还价值	¥99.50		
7	年付息次数	2		
8	以实际天数/365为日计数基准	3		
9	上述条件下债券的发行价格	#NUM!		
10				

函数 30 YIELD

——求定期支付利息证券的收益率

YIELD 函数用于计算定期支付利息证券的收益率。使用此函数的重点是参数 pr 和 redemption 的指定。注意不是指定实际的价格，而是指定面额为100元的价格。

语法格式：=YIELD(settlement,maturity,rate,pr,redemption,frequency,basis)

语法释义：=YIELD(成交日,到期日,利率,票面价值,面值100元的债券的清偿价值,年付息次数,基准选项)

参数说明：

参数	性质	说明	参数的设置原则
settlement	必需	表示用日期、单元格引用、序列号或公式结果等指定购买证券的日期	如果该日期在发行日期前，则返回错误值"#NUM!"
maturity	必需	表示用日期、单元格引用、序列号或公式结果等指定有价证券的到期日	如果该日期在发行时间或购买时间前，则返回错误值"#NUM!"
rate	必需	表示引用单元格或数值指定有价证券在发行日的利率	如果指定负数，则返回错误值"#NUM!"

参数	性质	说明	参数的设置原则
pr	必需	表示为面值 100 元的有价证券的价格	如果指定负数，则返回错误值 "#NUM!"
redemption	必需	表示为面值 100 元的有价证券的清偿价值	如果指定负数，则返回错误值 "#NUM!"
frequency	必需	表示年付息次数	如果按年支付，则 frequency 指定为 1；按半年期支付，frequency 指定为 2；按季支付，frequency 指定为 4。如果 frequency 不为 1、2 或 4，则函数返回错误值 "#NUM!"
basis	可选	表示用数值指定证券日期的计算方法	如果指定为 0，则用 30/360（NASD方式）计算；如果指定为 1，则用实际天数 / 实际天数计算；如果指定为 2，则用实际天数 /360 计算；如果指定为 3，则用实际天数 /365 计算；如果指定为 4，则用 30/360（欧洲方式）计算。如果省略，则假定其值为 0。如果指定 0 ～ 4 以外的数值，则返回错误值 "#NUM!"

● 函数练兵： **计算债券的收益率**

下面将使用 YIELD 函数根据债券的购买日期、到期日期、息票利率等信息计算债券的收益率。

	A	B
1	债券信息	数据
2	购买时间	2015/2/20
3	到期时间	2021/2/25
4	息票利率	5.95%
5	债券价格	95.2
6	清还价值	¥100.00
7	年付息次数	2
8	以实际天数/365为日计数基准	3
9	上述条件下债券的收益率	6.94%

B9 `=YIELD(B2,B3,B4,B5,B6,B7,B8)` ❶

❷

① 选择 B9 单元格，输入公式 "=YIELD(B2,B3,B4,B5,B6,B7,B8)"。
② 按 "Enter" 键，返回给定条件下债券的收益率。

提示：Excel中将加半角双引号的日期作为文本字符串处理。但是对于 YIELD 函数，即使用文本形式指定日期，也不会返回错误值。

B9		▼ : × ✓ f_x	=YIELD("2015/2/20","2021/2/25",B4,B5,B6,B7,B8)		
	A	B	C	D	E
1	债券信息	数据			
2	购买时间	2015/2/20			
3	到期时间	2021/2/25			
4	息票利率	5.95%			
5	债券价格	95.2			
6	清还价值	¥100.00			
7	年付息次数	2			
8	以实际天数/365为日计数基准	3			
9	上述条件下债券的收益率	6.94%			
10					

函数 31 ACCRINT
——求定期付息有价证券的应计利息

ACCRINT 函数用于计算定期付息有价证券的应计利息。使用此函数的重点是参数 par 的指定。计算证券的函数多是计算面额为 100 元的证券，而 ACCRINT 函数是指定票面价格。

语 法 格 式：=ACCRINT(issue,first_interest,settlement,rate,par,frequency,basis,calc_method)

语 法 释 义：=ACCRINT(发行日,起息日,成交日,利率,票面价值,年付息次数,基准选项,计算方法)

参数说明：

参数	性质	说明	参数的设置原则
issue	必需	表示用日期、单元格引用、序列号或公式结果等指定购买证券的日期	如果指定日期以外的数值，则返回错误值"#VALUE!"
first_interest	必需	表示引用单元格、序列号、公式、文本或日期指定证券起始的利息支付日期	如果指定日期以外的日期，则返回错误值"#VALUE!"
settlement	必需	表示用日期、单元格引用、序列号或公式结果等指定证券的成交日	如果该日期在发行日期前，则返回错误值"#NUM!"
rate	必需	表示引用单元格或数值指定有价证券的年息票利率	如果指定负数,则返回错误值"#NUM!"
par	必需	表示为有价证券的票面价值	如果省略 par，则函数 ACCRINT 视 par 为 1000 元

参数	性质	说明	参数的设置原则
frequency	必需	表示为年付息次数	如果按年支付，则 frequency 指定为 1；按半年期支付，frequency 指定为 2；按季支付，frequency 指定为 4。如果 frequency 不为 1、2 或 4，则函数返回错误值 "#NUM!"
basis	可选	表示用数值指定证券日期的计算方法	如果指定为 0，则用 30/360（NASD 方式）计算；如果指定为 1，则用实际天数 / 实际天数计算；如果指定为 2，则用实际天数 /360 计算；如果指定为 3，则用实际天数 /365 计算；如果指定为 4，则用 30/360（欧洲方式）计算。如果省略，则假定其值为 0。如果指定 0 ~ 4 以外的数值，则返回错误值 "#NUM!"
calc_method	可选	表示一个逻辑值	从发行日开始的应计利息 =TRUE 或忽略。从最后票息支付日期开始计算 = FALSE

● 函数练兵： **计算债券的应计利息**

下面将使用 ACCRINT 函数根据债券的发行日期、起息日期、成交日期、息票利率等信息计算债券的应计利息。

B9	▼	:	× ✓ fx	=ACCRINT(B2,B3,B4,B5,B6,B7,B8)	❶

	A	B	C
1	债券信息	数据	
2	发行日	2015/2/20	
3	起息日	2015/2/25	
4	成交日	2021/8/2	
5	息票利率	5.95%	
6	票面价值	¥20,000.00	
7	年付息次数	4	
8	以30/360为日计数基准	0	
9	上述条件下债券的应计利息	7675.5	
10		❷	

① 选择B9单元格，输入公式"=ACCRINT(B2,B3,B4,B5,B6,B7,B8)"。

② 按"Enter"键，返回给定条件下债券的应计利息。

函数 **32** **PRICEDISC**
——计算折价发行的面值100元的有价证券的价格

PRICEDISC函数用于返回折价发行的面值为100元的有价证券的价格。贴现证券的贴现率是发行价格和票面价值的差额除以票面价值所得的值。贴现证券不支付利息，所以不需考虑利率。贴现率相当于通常的证券利率。

语法格式：=PRICEDISC(settlement,maturity,discount,redemption,basis)

语法释义：=PRICEDISC(结算日,到期日,贴现率,票面价值,面值100元的债券的清偿价值,基准选项)

参数说明：

参数	性质	说明	参数的设置原则
settlement	必需	表示用日期、单元格引用、序列号或公式结果等指定证券的成交日	如果该日期在发行日期前，则返回错误值"#NUM!"
maturity	必需	表示用日期、单元格引用、序列号或公式结果等指定有价证券的到期日	如果该日期在发行时间或购买时间前，则返回错误值"#NUM!"
discount	必需	表示用数值、公式或文本指定有价证券的贴现率	如果指定负数，则返回错误值"#NUM!"
redemption	必需	表示用数值或单元格引用指定面值为100元的有价证券的清偿价值	如果指定负数，则返回错误值"#NUM!"
basis	可选	表示用数值指定证券日期的计算方法	如果指定为0，则用30/360（NASD方式）计算；如果指定为1，则用实际天数/实际天数计算；如果指定为2，则用实际天数/360计算；如果指定为3，则用实际天数/365计算；如果指定为4,则用30/360（欧洲方式）计算。如果省略，则假定其值为0。如果指定0～4以外的数值，则返回错误值"#NUM!"

● 函数练兵：**计算贴现证券的价格**

下面将使用PRICEDISC函数根据证券的成交日、到期日、贴现率等信息计算贴现证券的价格。

① 选择B7单元格，输入公式"=PRICEDISC(B2,B3,B4,B5,B6)"。
② 按"Enter"键，返回给定条件下的贴现证券价格。

B7	▼	:	× ✓ fx	=PRICEDISC(B2,B3,B4,B5,B6) ❶

	A	B	C
1	证券信息	数据	
2	成交日	2021/6/11	
3	到期日	2021/7/25	
4	贴现率	5.95%	
5	清还值	¥100.00	
6	以实际天数/360为日计数基准	2	
7	贴现证券价格	99.27277778	
8		❷	

函数 33 RECEIVED

——计算一次性付息的有价证券
到期收回的金额

RECEIVED函数用于返回一次性付息的有价证券到期收回的金额。使用此函数的重点是投资额的设定。在此函数中必须指定实际的投资额。

语法格式：=RECEIVED(settlement,maturity,investment,discount,basis)

语法释义：=RECEIVED(结算日,到期日,投资额,贴现率,基准选项)

参数说明：

参数	性质	说明	参数的设置原则
settlement	必需	表示用日期、单元格引用、序列号或公式结果等指定证券的成交日	如果该日期在发行日期前，则返回错误值"#NUM!"
maturity	必需	表示用日期、单元格引用、序列号或公式结果等指定有价证券的到期日	如果该日期在发行时间或购买时间前，则返回错误值"#NUM!"
investment	必需	表示有价证券的投资额	如果investment ≤ 0，则函数返回错误值"#NUM!"
discount	必需	表示用数值、公式或文本指定有价证券的贴现率	如果指定负数，则返回错误值"#NUM!"
basis	可选	表示用数值指定证券日期的计算方法	如果指定为0,则用30/360(NASD方式)计算；如果指定为1，则用实际天数/实际天数计算；如果指定为2，则用实际天数/360计算；如果指定为3，则用实际天数/365计算；如果指定为4,则用30/360(欧洲方式)计算。如果省略，则假定其值为0。如果指定0～4以外的数值，则返回错误值"#NUM!"

● 函数练兵： **计算偿还债券的还本付息总额**

下面将使用RECEIVED函数根据债券的发行日、到期日、投资额、贴现率等信息计算还本付息总额。

① 选择B7单元格，输入公式"=RECEIVED(B2,B3,B4,B5,B6)"。
② 按"Enter"键，即可返回给定债券信息的还本付息总额。

	A	B	C
1	债券信息	数据	
2	发行日	2019/2/11	
3	到期日	2021/2/25	
4	投资额	¥200,000.00	
5	贴现率	5.95%	
6	以实际天数/360为日计数基准	2	
7	还本付息总额	¥228,084.49	
8		②	

函数 34 DISC
——计算有价证券的贴现率

DISC函数用于计算有价证券的贴现率。使用此函数的重点是参数pr和redemption的指定。必须指定面值为100元的价格和清偿价值。

语法格式：=DISC(settlement,maturity,pr,redemption,basis)

语法释义：=DISC(成交日,到期日,票面价值,面值100元的债券的清偿价值,基准选项)

参数说明：

参数	性质	说明	参数的设置原则
settlement	必需	表示用日期、单元格引用、序列号或公式结果等指定购买证券的日期	如果该日期在发行日期前，则返回错误值"#NUM!"
maturity	必需	表示用日期、单元格引用、序列号或公式结果等指定有价证券的到期日	如果该日期在发行时间或购买时间前，则返回错误值"#NUM!"
pr	必需	表示为面值100元的有价证券的价格	如果指定负数，则返回错误值"#NUM!"
redemption	必需	表示用数值或引用单元格指定面值100元的有价证券的清偿价值	如果指定负数，则返回错误值"#NUM!"
basis	可选	表示用数值指定证券日期的计算方法	如果指定0，则用30/360（NASD方式）计算；如果指定为1，则用实际天数/实际天数计算；如果指定为2，则用实际天数/360计算；如果指定为3，则用实际天数/365计算；如果指定为4，则用30/360（欧洲方式）计算。如果省略，则假定其值为0。如果指定0～4以外的数值，则返回错误值"#NUM!"

● 函数练兵： 计算有价证券的贴现率

下面将使用DISC函数函数根据债券的购买日期、到期日期、价格、清偿价值等信息，计算有价证券的贴现率。

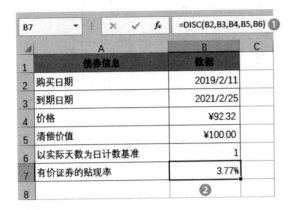

① 选择B7单元格，输入公式"=DISC(B2,B3,B4,B5,B6)"。
② 按"Enter"键，即可求出有价证券的贴现率。

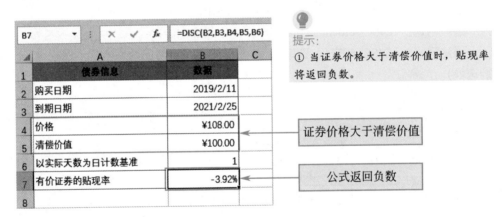

提示:
① 当证券价格大于清偿价值时，贴现率将返回负数。

证券价格大于清偿价值

公式返回负数

② 证券价格不能为负数，否则将返回错误值"#NUM!"。

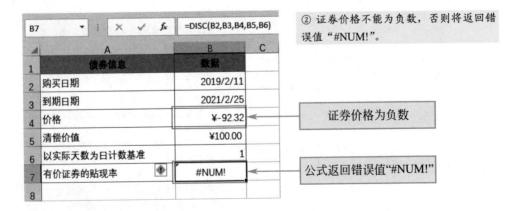

证券价格为负数

公式返回错误值"#NUM!"

函数 35 INTRATE
——计算一次性付息证券的利率

INTRATE 函数用于返回一次性付息证券的利率。使用此函数的重点是投资额参数和清偿价值的指定。

语法格式：=INTRATE(settlement,maturity,investment,redemption,basis)

语法释义：=INTRATE(成交日,到期日,投资额,兑换值,基准选项)

参数说明：

参数	性质	说明	参数的设置原则
settlement	必需	表示用日期、单元格引用、序列号或公式结果等指定证券的成交日	如果该日期在发行日期前，则返回错误值"#NUM!"
maturity	必需	表示用日期、单元格引用、序列号或公式结果等指定有价证券的到期日	如果该日期在发行时间或购买时间前，则返回错误值"#NUM!"
investment	必需	表示有价证券的投资额	如果 investment ≤ 0，则函数返回错误值"#NUM!"
redemption	必需	表示用数值或引用单元格指定面值 100 元的有价证券的清偿价值	如果指定负数，则返回错误值"#NUM!"
basis	可选	表示用数值指定证券日期的计算方法	如果指定 0，则用 30/360（NASD 方式）计算；如果指定为 1，则用实际天数 / 实际天数计算；如果指定为 2，则用实际天数 /360 计算；如果指定为 3，则用实际天数 /365 计算；如果指定为 4，则用 30/360（欧洲方式）计算。如果省略，则假定其值为 0。如果指定 0 ～ 4 以外的数值，则返回错误值"#NUM!"

● 函数练兵：计算债券的贴现率

下面将使用 INTRATE 函数根据给定的购买日期、到期日期、投资金额等信息计算债券的贴现率。

	A	B	C
	债券信息	**数据**	
1			
2	购买日期	2019/2/11	
3	到期日期	2021/2/25	
4	投资金额	¥200,000.00	
5	清偿价值	¥235,000.00	
6	以实际天数/360为日计数基准	2	
7	债券的贴现率	8.46%	
8			

B7 = INTRATE(B2,B3,B4,B5,B6)

① 选择B7单元格，输入公式 "=INTRATE(B2,B3,B4,B5,B6)"。

② 按 "Enter" 键，计算出债券的贴现率。

提示：当证券价格大于清偿价值时公式将返回负数。当投资额比偿还价值高时，利率为负。利率越大，证券获得的收益就越大，所以INTRATE函数求得的结果是证券购买时的大概利率。

函数 36 YIELDDISC

——计算折价发行的有价证券的年收益率

语法格式：=YIELDDISC(settlement,maturity,pr,redemption,basis)

语法释义：=YIELDDISC(成交日,到期日,票面价值,面值100元的债券的清偿价值,基准选项)

参数说明：

参数	性质	说明	参数的设置原则
settlement	必需	表示用日期、单元格引用、序列号或公式结果等指定购买证券的日期	如果该日期在发行日期前，则返回错误值 "#NUM!"
maturity	必需	表示用日期、单元格引用、序列号或公式结果等指定有价证券的到期日	如果该日期在发行时间或购买时间前，则返回错误值 "#NUM!"
pr	必需	表示为面值100元的有价证券的价格	如果指定负数，则返回错误值 "#NUM!"
redemption	必需	表示用数值或引用单元格指定面值100元的有价证券的清偿价值	如果指定负数，则返回错误值 "#NUM!"
basis	可选	表示用数值指定证券日期的计算方法	如果指定0,则用30/360（NASD方式）计算；如果指定为1，则用实际天数/实际天数计算；如果指定为2，则用实际天数/360计算；如果指定为3，则用实际天数/365计算；如果指定为4,则用30/360（欧洲方式）计算。如果省略，则假定其值为0。如果指定0~4以外的数值，则返回错误值 "#NUM!"

函数练兵：计算已贴现债券的年收益

下面将使用YIELDDISC函数根据债券的购买日期、到期日期、债券价格、清偿价值等信息，计算年收益率。

① 选择B7单元格，输入公式"=YIELDDISC(B2,B3,B4,B5,B6)"。
② 按"Enter"键，即返回给定条件下已贴现债券的年收益率。

提示：证券的计算通常只限于面额为100元的证券。如果不是面额100元的证券，也有可能得到它的年收益率。

B7		× ✓ fx	=YIELDDISC(B2,B3,B4,B5,B6) ❶
	A	B	C
1	债券信息	数据	
2	购买日期	2019/2/11	
3	到期日期	2021/2/25	
4	债券价格	¥92.37	
5	清偿价值	¥100.00	
6	以实际天数/360为日计数基准	2	
7	贴现债券的年收益率	3.99%	
8		❷	

函数 37 COUPPCD

——计算结算日之前的上一个债券日期

COUPPCD函数用于计算结算日之前的上一个债券日期。使用此函数的重点是年付息次数的指定。证券的利息支付次数只能指定一年一次、一年两次或一年四次中的一个，所以不能使用其他利息支付次数。

语法格式：=COUPPCD(settlement,maturity,frequency,basis)
语法释义：=COUPPCD(成交日,到期日,年付息次数,基准选项)
参数说明：

参数	性质	说明	参数的设置原则
settlement	必需	表示用日期、单元格引用、序列号或公式结果等指定购买证券的日期	如果该日期在发行日期前，则返回错误值"#NUM!"
maturity	必需	表示用日期、单元格引用、序列号或公式结果等指定有价证券的到期日	如果该日期在发行时间或购买时间前，则返回错误值"#NUM!"
frequency	必需	表示为年付息次数	如果按年支付，frequency指定为1;按半年期支付,frequency指定为2;按季支付,frequency指定为4。如果frequency不为1、2或4，则函数返回错误值"#NUM!"

参数	性质	说明	参数的设置原则
basis	可选	表示用数值指定证券日期的计算方法	如果指定 0，则用 30/360（NASD 方式）计算；如果指定为 1，则用实际天数 / 实际天数计算；如果指定为 2，则用实际天数 /360 计算；如果指定为 3，则用实际天数 /365 计算；如果指定为 4，则用 30/360（欧洲方式）计算。如果省略，则假定其值为 0。如果指定 0 ～ 4 以外的数值，则返回错误值 "#NUM!"

● 函数练兵: **计算债券结算日之前的上一个付息日**

下面将使用COUPPCD函数根据债券的结算日、到期日、年付息次数等信息计算结算日之前的上一个付息日。

① 选择B6单元格，输入公式 "=COUPPCD(B2,B3,B4,B5)"。
② 按 "Enter" 键，即可根据给定的信息计算出结算日之前的上一个付息日。

	债券信息	数据
2	债券结算日	2019/2/11
3	债券到期日	2021/2/25
4	年付息次数	4
5	以实际天数/360为日计数基准	2
6	结算日之前的上一个付息日	2018/11/25

提示: 在单元格格式中设定的日期，其形式除序列号外，还有阳历、星期等的表示形式。用户可根据需要设定日期形式。

函数 38 COUPNCD
——计算结算日之后的下一个债券日期

COUPNCD函数用于计算结算日之后的下一个债券日期。使用此函数的重点是年付息次数的指定。使用此函数，债券的利息支付次数可以是每年一次、两次或四次。

语法格式: =COUPNCD(settlement,maturity,frequency,basis)

语法释义：=COUPNCD(成交日,到期日,年付息次数,基准选项)
参数说明：

参数	性质	说明	参数的设置原则
settlement	必需	表示用日期、单元格引用、序列号或公式结果等指定购买证券的日期	如果该日期在发行日期前，则返回错误值"#NUM!"
maturity	必需	表示用日期、单元格引用、序列号或公式结果等指定有价证券的到期日	如果该日期在发行时间或购买时间前，则返回错误值"#NUM!"
frequency	必需	表示为年付息次数	如果按年支付，frequency 指定为 1；按半年期支付，frequency 指定为 2；按季支付，frequency 指定为 4。如果 frequency 不为 1、2 或 4，则函数返回错误值"#NUM!"
basis	可选	表示用数值指定证券日期的计算方法	如果指定 0，则用 30/360（NASD 方式）计算；如果指定为 1，则用实际天数 / 实际天数计算；如果指定为 2，则用实际天数 /360 计算；如果指定为 3，则用实际天数 /365 计算；如果指定为 4，则用 30/360（欧洲方式）计算。如果省略，则假定其值为 0。如果指定 0～4 以外的数值，则返回错误值"#NUM!"

● 函数练兵：**计算债券结算日之后的下一个付息日**

下面将使用COUPNCD函数根据债券的结算日、到期日、年付息次数等信息计算结算日之后的下一个付息日。

① 选择B6单元格，输入公式"=COUPNCD(B2,B3,B4,B5)"。
② 按"Enter"键，即可根据给定的信息计算出结算日之后的下一个付息日。

	A	B	C
1	债券信息	数据	
2	债券结算日	2019/2/11	
3	债券到期日	2021/2/25	
4	年付息次数	4	
5	以实际天数/360为日计数基准	2	
6	结算日之后的下一个付息日	2019/2/25	
7			

B6 的公式：=COUPNCD(B2,B3,B4,B5)

COUPDAYBS函数用于计算当前付息期内截止到成交日的天数。使用此函数的重点是基准数值的指定。如果一年或一个月的天数指定错误，则不能得到正确的结果。

语法格式：=COUPDAYBS(settlement,maturity,frequency,basis)

语法释义：=COUPDAYBS(成交日,到期日,年付息次数,基准选项)

参数说明：

参数	性质	说明	参数的设置原则
settlement	必需	表示用日期、单元格引用、序列号或公式结果等指定购买证券的日期	如果该日期在发行日期前，则返回错误值"#NUM!"
maturity	必需	表示用日期、单元格引用、序列号或公式结果等指定有价证券的到期日	如果该日期在发行时间或购买时间前，则返回错误值"#NUM!"
frequency	必需	表示为年付息次数	如果按年支付，frequency指定为1；按半年期支付，frequency指定为2；按季支付，frequency指定为4。如果frequency不为1、2或4，则函数返回错误值"#NUM!"
basis	可选	表示用数值指定证券日期的计算方法	如果指定0，则用30/360（NASD方式）计算；如果指定为1，则用实际天数/实际天数计算；如果指定为2，则用实际天数/360计算；如果指定为3，则用实际天数/365计算；如果指定为4，则用30/360（欧洲方式）计算。如果省略，则假定其值为0。如果指定0～4以外的数值，则返回错误值"#NUM!"

● 函数练兵：**求按半年期支付利息的债券付息期到结算日的天数**

下面将使用COUPDAYBS函数根据债券的结算日、到期日、年付息次数等信息计算付息期到结算日的天数。

① 选择B6单元格，输入公式 "=COUPDAYBS(B2,B3,B4,B5)"。
② 按下 "Enter" 键，计算出付息期到结算日的天数。

B6		× ✓ *fx*	=COUPDAYBS(B2,B3,B4,B5) ❶
	A	B	C
1	债券信息	数据	
2	债券结算日	2018/2/11	
3	债券到期日	2021/2/25	
4	年付息次数	2	
5	以实际天数为日计数基准	1	
6	付息期到结算日的天数	170	
7		❷	

提示：根据一年有多少天、一个月有多少天，确定证券日期的计算方法。进行计算前，需确认证券日的计算方法。
若按季度支付利息（年付息次数为4次），则付息期到结算日的天数会缩短。

B6		× ✓ *fx*	=COUPDAYBS(B2,B3,B4,B5)
	A	B	C
1	债券信息	数据	
2	债券结算日	2018/2/11	
3	债券到期日	2021/2/25	
4	年付息次数	4	
5	以实际天数为日计数基准	1	
6	付息期到结算日的天数	78	
7			

按季度支付利息 →（指向年付息次数）

结算天数发生变化 →（指向付息期到结算日的天数）

函数 40 COUPDAYSNC
——计算从成交日到下一付息日之间的天数

COUPDAYSNC函数用于返回从成交日到下一付息日之间的天数。使用此函数的重点是基准值的指定。计算结果随着一年的总天数、一个月的总天数而改变。

语法格式：=COUPDAYSNC(settlement,maturity,frequency,basis)
语法释义：=COUPDAYSNC(成交日,到期日,年付息次数,基准选项)
参数说明：

参数	性质	说明	参数的设置原则
settlement	必需	表示用日期、单元格引用、序列号或公式结果等指定购买证券的日期	如果该日期在发行日期前，则返回错误值 "#NUM!"

参数	性质	说明	参数的设置原则
maturity	必需	表示用日期、单元格引用、序列号或公式结果等指定有价证券的到期日	如果该日期在发行时间或购买时间前，则返回错误值"#NUM!"
frequency	必需	表示为年付息次数	如果按年支付，frequency 指定为 1；按半年期支付，frequency 指定为 2；按季支付，frequency 指定为 4。如果 frequency 不为 1、2 或 4，则函数返回错误值"#NUM!"
basis	可选	表示用数值指定证券日期的计算方法	如果指定 0，则用 30/360（NASD 方式）计算；如果指定为 1，则用实际天数 / 实际天数计算；如果指定为 2，则用实际天数 /360 计算；如果指定为 3，则用实际天数 /365 计算；如果指定为 4，则用 30/360（欧洲方式）计算。如果省略，则假定其值为 0。如果指定 0 ～ 4 以外的数值，则返回错误值"#NUM!"

● **函数练兵：求按季度支付利息的债券成交日到下一个付息日的天数**

下面将使用COUPDAYSNC函数，根据债券结算日、到期日、年付息次数等信息，计算成交日到下一个付息日的天数。

B6	fx =COUPDAYSNC(B2,B3,B4,B5) ❶
	A	B	C
1	债券信息	数据	
2	债券结算日	2018/2/11	
3	债券到期日	2021/2/25	
4	年付息次数	4	
5	以实际天数为日计数基准	1	
6	从结算日到下一付息日的天数	14	
7		❷	

① 选择B6单元格，输入公式"=COUPDAYSNC(B2,B3,B4,B5)"。
② 按"Enter"键，即可求出给定条件下从结算日到下一付息日的天数。

函数 41 COUPDAYS
——计算包含成交日在内的付息期的天数

COUPDAYS 函数用于返回成交日所在的付息期的天数。使用此函数的重点是基准值的指定。如果一年或一个月的天数指定错误，就不能得到正确的结果。

语法格式：=COUPDAYS(settlement,maturity,frequency,basis)

语法释义：=COUPDAYS(成交日,到期日,年付息次数,基准选项)

参数说明：

参数	性质	说明	参数的设置原则
settlement	必需	表示用日期、单元格引用、序列号或公式结果等指定购买证券的日期	如果该日期在发行日期前，则返回错误值"#NUM!"
maturity	必需	表示用日期、单元格引用、序列号或公式结果等指定有价证券的到期日	如果该日期在发行时间或购买时间前，则返回错误值"#NUM!"
frequency	必需	表示为年付息次数	如果按年支付，frequency指定为1；按半年期支付,frequency指定为2；按季支付,frequency指定为4。如果frequency不为1、2或4，则函数返回错误值"#NUM!"
basis	可选	表示用数值指定证券日期的计算方法	如果指定0，则用30/360（NASD方式）计算；如果指定为1，则用实际天数／实际天数计算；如果指定为2，则用实际天数/360计算；如果指定为3，则用实际天数/365计算；如果指定为4,则用30/360(欧洲方式)计算。如果省略,则假定其值为0。如果指定0～4以外的数值，则返回错误值"#NUM!"

● 函数练兵：**求按半年期付息的包含成交日的债券的利息计算天数**

下面将使用COUPDAYS函数，根据债券的结算日、到期日、年付息次数等信息计算包含成交日的债券付息期的天数。

① 选择B6单元格，输入公式"=COUPDAYS(B2,B3,B4,B5)"。

② 按"Enter"键，求出给定条件下的债券付息天数。

	A	B	C
B6		=COUPDAYS(B2,B3,B4,B5) ❶	
1	债券信息	数据	
2	债券结算日	2018/2/11	
3	债券到期日	2021/2/25	
4	年付息次数	2	
5	以实际天数为日计数基准	1	
6	包含成交日的债券付息期的天数	184	
7		❷	

提示：年付息次数必需指定为1、2、4这三个数值，否则将返回错误值 "#NUM!"。

| B6 | ▼ | ⋮ | × | ✓ | f_x | =COUPDAYS(B2,B3,B4,B5) |

	A	B	C
1	债券信息	数据	
2	债券结算日	2018/2/11	
3	债券到期日	2021/2/25	
4	年付息次数	5	← 指定的数字超出范围
5	以实际天数为日计数基准	1	
6	包含成交日的债券付息期的天数	#NUM!	
7			

扫码观看
本章视频

第 **9** 章

信息函数的应用

　　信息函数主要用于显示 Excel 内部的一些提示信息，例如数据错误信息、操作环境参数、数据类型、位置或内容等信息。本章内容将对信息函数的类型、参数的设置方法以及使用时的注意事项进行详细介绍。

信息函数速查表

　　信息函数中使用最多的是 IS 函数，IS 函数的返回值是逻辑值 TRUE 或 FALSE。信息函数的类型及作用见下表。

函数	作用
CELL	返回某一引用区域左上角单元格的格式、位置或内容等信息
ERROR.TYPE	返回与错误值对应的数值
INFO	返回当前操作环境的信息
TYPE	返回输入在单元格内的数值类型
ISBLANK	判断测试对象是否为空单元格
ISLOGICAL	判断测试对象是否为逻辑值
ISNONTEXT	判断测试对象是否不是文本
ISNUMBER	判断测试对象是否为数值
ISEVEN	判断测试对象是否为偶数
ISODD	判断测试对象是否为奇数
ISREF	判断测试对象是否是引用
ISFORMULA	判断测试对象是否存在包含公式的单元格引用
ISTEPXT	判断测试对象是否是文本
ISNA	判断测试对象是否是"#N/A"错误值
ISERR	判断测试对象是否是除"#N/A"以外的错误值
ISERROR	检测指定单元格是否为错误值
N	将参数中指定的值转换为数值形式
NA	返回错误值"#N/A"

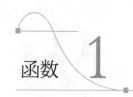

函数 1 CELL

——提取单元格的信息

语法格式：=CELL(info_type,reference)
语法释义：=CELL(信息类型,引用)
参数说明：

参数	性质	说明	参数的设置原则
info_type	必需	表示用加双引号的半角文本指定需检查的信息	是一个文本值，如果文本的拼写不正确，或用全角输入，则返回错误值"#VALUE!"。如果没有输入双引号，则返回错误值"#NAME?"
reference	可选	表示需检查信息的单元格	也可指定单元格区域，此时最左上角的单元格区域被选中，如果省略，则返回值给最后更改的单元格

info_type参数的返回值对应的信息见下表。

info_type	返回信息
"address"	用"$A$1"的绝对引用形式，将引用区域左上角的第一个单元格作为返回值引用
"col"	将引用区域左上角的单元格列标作为返回值引用
"color"	如果单元格中的负值以不同颜色显示，则为1，否则返回0
"contents"	引用区域左上角的单元格的值作为返回值引用
"filename"	包含引用的文件名（包括全部路径）、文本类型。如果包含目标引用的工作表尚未保存，则返回空文本（""）
"format"	指定的单元格格式相对应的文本常数。
"parentheses"	引用区域左上角的单元格格式中为正值或全部单元格均加括号，1作为返回值返回，其他情况时0作为返回值返回
"prefix"	与单元格中不同的"标志前缀"相对应的文本值。如果单元格文本左对齐，则返回单引号（'）；如果单元格文本右对齐，则返回双引号（"）；如果单元格文本居中，则返回插入字符（^）；如果单元格文本两端对齐，则返回反斜线（\）；如果是其他情况，则返回空文本（""）
"protect"	如果单元格没有锁定，则为0；如果单元格被锁定，则为1
"row"	将引用区域左上角单元格的行号作为返回值返回
"type"	与单元格中的数据类型相对应的文本值。如果单元格为空，则返回"b"。如果单元格包含文本常量，则返回"1"；如果单元格包含其他内容，则返回"v"
"width"	取整后的单元格的列宽。列宽以默认字号的一个字符的宽度为单位

format的表示形式及返回值见下表。

表示形式	返回值	表示形式	返回值
常规	"G"	# ?/? 或 # ??/??	"G"
0	"F0"	yy-m-d	"D4"
#,##0	",0"	yy-m-d h:mm 或 dd-mm-yy	"D4"
0.00	"F2"	d-mmm-yy	"D1"
#,##0.00	",2"	dd-mmm-yy	"D1"
$#,##0_);($#,##0)	"C0"	mmm-yy	"D3"
$#,##0_);[Red]($#,##0)	"C0-"	d-mmm 或 dd-mm	"D2"
$#,##0.00_);($#,##0.00)	"C2"	dd-mm	"D5"
$#,##0.00_);[Red]($#,##0.00)	"C2-"	h:mm AM/PM	"D7"
0%	"P0"	h:mm:ss AM/PM	"D6"
0.00%	"P2"	h:mm	"D9"
0.00E+00	"S2"	h:mm:ss	"D8"

● 函数练兵 : **提取指定单元格的行位置或列位置**

下面将使用CELL函数计算各种指定的节日是今年中的第几周。

Step01:
提取行位置

① 分别在B2、B3、B4、B5单元格
中输入下列公式：
B2=CELL("ROW",A3);
B3=CELL("ROW",C5);
B4=CELL("ROW",B8);
B5=CELL("ROW",H12);
得到对应单元格地址的行位置。

B2	▼	:	× ✓	fx	=CELL("ROW",A3)

▲	A	B	C	D
1	单元格地址	行位置	列位置	
2	A3	3		
3	B5	5		
4	C8	8		
5	H12	12		
6		❶		

Step02:
提取列位置

② 分别在C2、C3、C4、C5单元格
中输入下列公式：
C2=CELL("COL",A3);
C3=CELL("COL",B5);
C4=CELL("COL",C8);
C5=CELL("COL",H12);
得到对应单元格地址的列位置。

C2	▼	:	× ✓	fx	=CELL("COL",A3)

▲	A	B	C	D
1	单元格地址	行位置	列位置	
2	A3	3	1	
3	B5	5	2	
4	C8	8	3	
5	H12	12	8	
6			❷	

第
9
章

● 函数练兵2: **获取当前单元格的地址**

为CELL函数设置"address"检索信息，可以提取获取活动单元格（当前所选单元格）的地址。

Step01:
输入公式

① 选择C1单元格，输入公式"=CELL("address")"。

② 按下"Enter"键，即可提取出公式所在单元格的地址。

Step02:
刷新公式

③ 选择其他单元格，按"F9"键，C1单元格中随即自动刷新并返回当前所选单元格的地址。

● 函数组合应用: **CELL+IF——判断单元格中的内容是否为日期**

使用CELL和IF函数嵌套编写公式可以判断单元格中的数据是否为日期，并以直观的文字返回判断结果。

① 选择B2单元格，输入公式"=IF(CELL("format",A2)="D1","日期","非日期")"。

② 随后将公式向下方填充，即可判断出A列对应单元格中的数据是否为日期。

函数 2 ERROR.TYPE
——提取与错误值对应的数字

语法格式：=ERROR.TYPE(error_val)

语法释义：=ERROR.TYPE(错误码)

参数说明：

参数	性质	说明	参数的设置原则
error_val	必需	表示需要辨认其类型的错误值	可以是实际错误值或对包含错误值的单元格引用

提示：ERROR.TYPE函数用于检查错误的种类并返回到相应的错误值（1～7）。错误值和ERROR.TYPE函数的返回值参照下表。如果没有错误，则返回错误值"#N/A"。

错误值	返回值
#NULL!	1
#DIV/0!	2
#VALUE!	3
#REF!	4
#NAME?	5
#NUM!	6
#N/A	7
其他错误值	#N/A

● 函数练兵：**提取错误值的对应数字识别号**

下面将使用ERROR.TYPE函数提取单元格中错误值的数字识别号。

Step01：

输入函数名

① 选择C2单元格，输入"ERROR.TYPE("。

② 此时，屏幕中会出现一个下拉列表，提示每一种错误类型所对应的数字识别号。

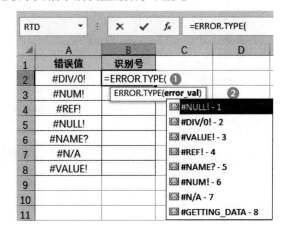

	B2		:	×	✓	fx	=ERROR.TYPE(A2) ③

▲	A	B	C	D
1	错误值	识别号		
2	#DIV/0!	2		
3	#NUM!	6		
4	#REF!	4		
5	#NULL!	1		
6	#NAME?	5		
7	#N/A	7		
8	#VALUE!	3		
9		④		

Step02:
输入完整公式并填充公式

③ 在 C2 单元格中输入完整的公式 "=ERROR.TYPE(A2)"。

④ 将公式向下填充，即可得到每个对应单元格中的错误值的识别号。

提示：每种错误值形成的原因如下。

● #DIV/0!：当数字除以 0 时，出现该错误。

● "#NUM!"：如果公式或函数中使用了无效的数值，出现该错误。

● "#VALUE!"：当在公式或函数中使用的参数或操作数类型错误时，出现该错误。

● #REF!：当单元格引用无效时，出现该错误。

● #NULL!：如果指定两个并不相交的区域的交点，出现该错误。

● #NAME?：当 Excel 无法识别公式中的文本时，出现该错误。

● #N/A：当数值对函数或公式不可用时，出现该错误。

函数 3 INFO
——提取当前操作环境的信息

INFO 函数用于返回 Excel 的版本或操作系统的种类等信息。

语法格式：=INFO(type_text)

语法释义：=INFO(信息类型)

参数说明：

参数	性质	说明	参数的设置原则
type_text	必需	表示需要获得的信息类型	文本种类请参照下表。如果文本拼写不同或输入全角文本，则返回错误值 "#VALUE!"。如果没有加双引号，则返回错误值

INFO 的信息类型以及对应的返回值见下表。

检查的种类	返回值	
"directory"	当前目录或文件夹的路径	
"memavail"	可用的内存空间，以字节为单位	
"memused"	数据占用的内存空间	
"numfile"	打开的工作簿中活动工作表的个数	
"origin"	用 A1 样式的绝对引用，返回窗口中可见的最右上角的单元格	
"osversion"	操作系统	版本号
	Windows 98 Second Edition	Windows(32-bit)4.10
	Windows Me	Windows(32-bit)4.90
	Windows 2000 Professional	Windows(32-bit)NT 5.00
	Windows XP Home Edition	Windows(32-bit)NT 5.01
	Windows 7 Ultimate	Windows(32-bit)NT 6.01
	Windows 8 Professional	Windows(32-bit)NT 6.02
"recalc"	用"自动"或"手动"文本表示当前的重新计算方式	
"release"	Excel 95	7.0
	Excel 97	8.0
	Excel 2000	9.0
	Excel XP	10.0
	Excel 2003	11.0
	Excel 2007	12.0
	Excel 2010	14.0
	Excel 2013	15.0
"syStepm"	操作系统名称。用"mac"文本表示 Macintosh 版本，用"pcdos"文本表示 Windows 版	
"totmem"	全部内存空间，包括已经占用的内存空间，以字节为单位	

● 函数练兵： **提取当前操作环境信息**

下面将使用 INFO 函数提取当前操作系统版本、操作环境、Excel 版本号等信息。

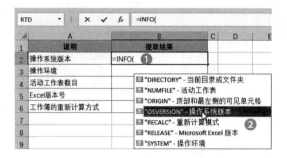

Step01:
输入公式，根据提示选择信息类型

① 选 择 B2 单 元 格 ，输 入 "=INFO("。

② 此 时 公 式 下 方 会 出 现 一 个 下 拉 列 表 ，从 下 列 表 中 双 击 需 要 使 用 的 信 息 类 型 。这 里 选 择 ""OSVERSION"-操作系统版本"。

Step02:
输入完整公式

③ 所 选 的 信 息 类 型 随 即 自 动 被 录 入 到 公 式 中 ，输 入 右 括 号 后 按 "Enter"键 ，即 可 返 回 操 作 系 统 的 版 本 。

Step03:
输入公式提取其他信息

④ 继续在下列单元格中输入公式：

B3=INFO("SYSTEPM")；

B4=INFO("NUMFILE")；

B5=INFO("RELEASE")；

B6=INFO("RECALC")；提取对应单元格中所指定的内容的信息。

函数 4 TYPE

——提取单元格内的数值类型

语法格式：=TYPE(value)
语法释义：=TYPE(值)

参数说明：

参数	性质	说明	参数的设置原则
value	必需	表示任何值	可以为任意 Microsoft Excel 数值，如数字、文本以及逻辑值等

TYPE 函数是将输入在单元格内的数据转换为相应的数值。TYPE 函数的返回数值请参照下表。

数据类型	返回值	数据类型	返回值
数值	1	错误值	16
文本	2	数组	64
逻辑值	4		

● 函数练兵： **判断数据的类型**

下面将使用TYPE函数判断对应单元格中的数据类型。

① 选择B2单元格，输入公式"=TYPE(A2)"。

② 随后将公式向下方填充，即可判断出A列中对应单元格中的数据类型的数字识别码。

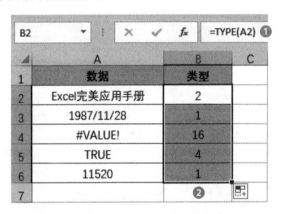

● 函数组合应用I： **TYPE+IF——以直观的文字显示单元格内的数值类型**

IF函数可以将TYPE函数返回的数字转换成直观的文字，下面将使用这两个函数嵌套编写公式判断数据的类型。

① 选择B2单元格，输入公式"=IF(TYPE(A2)=1,"数值",IF(TYPE(A2)=2,"文本",IF(TYPE(A2)=4,"逻辑值",IF(TYPE(A2)=16,"错误值","数组"))))"。

② 随后将公式向下方填充，即可以文字形式返回对应数据的类型。

● 函数组合应用2：**TYPE+VLOOKUP——以直观的文字显示单元格内的数值类型**

TYPE函数与IF函数嵌套编写的公式较长，不易编写和理解，用户可以使用TYPE函数与VLOOKUP函数嵌套编写公式完成相同的计算。

① 选择B2单元格，输入公式"=VLOOKUP(TYPE(A2),\$A\$10:\$B\$14,2,FALSE)"。

② 将公式向下填充，即可返回对应单元格中数据的类型。

函数 5 ISBLANK

——判断测试对象是否为空单元格

语法格式：=ISBLANK(value)
语法释义：=ISBLANK(值)
参数说明：

参数	性质	说明	参数的设置原则
value	必需	表示要检查的单元格或单元格名称	参数 value 为无数据的空白时，ISBLANK 函数将返回 TRUE，否则将返回 FALSE

● 函数练兵：**通过出库数量判断商品是否未产生销量**

下面将使用ISBLANK函数通过出库数量来判断商品是否未产生销量。有数值的单元格代表有销售，空白单元格表示无销售。

① 选择C2单元格，输入公式"=ISBLANK(B2)"。

② 将公式向下填充，即可返回逻辑值判断结果。其中FALSE表示否（有销售），TRUE表示是（无销售）。

	A	B	C	D
	C2		f_x =ISBLANK(B2) ①	
1	产品名称	出库数量（吨）	是否未产生销售	
2	鸡肉卷	1	FALSE	
3	香芋丸	0.5	FALSE	
4	紫薯丸		TRUE	
5	撒尿牛丸	5	FALSE	
6	黄金福袋	0.3	FALSE	
7	鱼籽福袋	8	FALSE	
8	雪大福		TRUE	
9	玉米酥	6	FALSE	
10	墨鱼丸	3	FALSE	
11	烟熏肠	5	FALSE ②	
12				

提示：使用IF函数可将判断结果转换成易识别的文本。在C2单元格中输入公式"=IF(ISBLANK(B2)," 无销售 ","")"，接着将公式向下方填充。

	A	B	C	D	E
	C2		f_x =IF(ISBLANK(B2),"无销售","")		
1	产品名称	出库数量（吨）	是否未产生销售		
2	鸡肉卷	1			
3	香芋丸	0.5			
4	紫薯丸		无销售		
5	撒尿牛丸	5			
6	黄金福袋	0.3			
7	鱼籽福袋	8			
8	雪大福		无销售		
9	玉米酥	6			
10	墨鱼丸	3			
11	烟熏肠	5			
12					

有出库数据的单元格返回空白，无出库数据的单元格返回"无销售"

函数 6 ISNONTEXT
——检测一个值是否是文本

第9章

语法格式：=ISNONTEXT(value)

语法释义：=ISNONTEXT(值)

参数说明：

参数	性质	说明	参数的设置原则
value	必需	表示要检测的值	检测值可以是一个单元格、公式、数值，或对一个单元格、公式、数值的引用。如果检测对象不是文本，返回逻辑值 TRUE；如果是文本，则返回 FALSE

第9章
信息函数的应用
383

● 函数练兵： **标注笔试缺考的应试人员**

在公司招聘的一场笔试中有些人员未参加，未参加的人员对应笔试成绩为"缺考"，下面将使用ISNONTEXT函数与IF函数嵌套编写公式标注出缺考人员。

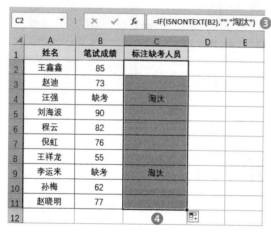

Step01：

用逻辑值显示笔试情况

① 选择C2单元格，输入公式"=ISNONTEXT(B2)"。

② 拖动鼠标向下填充公式，返回逻辑值结果。TRUE表示有笔试成绩，FALSE表示笔试成绩是文本。

Step02：

使用IF函数转换判断结果

③ 将C2单元格中的公式修改成"=IF(ISNONTEXT(B2),"","淘汰")"。

④ 重新向下方填充公式，笔试成绩为文本"缺考"的单元格即可用"淘汰"标注出来。

函数 **7** ISNUMBER

——检测一个值是否为数值

语法格式：=ISNUMBER(value)

语法释义：=ISNUMBER(值)

参数说明：

参数	性质	说明	参数的设置原则
value	必需	表示要检测的值	检测值可以是一个单元格、公式、数值，或对一个单元格、公式、数值的引用。检测对象是数值时，返回 TRUE；不是数值时，返回 FALSE

● 函数练兵： **检测产品是否有销量**

　　下面将根据产品的销量数据判断该产品是否有销量，数字表示有销量，文本、空单元格或符号等全部表示无销量。

① 选择C2单元格，输入公式"=ISNUMBER(B2)"。

② 将公式向下填充，即可判断出对应的产品是否有销量。TRUE表示有销量（对应单元格中是数值），FALSE表示无销量（对应单元格中不是数值）。

C2		× ✓ fx	=ISNUMBER(B2) ❶

	A	B	C	D
1	产品名称	销量（吨）	是否有销量	
2	鸡肉卷	1	TRUE	
3	香芋丸	没有销售	FALSE	
4	紫薯丸	无	FALSE	
5	撒尿牛丸	5	TRUE	
6	黄金福袋	0.3	TRUE	
7	鱼籽福袋	8	TRUE	
8	雪大福		FALSE	
9	玉米酥	6	TRUE	
10	墨鱼丸	3	TRUE	
11	烟熏肠	5	TRUE	
12			❷	

提示：若单元格格式为文本格式，即使输入的内容是数字，也会返回FALSE。

C5		× ✓ fx	=ISNUMBER(B5)

文本型数字被判断为不是数值

	A	B	C	D
1	产品名称	销量（吨）	是否有销量	
2	鸡肉卷	1	TRUE	
3	香芋丸	没有销售	FALSE	
4	紫薯丸	无	FALSE	
5	撒尿牛丸	5	FALSE	
6	黄金福袋	0.3	TRUE	
7	鱼籽福袋	8	TRUE	
8	雪大福		FALSE	

函数 8 ISEVEN
——检测一个值是否为偶数

语法格式：=ISEVEN(number)

语法释义：=ISEVEN(值)

参数说明：

参数	性质	说明	参数的设置原则
number	必需	表示要检测是否为偶数的数据	忽略小数点后的数字。如果指定空白单元格，则作为 0 检测，结果返回 TRUE。如果输入文本等数值以外的数据，则返回错误值"#VALUE!"

● 函数练兵：**根据车牌尾号判断单双号**

　　根据车牌尾号可判断出单双号，奇数为单号，偶数为双号，下面将使用ISEVEN函数判断出车牌号是否为偶数，然后用IF函数将判断结果转换成文本，是偶数则返回"双号"，否则返回"单号"。

	A	B	C	D
1	NO	车牌尾号	判断单双号	
2	001	5	单号	
3	002	3	单号	
4	003	2	双号	
5	004	0	双号	
6	005	1	单号	
7	006	9	单号	
8	007	6	双号	
9	008	4	双号	
10				

C2 单元格公式：=IF(ISEVEN(B2),"双号","单号") ❶

① 选择C2单元格，输入公式"=IF(ISEVEN(B2)," 双号 "," 单号 ")"。

② 将公式向下填充，即可判断出相应车牌尾号是单号还是双号。

● 函数组合应用：**ISEVEN+WEEKNUM——判断指定日期是单周还是双周日期**

　　使用ISEVEN函数与WEEKNUM函数嵌套可判断指定的日期是双周还是单周，公式返回的是逻辑值，所以还需要嵌套一个IF函数将逻辑值转换成文本。

Step01:
用逻辑值判断日期是单周还是双周

① 选择C2单元格，输入公式"=ISEVEN(WEEKNUM(B2,2))"。

② 将公式填充到下方单元格区域，公式返回逻辑值的盘算结果。FALSE表示单周，TRUE表示双周。

	C2		✕ ✓ fx	=ISEVEN(WEEKNUM(B2,2)) ❶
▲	A	B	C	D	E
1	序号	日期	双周还是单周		
2	1	2020/12/30	FALSE		
3	2	2021/5/6	FALSE		
4	3	2021/8/12	FALSE		
5	4	2022/6/21	TRUE		
6	5	2018/10/1	TRUE		
7	6	2025/3/11	FALSE		
8	7	1999/1/15	FALSE		
9	8	2020/9/2	TRUE		
10	9	2021/9/7	FALSE		
11			❷		

Step02:
用IF函数将逻辑值转换成文本

③ 修改C2单元格中的公式为"=IF(ISEVEN(WEEKNUM(B2,2)),"双周","单周")"。

④ 重新向下填充公式，返回文本形式的判断结果。

	C2		✕ ✓ fx	=IF(ISEVEN(WEEKNUM(B2,2)), "双周","单周") ❸
▲	A	B	C	D	E
1	序号	日期	双周还是单周		
2	1	2020/12/30	单周		
3	2	2021/5/6	单周		
4	3	2021/8/12	单周		
5	4	2022/6/21	双周		
6	5	2018/10/1	双周		
7	6	2025/3/11	单周		
8	7	1999/1/15	单周		
9	8	2020/9/2	双周		
10	9	2021/9/7	单周		
11			❹		

函数 **9** # ISLOGICAL
——检测一个值是否是逻辑值

语法格式：=ISLOGICAL(value)
语法释义：=ISLOGICAL(值)
参数说明：

参数	性质	说明	参数的设置原则
value	必需	表示要检测的值	可以是一个单元格、公式或是数值名称。如果检测对象是逻辑值，返回逻辑值 TRUE；如果不是逻辑值，则返回 FALSE

● 函数练兵：**检测单元格中的数据是否为逻辑值**

下面将使用ISLOGICAL函数检测对应单元格中的值是否为逻辑值。

① 选择B2单元格，输入公式"=ISLOGICAL(A2)"。

② 将公式向下填充，即可返回逻辑值的判断结果，FALSE表示对应单元格中的内容不是逻辑值，TRUE表示是逻辑值。

	A	B	C
1	测试值	结果	
2	ISLOGICAL	FALSE	
3	❤(´•ᴗ•`)比心	FALSE	
4	9527	FALSE	
5	逻辑值	FALSE	
6	TRUE	TRUE	
7	FALSE	TRUE	
8	德胜书坊（dssf007）	FALSE	
9			

B2   fx =ISLOGICAL(A2) ①

函数 10 ISODD
——检测一个值是否为奇数

语法格式：=ISODD(number)

语法释义：=ISODD(值)

参数说明：

参数	性质	说明	参数的设置原则
number	必需	表示要检测是否为奇数的数据	忽略小数点后的数字。如果指定空白单元格，则作为 0 检测，结果返回 FALSE。如果输入文本等数值以外的数据，则返回错误值"#VALUE!"

● 函数练兵： **判断员工编号是否为单号**

下面将使用ISODD函数判断员工编号是否为单号，返回结果为逻辑值。

C2   fx =ISODD(B2) ①

	A	B	C	D
1	姓名	编号	是否为单号	
2	王鑫鑫	1105	TRUE	
3	赵迪	3569	TRUE	
4	刘海波	5879	TRUE	
5	程云	9541	TRUE	
6	倪虹	5410	FALSE	
7	王祥龙	6983	TRUE	
8	孙梅	5447	TRUE	
9	赵晓明	9858	FALSE	
10				

① 选择C2单元格，输入公式"=ISODD(B2)"。

② 将公式向下方填充，返回逻辑值的判断结果。TRUE表示是单号（要判断的值为奇数），FALSE表示是双号（要判断的值为偶数）。

| | C2 | | × | ✓ | fx | =ISODD(B2) |

	A	B	C	D
1	姓名	编号	是否为单号	
2	王鑫鑫	1105	TRUE	
3	赵迪	3569	TRUE	
4	刘海波	5879	TRUE	
5	程云	9541	TRUE	
6	倪虹	5410	FALSE	
7	王祥龙	6983	TRUE	
8	孙梅	5447	TRUE	
9	赵晓明	9858	FALSE	
10				

ISEVEN或ISODD函数可以正常检测文本型数字的奇偶数

● 函数组合应用：**ISODD+MID——根据身份证号码判断性别**

身份证号码的第17位数，奇数为男性，偶数为女性。下面将利用MID函数从身份证号码中提取出第17位数，然后用ISODD函数判断这个数字是否为奇数。其返回值为逻辑值。最后可以使用IF函数将逻辑值转换成文本"男性"或"女性"。

① 选择C2单元格，输入公式"=IF(ISODD(MID(B2,17,1))," 男 "," 女 ")"。

② 将公式向下填充，即可根据对应的身份证号码判断出性别。

| | C2 | | × | ✓ | fx | =IF(ISODD(MID(B2,17,1)),"男","女") | ❶ |

	A	B	C	D
1	姓名	身份证号码	判断性别	
2	毛豆豆	440300　0156310	男	
3	吴明月	420100　2156323	女	
4	赵海波	360100　5112311	男	
5	林小丽	320503　6108781	女	
6	王冕	140100　7092564	女	
7	许强	610100　4022589	女	
8	姜洪峰	340104　6102720	女	
9	陈芳芳	230103　2252531	男	
10			❷	

函数 11 **ISREF**

——检测一个值是否为引用

语法格式：=ISREF(value)

语法释义：=ISREF(值)

参数说明：

参数	性质	说明	参数的设置原则
value	必需	表示用于检测是否为引用的数据	如果检测对象是单元格引用，则返回逻辑值TRUE；如果不是引用，则返回FALSE

● 函数练兵： **检测销售额是否为引用的数据**

下面将使用ISREF函数检测参数值是否为单元格引用。

	A	B	C	D	E	F
		fx	=ISREF(SUM(B2:B13)) ①			
1	月份	去年销售额	今年销售额		去年销售额合计	
2	1月	¥55,000.00	¥67,500.00		FALSE	
3	2月	¥57,500.00	¥58,400.00		②	
4	3月	¥45,680.00	¥47,000.00			
5	4月	¥52,000.00	¥50,500.00			
6	5月	¥55,450.00	¥56,700.00			
7	6月	¥27,850.00	¥34,200.00			
8	7月	¥25,687.00	¥26,785.00			
9	8月	¥59,420.00	¥56,780.00			
10	9月	¥38,700.00	¥52,170.00			
11	10月	¥38,750.00	¥39,850.00			
12	11月	¥42,100.00	¥52,050.00			
13	12月	¥27,560.00	¥49,650.00			
14	合计	¥525,697.00	¥591,585.00			
15						

Step01:
第一次检测

① 选择E2单元格，输入公式"=ISREF(SUM(B2:B13))"。

② 按下"Enter"键。公式返回逻辑值FALSE，表示参数值不是引用。

	A	B	C	D	E	F
		fx	=ISREF(B14) ③			
1	月份	去年销售额	今年销售额		去年销售额合计	
2	1月	¥55,000.00	¥67,500.00		FALSE	
3	2月	¥57,500.00	¥58,400.00		TRUE	
4	3月	¥45,680.00	¥47,000.00		④	
5	4月	¥52,000.00	¥50,500.00			
6	5月	¥55,450.00	¥56,700.00			
7	6月	¥27,850.00	¥34,200.00			
8	7月	¥25,687.00	¥26,785.00			
9	8月	¥59,420.00	¥56,780.00			
10	9月	¥38,700.00	¥52,170.00			
11	10月	¥38,750.00	¥39,850.00			
12	11月	¥42,100.00	¥52,050.00			
13	12月	¥27,560.00	¥49,650.00			
14	合计	¥525,697.00	¥591,585.00			
15						

Step02:
第二次检测

③ 选择E3单元格，输入公式"=ISREF(B14)"。

④ 按下"Ener"键，公式返回逻辑值TRUE，表示参数值为引用。

提示：如果参数中输入没有定义的名称，则返回FALSE。

函数 12 ISFORMULA
——检测是否存在包含公式的单元格引用

语法格式：=ISFORMULA(reference)
语法释义：=ISFORMULA(参照区域)
参数说明：

参数	性质	说明	参数的设置原则
reference	必需	表示对要测试单元格的引用	引用可以是单元格引用或引用单元格的公式或名称。如果是，则返回 TRUE；否则返回 FALSE。如果引用不是有效的数据类型，如并非引用的定义名称，则 ISFORMULA 将返回错误值 "#VALUE!"

● 函数练兵：**检测引用的单元格中是否包含公式**

下面将使用ISFORMULA函数检测引用的单元格中是否包含公式。

分别在下列单元格中输入公式：
E2=ISFORMULA(去年销售额)；
E3=ISFORMULA(B14)；
E4=ISFORMULA(B2)；
E5=ISFORMULA(今年销售)；
根据公式的返回结果判断公式中引用的单元格中是否包含公式。当设置文本参数时公式返回错误值 "#NAME?"。

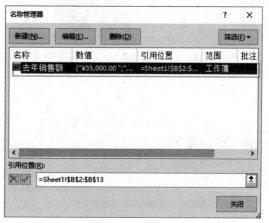

提示：本例中的"去年销售额"为定义的名称，多以直接将该文本设置为ISFORMULA函数的参数时没有返回错误值。通过"名称管理器"可查看当前工作簿中的所有名称。按"Ctrl+F3"组合键可打开"名称管理器"对话框。

函数 13 ISTEXT
——检测一个值是否为文本

语法格式：=ISTEPXT(value)

语法释义：=ISTEPXT(值)

参数说明：

参数	性质	说明	参数的设置原则
value	必需	表示用于检测是否为文本的数据	检测对象如果是文本，则返回逻辑值 TRUE，如果不是文本，则返回逻辑值 FALSE

● 函数练兵：**检测应聘人员是否未参加笔试**

参加笔试的人员均有具体成绩，未参加笔试的人员用文本备注的原因，下面将使用 ISTEPXT 函数判断笔试成绩是数字还是文本，返回值为逻辑值，然后可以用 IF 函数将逻辑值转换成文本。

① 选择 C11 单元格，输入公式"=IF(ISTEPXT(B2)," 是 ","")"。

② 将公式向下填充，即可判断出哪些人员未参加笔试。

	A	B	C	D
1	姓名	笔试成绩	是否未参加笔试	
2	王鑫鑫	85		
3	赵迪	73		
4	汪强	未到场	是	
5	刘海波	90		
6	程云	82		
7	倪虹	76		
8	王祥龙	55		
9	李运来	临时有事	是	
10	孙梅	62		
11	赵晓明	77		
12				

C2 ✕ ✓ fx =IF(ISTEXT(B2),"是","")

函数 14 ISNA
——检测一个值是否为 "#N/A" 错误值

语法格式：=ISNA(value)

语法释义：=ISNA(值)

参数说明：

参数	性质	说明	参数的设置原则
value	必需	表示用于检测是否为"#N/A"错误值的数值	检测对象如果是"#N/A"错误时，返回逻辑值 TRUE。如果不是"#N/A"错误值，返回逻辑值 FALSE

● 函数练兵：**判断销售对比值是否为"#N/A"错误值**

下面将使用ISNA函数判断两月销售对比数据是否为"#N/A"错误值，是就返回TRUE，否则返回FALSE。

① 选择E2单元格，输入公式"=ISNA(D2)"。

② 将公式向下填充，即可返回逻辑值判断结果。

	A	B	C	D	E	F
1	商品名称	上月销售数	本月销售数	两月对比	是否为#N/A错误	
2	空调	3	0	0	FALSE	
3	电风扇	2	B	#VALUE!	FALSE	
4	饮水机	4	2	0.5	FALSE	
5	吹风机	#N/A	5	#N/A	TRUE	
6	微波炉	5	3	0.6	FALSE	
7	电饭煲	1	2	2	FALSE	
8	热水器	0	4	#DIV/0!	FALSE	
9						

E2   ✕ ✓ fx   =ISNA(D2) ①

②

函数 15 ISERR
——检测一个值是否为"#N/A"以外的错误值

语法格式：=ISERR(value)

语法释义：=ISERR(值)

参数说明：

参数	性质	说明	参数的设置原则
value	必需	表示需要进行检验的数值	检测对象如果是"#N/A"以外的错误值时，则返回逻辑值 TRUE；如果不是"#N/A"以外的错误值，则返回逻辑值 FALSE。"#N/A"以外的错误值有：#VALUE!、#NAME?、#NUM!、#REF!、#DIV/0 和 #NULL!

● 函数练兵：**判断销售对比值是否为除了"#N/A"以外的错误值**

下面将使用ISERR函数判断两月销售对比数据是否为除了"#N/A"以外的错误值，是就返回TRUE，否则返回FALSE。

① 选择E2单元格，输入公式"=ISERR(D2)"。

② 将公式向下填充，即可返回逻辑值判断结果。

函数 16 ISERROR
——检测一个值是否为错误值

语法格式：=ISERROR(value)
语法释义：=ISERROR(值)
参数说明：

参数	性质	说明	参数的设置原则
value	必需	表示用于检测是否为错误值的数据	检测对象如果为错误值，返回逻辑值TRUE；如果不是错误值，返回逻辑值FALSE。错误值有7种，分别是：#N/A、#VALUE!、#NAME?、#NUM!、#REF!、#DIV/0！ 和 #NULL!

● 函数练兵：**判断销售对比值是否为错误值**

下面将使用ISERROR函数判断两月销售对比数据是否为任意类型的错误值，是错误值就返回TRUE，否则返回FALSE。

① 选择E2单元格，输入公式"=ISERROR(D2)"。

② 将公式向下填充，即可返回逻辑值判断结果。

函数 17 N

——将参数中指定的不是数值形式的值转换为数值形式

语法格式：=N(value)

语法释义：=N(值)

参数说明：

参数	性质	说明	参数的设置原则
value	必需	表示需要转换为数值的值	可以转换的数据类型包括数字、日期、逻辑值、错误值以及文本

不同数据类型所对应的返回值见下表。

数据类型	返回值
数字	数字
日期	该日期的序列号
逻辑值 TRUE	1
逻辑值 FALSE	0
错误值	错误值
文本	0

● 函数练兵：**将录入不规范的销售数量转换成0**

下面将使用N函数将文本型的销售数量转换成数字0显示。

① 选择E2单元格，输入公式"=N(D2)"。

② 将公式向下填充，D列中的文本型数据随即被转换成数字0显示。数值型数据不会发生变化。

	A	B	C	D	E	F
1	销售日期	商品名称	单价	数量	数量转换	
2	2021/9/19	果粒酸奶	10	15	15	
3	2021/9/19	麦香鲜奶	9	20杯	0	
4	2021/9/19	元气仙桃汁	8	18	18	
5	2021/9/19	玫瑰气泡水	8	10	10	
6	2021/9/19	蜜桃啵啵	10	十	0	
7	2021/9/19	巧克力撞奶	8	25	25	
8	2021/9/19	炭烧咖啡	5	15袋	0	
9	2021/9/19	草莓圣代	7	30	30	
10	2021/9/19	蓝莓圣代	7	17	17	
11					②	

💡 提示：文本型的数字也被作为文本处理，直接转换成数字0。

E5 | × ✓ fx | =N(D5)

	A	B	C	D	E	F
1	销售日期	商品名称	单价	数量	数量转换	
2	2021/9/19	果粒酸奶	10	15	15	
3	2021/9/19	麦香鲜奶	9	20杯	0	
4	2021/9/19	元气仙桃汁	8	18	18	
5	2021/9/19	玫瑰气泡水	8	10	0	
6	2021/9/19	蜜桃啵啵	10	十	0	
7	2021/9/19	巧克力撞奶	8	25	25	

← 文本型的数字被转换成0

💡 提示：在其他电子表格程序中输入的数据不能正确转换为数值时，如果还按原样制作公式，则返回错误值"#VALUE!"。此时，可以使用N函数将它转换为数值，则避免了错误值的产生。N函数是为了确保和其他电子表格程序兼容而准备的函数。

函数 18 NA

——返回错误值"#N/A"

语法格式：=NA()

该函数中没有参数，但必须有()。小括号中如果输入参数，则返回错误信息。

NA函数返回错误值"#N/A"。它是ISNA函数的检测结果或作为其他函数的参数使用。在没有内容的单元格中输入"#N/A"，可以避免不小心将空白单元格计算在内而产生的问题。Excel中的NA函数是为了确保和其他电子表格程序兼容而准备的函数。

● 函数练兵：**强制返回错误值"#N/A"**

使用NA函数可以在单元格中返回"#N/A"类型的错误值。

在任意单元格中输入公式"=NA()"，按下"Enter"键，即可返回一个"#N/A"错误值。

💡

提示：如果在单元格内直接输入"#N/A"，也会得到和NA函数相同的结果。

| A2 | ▼ | ⋮ | ✕ | ✓ | fx | =NA() |

	A	B	C
1	返回#N/A错误值		
2	#N/A		
3			

● 函数组合应用：**NA+COUNTIF+SUMIF——作为其他函数的参数**

NA函数可以作为其他函数的参数使用。例如下面的例子，NA函数作为COUNTIF函数和SUMIF函数的参数。

Step01：
统计"#N/A"出现的次数

① 选择C13单元格，输入公式"=COUNTIF(C2:C11,NA())"。
② 按下"Enter"键即可统计出C2:C11单元格区域内"#N/A"错误值出现的次数。

| C13 | ▼ | ⋮ | ✕ | ✓ | fx | =COUNTIF(C2:C11,NA()) ❶ |

	A	B	C	D	E
1	日期	尺寸代码	尺寸名称	数量	
2	2021/8/12	1	L	30	
3	2021/8/13	3	M	24	
4	2021/8/14	4	#N/A	40	
5	2021/8/15	2	XL	34	
6	2021/8/16	4	S	18	
7	2021/8/17	1	#N/A	32	
8	2021/8/18	5	K	43	
9	2021/8/19	3	M	26	
10	2021/8/20	3	#N/A	31	
11	2021/8/21	5	#N/A	28	
12					
13	发生#N/A错误值的次数		4	❷	
14	发生#N/A错误值的数量				
15					

C14	▼	:	✕ ✓	fx	=SUMIF(C2:C11,NA(),D2:D11) ❸

◢	A	B	C	D	E
1	**日期**	**尺寸代码**	**尺寸名称**	**数量**	
2	2021/8/12	1	L	30	
3	2021/8/13	3	M	24	
4	2021/8/14	4	#N/A	40	
5	2021/8/15	2	XL	34	
6	2021/8/16	4	S	18	
7	2021/8/17	1	#N/A	32	
8	2021/8/18	5	K	43	
9	2021/8/19	3	M	26	
10	2021/8/20	3	#N/A	31	
11	2021/8/21	5	#N/A	28	
12					
13	发生#N/A错误值的次数		4		
14	发生#N/A错误值的数量		131 ❹		
15					

Step02：

统计"#N/A"对应的数量总和

③ 选择C14单元格，输入公式 "=SUMIF(C2:C11,NA(),D2:D11)"。

④ 按下"Enter"键，统计出"#N/A"错误值所对应的数量的总和。

扫码观看
本章视频

第 **10** 章

数据库函数的应用

数据库函数可以提取满足给定条件的记录，然后返回数据库的列中满足指定条件数据的和或平均值。下面将对数据库函数的类型、参数的构成和含义以及使用方法进行介绍。

数据库函数速查表

数据库函数的类型及作用见下表。

函数	作用
DAVERAGE	对列表或数据库中满足指定条件的记录字段（列）中的数值求平均值
DCOUNT	返回列表或数据库中满足指定条件的记录字段（列）中包含数字的单元格的个数
DCOUNTA	返回列表或数据库中满足指定条件的记录字段（列）中的非空单元格的个数
DGET	从列表或数据库的列中提取符合指定条件的单个值
DMAX	返回列表或数据库中满足指定条件的记录字段（列）中的最大数字
DMIN	返回列表或数据库中满足指定条件的记录字段（列）中的最小数字
DPRODUCT	返回列表或数据库中满足指定条件的记录字段（列）中的数值的乘积
DSTDEV	返回利用列表或数据库中满足指定条件的记录字段（列）中的数字作为一个样本估算出的总体标准偏差
DSTDEVP	返回利用列表或数据库中满足指定条件的记录字段（列）中的数字作为样本总体计算出的总体标准偏差
DSUM	对列表或数据库中符合条件的记录的字段列中的数字求和
DVAR	利用列表或数据库中满足指定条件的记录字段（列）中的数字作为一个样本估算出的总体方差
DVARP	通过使用列表或数据库中满足指定条件的记录字段（列）中的数字计算样本总体的样本总体方差

数据库函数具有以下3个共同特点：

① 每个函数均有3个参数：database、field和criteria，这些参数指向函数所使用的工作表区域。

② 除了GETPIVOTDATA函数之外，其余函数都以字母D开头。

③ 如果将字母D去掉，可以发现其实大多数数据库函数已经在Excel的其他类型函数中出现过了。例如，将DMAX函数中的D去掉的话，就是求最大值的函数MAX。

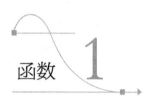

函数 1 DMAX

——求数据库中满足给定条件的记录字段中的最大值

语法格式：=DMAX(database,field,criteria)

语法释义：=DMAX(数据库区域,操作域,条件)

参数说明：

参数	性质	说明	参数的设置原则
database	必需	表示构成列表或数据库的单元格区域	数据库是包含一组相关数据的列表，其中包含相关信息的行为记录，而包含数据的列为字段。列表的第一行包含每一列的标签
field	必需	表示指定函数所使用的列	可以使用列标题，列标题必须输入在双引号中，或代表列表中列位置的数字，第一列用数组1表示，第二列用数字2表示，以此类推
criteria	必需	表示包含所指定条件的单元格区域	可以指定任意区域，只要此区域包含至少一个列标签，并且列标签下至少有一个在其中为列指定条件的单元格

● 函数练兵：**求不同职务的最高月薪**

下面将使用DMAX函数求出不同职务的最高月薪。

Step01：
输入公式

① 选择E3单元格，输入公式"=DMAX($A$1:$C$16,$C$1, E1:E2)"。

② 向右拖动E3单元格填充柄。

> 特别说明：本例公式也可写作 "=DMAX($A$1:$C$16," 月　薪 ",E1:E2)" 或 "=DMAX($A$1:$C$16,3,E1:E2)"。

	A	B	C	D	E	F	G	H	I
	姓名	职务	月薪		职务	职务	职务	职务	
	嘉怡	主管	5800		部长	经理	主管	组长	
	李美	经理	6200		8300				
	吴晓	组长	4600						
	赵博	部长	8300						
	陈丹	主管	5300						
	李佳	主管	6000						
	陆仟	部长	7600						
	王鑫	主管	5100						
	姜雪	经理	6300						
	李斯	组长	4300						
	孙尔	组长	3200						
	刘铭	主管	5800						
	赵贤	部长	6500						
	薛策	组长	4800						
	宋晖	组长	6200						

Step02：
填充公式

③ 拖动到H3单元格后松开鼠标，即可从工资表中提取出对应职务的最高工资。

fx =DMAX($A$1:$C$16,$C$1,E1:E2)

	A	B	C	D	E	F	G	H	I
	姓名	职务	月薪		职务	职务	职务	职务	
	嘉怡	主管	5800		部长	经理	主管	组长	
	李美	经理	6200		8300	6300	6000	6200	
	吴晓	组长	4600						
	赵博	部长	8300						
	陈丹	主管	5300						
	李佳	主管	6000						
	陆仟	部长	7600						
	王鑫	主管	5100						
	姜雪	经理	6300						
	李斯	组长	4300						
	孙尔	组长	3200						
	刘铭	主管	5800						
	赵贤	部长	6500						
	薛策	组长	4800						
	宋晖	组长	6200						

函数 2 DMIN
——求选择的数据库条目满足指定条件的最小值

语法格式：=DMIN(database,field,criteria)

语法释义：=DMIN(数据库区域 , 操作域 , 条件)

参数说明：

参数	性质	说明	参数的设置原则
database	必需	表示构成列表或数据库的单元格区域	数据库是包含一组相关数据的列表，其中包含相关信息的行为记录，而包含数据的列为字段。列表的第一行包含着每一列的标志项

参数	性质	说明	参数的设置原则
field	必需	用于指定函数所使用的数据列	可以是文本,即两端带引号的标志项,也可以是代表列表中数据列位置的数字,1表示第一列,2表示第二列,依次类推
criteria	必需	表示一组包含给定条件的单元格区域	可以为该参数指定任意区域,只要它至少包含一个列标志和列标志下方用于设定条件的单元格

● 函数练兵: **计算指定职务的最低月薪**

下面将使用DMIN函数从月薪记录表中提取不同职务的最低月薪。

| E3 | ▼ | : | × | ✔ | fx | =DMIN($A$1:$C$16,"月薪",E1:E2) |

	A	B	C	D	E	F	G	H	I
1	姓名	职务	月薪		职务	职务	职务	职务	
2	嘉怡	主管	5800		部长	经理	主管	组长	
3	李美	经理	6200		6500	6200	5100	3200	
4	吴晓	组长	4600						
5	赵博	部长	8300						
6	陈丹	主管	5300						
7	李佳	主管	6000						
8	陆仟	部长	7600						
9	王鑫	主管	5100						
10	姜雪	经理	6300						
11	李斯	组长	4300						
12	孙尔	组长	3200						
13	刘铭	主管	5800						
14	赵贤	部长	6500						
15	薛策	组长	4800						
16	宋晖	组长	6200						
17									

① 选择F3单元格,输入公式"=DMIN($A$1:$C$16,"月薪",E1:E2)",按下"Enter"键,返回"部长"的最低月薪。

② 再次选择E3单元格,按住该单元格的填充柄,向右侧拖动,拖动到H3单元格时松开鼠标,即可提取出其他职务的最低月薪。

函数 **3** # DAVERAGE

——求选择的数据库条目的平均值

语法格式: =DAVERAGE(database,field,criteria)

语法释义: =DAVERAGE(数据库区域,操作域,条件)

参数说明:

参数	性质	说明	参数的设置原则
database	必需	表示构成列表或数据库的单元格区域	数据库是包含一组相关数据的列表,其中包含相关信息的行为记录,而包含数据的列为字段。列表的第一行包含每一列的标签

参数	性质	说明	参数的设置原则
field	必需	指定函数所使用的数据列	可以使用列标题，列标题必须输入在双引号中，或代表列表中列位置的数字，第一列用数组 1 表示，第二列用数字 2 表示，以此类推
criteria	必需	表示一组包含给定条件的单元格区域	可以是任意区域，区域中至少包含一个列标签，并且列标签下方包含至少一个用于指定条件的单元格

● 函数练兵： **根据指定条件求平均年龄、身高和体重**

下面将使用DAVERAGE函数根据指定条件计算平均年龄、身高以及体重。

Step01：
输入公式

① 在条件区域中输入"性别"为"男"。

② 分别在E14、E15、E16单元格中输入公式：

"=DAVERAGE(A5:E13,"年龄",A2:D3)"；

"=DAVERAGE(A5:E13,"身高",A2:D3)"；

"=DAVERAGE(A5:E13,"体重",A2:D3)"；

计算出男性的平均年龄、身高以及体重。

Step02：
修改条件

③ 在条件区域中修改条件为：性别"女"、身高">160"、体重">60"。

④ 单元格E14、E15以及E16中的公式随即根据新设定的条件自动重新计算。

提示：DAVERAGE函数的第二参数也可直接引用标题或设置为要求平均值的标题在列表中的列数。例如：求平均年龄的公式"=DAVERAGE(A5:E13,"年龄",A2:D3)"，也可写作"=DAVERAGE(A5:E13,C5,A2:D3)"或"=DAVERAGE(A5:E13,3,A2:D3)"。

DCOUND

函数 **4**

——求数据库的列中满足指定条件的单元格个数

语法格式：=DCOUNT(database,field,criteria)

语法释义：=DCOUNT(数据库区域,操作域,条件)

参数说明：

参数	性质	说明	参数的设置原则
database	必需	表示构成列表或数据库的单元格区域	也可以是单元格区域的名称。数据库是包含一组相关数据的列表，其中包含相关信息的行为记录，而包含数据的列为字段。列表的第一行包含着每一列的标志项
field	必需	指定函数所使用的数据列。列表中的数据列必须在第一行具有标志项	field 可以是文本，即两端带引号的标志项，如"使用年数"或"产量"。此外，field 也可以是代表列表中数据列位置的数字：1 表示第一列，2 表示第二列
criteria	必需	表示一组包含给定条件的单元格区域	可以为参数 criteria 指定任意区域，只要它至少包含一个列标志和列标志下方用于设定条件的单元格。而且在检索条件中除使用比较演算符或通配符外，在相同行内表述检索条件时，需设置 AND 条件，而在不同行内表述检索条件时，需设置 OR 条件

● 函数练兵：**计算职务为组长、月薪在4000元以上的人员数量**

下面将使用DCOUNT函数计算职务为组长且基本工资大于4000元的信息数量。

F4	▼	:	×	✓	fx	=DCOUNT(A1:C16,C1,E1:F2) ①

▲	A	B	C	D	E	F	G
1	姓名	职务	基本工资		职务	基本工资	
2	嘉怡	主管	5800		组长	>4000	
3	李美	经理	6200				
4	吴晓	组长	4600		人数	4	
5	赵博	部长	8300			②	
6	陈丹	主管	5300				
7	李佳	主管	6000				
8	陆仟	部长	7600				
9	王鑫	主管	5100				
10	姜雪	经理	6300				
11	李斯	组长	4300				
12	孙尔	组长	3200				
13	刘铭	主管	5800				
14	赵贤	部长	6500				
15	薛策	组长	4800				
16	宋晖	组长	6200				
17							

① 选择F4单元格，输入公式"=DCOUNT(A1:C16,C1,E1:F2)"。

② 按"Enter"键，即可计算出职务为"组长"且基本工资"大于4000"的人数。

F4 | : | × | ✓ | fx | =DCOUNT(A1:C16,,E1:F2)

忽略field参数

	A	B	C	D	E	F	G
1	姓名	职务	基本工资		职务	基本工资	
2	聂怡	主管	5800		组长	>4000	
3	李美	经理	6200				
4	吴晓	组长	4600		人数	4	
5	赵博	部长	8300				
6	陈丹	主管	5300				
7	李佳	主管	6000				
8	陆仟	部长	7600				
9	王鑫	主管	5100				
10	姜雪	经理	6300				
11	李斯	组长	4300				
12	孙尔	组长	3200				
13	刘铭	主管	5800				
14	赵贤	部长	6500				
15	薛策	组长	4800				
16	宋晖	组长	6200				
17							

提示：
① 用 COUNTIF 函数也可以计算区域中满足给定条件的单元格个数，但 COUNTIF 函数不能带多个条件。求满足多个条件下的结果，使用数据库函数。DCOUNT 函数可以求满足多个给定条件的单元格个数。
② 如果省略参数 field，会自动检索满足条件的记录个数。但是需要注意，分隔参数的逗号不能省略，否则将弹出"你为此函数输入的的参数太少"的提示内容。

函数 **5** **DCOUNTA**

——求数据库的列中满足指定条件的非空单元格个数

语法格式：=DCOUNTA(database,field,criteria)
语法释义：=DCOUNTA(数据库区域,操作域,条件)
参数说明：

参数	性质	说明	参数的设置原则
database	必需	表示构成列表或数据库的单元格区域	也可以是单元格区域的名称。数据库是包含一组相关数据的列表，其中包含相关信息的行为记录，而包含数据的列为字段。列表的第一行包含着每一列的标志项
field	必需	指定函数所使用的数据列。列表中的数据列必须在第一行具有标志项	field 可以是文本，即两端带引号的标志项，如"使用年数"或"产量"。此外，field 也可以是代表列表中数据列位置的数字：1 表示第一列，2 表示第二列
criteria	必需	表示一组包含给定条件的单元格区域	可以为参数 criteria 指定任意区域，只要它至少包含一个列标志和列标志下方用于设定条件的单元格。而且在检索条件中除使用比较演算符或通配符外，在相同行内表述检索条件时，需设置 AND 条件，而在不同行内表述检索条件时，需设置 OR 条件

第 10 章
数据库函数的应用

● 函数练兵：**分别统计所男性和女性的人数**

下面将使用DCOUNTA函数根据原始表格数据以及条件区域分别统计男性和女性的人数。

Step01：

输入公式统计男性人数

① 选择F5单元格，输入公式"=DCOUNTA($A$1:$D$11,$C$1,F1:F2)"，按下"Enter"键，计算出所有男性的人数；

Step02：

填充公式统计女性人数

② 再次选中F5单元格，将公式向右填充一个单元格，统计出所有女性人数。

> 提示： 如果在参数中指定field，DCOUNT函数是计算数值的个数，DCOUNTA函数是计算非空白单元格的个数。如果参数field所在的列中包含文本，两函数的计算结果不同。

函数 6 # DGET

——求满足条件的唯一记录

语法格式： =DGET(database,field,criteria)

语法释义： =DGET(数据库区域,操作域,条件)

参数说明:

参数	性质	说明	参数的设置原则
database	必需	表示构成列表或数据库的单元格区域	也可以是单元格区域的名称。数据库是包含一组相关数据的列表,其中包含相关信息的行为记录,而包含数据的列为字段。列表的第一行包含着每一列的标志项
field	必需	指定函数所使用的数据列。列表中的数据列必须在第一行具有标志项	field 可以是文本,即两端带引号的标志项,如"使用年数"或"产量"。此外,field 也可以是代表列表中数据列位置的数字:1 表示第一列,2 表示第二列
criteria	必需	表示一组包含给定条件的单元格区域	可以为参数 criteria 指定任意区域,只要它至少包含一个列标志和列标志下方用于设定条件的单元格。而且在检索条件中除使用比较运算符或通配符外,如果在相同行内表述检索条件时,需设置 AND 条件,而在不同行内表述检索条件时,需设置 OR 条件

● 函数练兵: 提取指定区域业绩最高的员工姓名

使用DMAX函数先提取出指定区域的最高业绩,再使用DGET根据提取出的业绩继续提取对应的员工姓名。

Step01:

提取广州地区的最高业绩

① 选择F3单元格,输入公式 "=DMAX(A1:C13,C1,E2:E3)", 按下"Enter"键,返回广州区域的最高业绩;

Step02:

提取广州地区业绩最高的员工姓名

② 选择G3单元格,输入公式 "=DGET(A1:C13,A1,F2:F3)", 按下"Enter"键,即可提取出对指定区域和业绩所对应的姓名。

第 10 章
数据库函数的应用

407

返回错误值

存在两个相同的最大值

函数 7 DSTDEV

——求数据库列中满足指定条件数值的样本标准偏差

语法格式: =DSTDEV(database,field,criteria)

语法释义: =DSTDEV(数据库区域,操作域,条件)

参数说明:

参数	性质	说明	参数的设置原则
database	必需	表示构成列表或数据库的单元格区域	也可以是单元格区域的名称。数据库是包含一组相关数据的列表,其中包含相关信息的行为记录,而包含数据的列为字段。列表的第一行包含着每一列的标志项
field	必需	指定函数所使用的数据列。列表中的数据列必须在第一行具有标志项	field 可以是文本,即两端带引号的标志项,如 "使用年数" 或 "产量"。此外,field 也可以是代表列表中数据列位置的数字:1 表示第一列,2 表示第二列
criteria	必需	表示一组包含给定条件的单元格区域	可以为参数 criteria 指定任意区域,只要它至少包含一个列标志和列标志下方用于设定条件的单元格。而且在检索条件中除使用比较运算符或通配符外,在相同行内表述检索条件时,需设置 AND 条件,而在不同行内表述检索条件时,需设置 OR 条件

● 函数练兵: **求女性体重的样本标准偏差**

下面将使用DSTDEV函数根据给定的样本数据以及条件计算女性体重的标准偏差。

① 选择E14单元格，输入公式"=DSTDEV(A5:E13,E5,A2:D3)"。
② 按"Enter"键即可计算出女性体重的标准偏差。

E14			fx	=DSTDEV(A5:E13,E5,A2:D3) ①	
	A	B	C	D	E	F
1	条件					
2	性别	年龄	身高	体重		
3	女					
4						
5	姓名	性别	年龄	身高	体重	
6	陈芳	女	18	159	55	
7	梁静	女	22	162	60	
8	李闯	男	31	177	77	
9	张瑞	男	21	180	81	
10	陈霞	女	25	165	65	
11	钟馗	男	28	173	66	
12	刘丽	女	19	157	70	
13	赵乐	女	29	166	59	
14	女性体重标准偏差				5.8051701 ②	
15						

提示:
① 当满足条件的记录只有一个时，数据个数为1，根据上面的公式，则公式的分母变为0，所以返回错误值"#DIV/0!"。此时，必须修改检索条件。
② 使用STDEV函数也能计算样本的标准偏差。但是STDEV函数如果是带条件，则不能计算样本的标准偏差。如果带有检索条件，并求满足各种检索条件的结果，则需使用数据库函数。

E14			fx	=DSTDEV(A5:E13,E5,A2:D3)	
	A	B	C	D	E	F
1	条件					
2	性别	年龄	身高	体重		
3	女					
4						
5	姓名	性别	年龄	身高	体重	
6	陈芳	女	18	159	55	
7	梁静	男	22	162	60	
8	李闯	男	31	177	77	
9	张瑞	男	21	180	81	
10	陈霞	男	25	165	65	
11	钟馗	男	28	173	66	
12	刘丽	男	19	157	70	
13	赵乐	男	29	166	59	
14	女性体重标准偏差				#DIV/0!	
15						

只包含一个女性 →

公式返回错误值 →

第10章

DSTDEVP

——将满足指定条件的数字作为
样本总体，计算标准偏差

语法格式：=DSTDEVP(database,field,criteria)

语法释义：=DSTDEVP(数据库区域,操作域,条件)

参数说明：

参数	性质	说明	参数的设置原则
database	必需	表示构成列表或数据库的单元格区域	也可以是单元格区域的名称。数据库是包含一组相关数据的列表，其中包含相关信息的行为记录，而包含数据的列为字段。列表的第一行包含着每一列的标志项
field	必需	指定函数所使用的数据列。列表中的数据列必须在第一行具有标志项	field 可以是文本，即两端带引号的标志项，如"使用年数"或"产量"。此外，field 也可以是代表列表中数据列位置的数字：1 表示第一列，2 表示第二列
criteria	必需	表示一组包含给定条件的单元格区域	可以为参数 criteria 指定任意区域，只要它至少包含一个列标志和列标志下方用于设定条件的单元格。而且在检索条件中除使用比较演算符或通配符外，在相同行内表述检索条件时，需设置 AND 条件，而在不同行内表述检索条件时，需设置 OR 条件

● 函数练兵： **求20岁以上女性体重的标准偏差**

下面将使用DSTDEVP函数根据给定的样本数据以及条件计算20岁以上女性体重的标准偏差。

E14	▼	:	× ✓ fx	=DSTDEVP(A5:E13,E5,A2:D3) ①	
▲	A	B	C	D	E	F

	A	B	C	D	E	F
1	条件					
2	性别	年龄	身高	体重		
3	女	>20				
4						
5	姓名	性别	年龄	身高	体重	
6	陈芳	女	18	159	55	
7	梁静	女	22	162	60	
8	李闯	男	31	177	77	
9	张瑞	男	21	180	81	
10	陈霞	女	25	165	65	
11	钟馗	男	28	173	66	
12	刘丽	女	19	157	70	
13	赵乐	女	29	166	59	
14	20岁以上女性体重标准偏差				2.6246693	
15					②	

① 选择E14单元格，输入公式
"=DSTDEVP(A5:E13,E5,A2:D3)"，
② 按"Enter"键即可计算出大于
20岁的女性体重标准偏差。

提示：

① 当满足条件的记录只有一个时，与DSTDEV函数不同，DSTDEVP不返回错误值"#DIV/0!"。只有一个数据时，平均值与该数据相同，标准偏差的结果即是无偏差，为0。所以提取结果只有一个记录时，不能求它的标准偏差。此时需要改变检索条件，提取多个记录。

② 使用STDEVP函数也能求标准偏差。但是如果带有条件，则STDEVP函数不能求它的标准偏差。如果带有检索条件，并且求满足各种检索条件的结果，需使用数据库函数DSTDEVP。

函数 9 DVAR
——将满足指定条件的数字作为一个样本，估算样本总体的方差

语法格式：=DVAR(database,field,criteria)
语法释义：=DVAR(数据库区域,操作域,条件)
参数说明：

参数	性质	说明	参数的设置原则
database	必需	表示构成列表或数据库的单元格区域	也可以是单元格区域的名称。数据库是包含一组相关数据的列表，其中包含相关信息的行为记录，而包含数据的列为字段。列表的第一行包含着每一列的标志项
field	必需	指定函数所使用的数据列。列表中的数据列必须在第一行具有标志项	field 可以是文本，即两端带引号的标志项，如"使用年数"或"产量"。此外，field 也可以是代表列表中数据列位置的数字：1 表示第一列，2 表示第二列
criteria	必需	表示一组包含给定条件的单元格区域	可以为参数 criteria 指定任意区域，只要它至少包含一个列标志和列标志下方用于设定条件的单元格。而且在检索条件中除使用比较演算符或通配符外,在相同行内表述检索条件时，需设置 AND 条件，而在不同行内表述检索条件时，需设置 OR 条件

● 函数练兵：**求年满25岁的所有人员的年龄方差**

下面将根据定的样本数据以及条件计算年龄满25岁的所有人员的年龄方差。

E14		▼	:	× ✓ fx	=DVAR(A5:E13,C5,A2:D3)

	A	B	C	D	E	F
1			条件			
2	性别	年龄	身高	体重		
3		>=25				
4						
5	姓名	性别	年龄	身高	体重	
6	陈芳	女	18	159	55	
7	梁静	女	22	162	60	
8	李闯	男	31	177	77	
9	张瑞	男	21	180	81	
10	陈霞	女	25	165	65	
11	钟馗	男	28	173	66	
12	刘丽	女	19	157	70	
13	赵乐	女	29	166	59	
14	年龄满25岁，所有人员的年龄偏差				6.25	
15					②	

① 选择E14单元格，输入公式"=DVAR(A5:E13,C5,A2:D3)"。

② 按"Enter"键，即可求出年龄满25岁的所有人员的年龄偏差。

提示：

① 当满足条件的记录只有一个时，数据个数为1，根据上面的公式，则公式的分母变为0，所以返回错误值"#DIV/0!"。此时，必须修改检索条件。

② 计算方差，也可使用VAR函数。但是如果带有条件，则VAR函数不能求它的方差。如果带有检索条件，并且求满足各种检索条件的结果，需使用数据库中的DVAR函数。

函数 10 DVARP
——将满足指定条件的数字作为样本总体，计算总体方差

语法格式：=DVARP(database,field,criteria)

语法释义：=DVARP(数据库区域,操作域,条件)

参数说明：

参数	性质	说明	参数的设置原则
database	必需	表示构成列表或数据库的单元格区域	也可以是单元格区域的名称。数据库是包含一组相关数据的列表，其中包含相关信息的行为记录，而包含数据的列为字段。列表的第一行包含着每一列的标志项
field	必需	指定函数所使用的数据列。列表中的数据列必须在第一行具有标志项	field可以是文本，即两端带引号的标志项,如"使用年数"或"产量"。此外，field也可以是代表列表中数据列位置的数字：1表示第一列，2表示第二列

参数	性质	说明	参数的设置原则
criteria	必需	表示一组包含给定条件的单元格区域	可以为参数 criteria 指定任意区域，只要它至少包含一个列标志和列标志下方用于设定条件的单元格。而且在检索条件中除使用比较演算符或通配符外，在相同行内表述检索条件时，需设置 AND 条件，而在不同行内表述检索条件时，需设置 OR 条件

● 函数练兵： **计算年满25岁的男性的年龄方差**

下面将根据定的样本数据以及条件计算年龄满25岁的男性的年龄方差。

① 选择E14单元格，输入公式"=DVARP(A5:E13,C5,A2:D3)"。② 按下"Enter"键，计算出年满25岁的男性的年龄方差。

 提示：

① 当满足条件的记录只有一个时，与DVAR函数一样，DVARP不返回错误值"#DIV/0!"。只有一个数据时，平均值与该数据相同，方差结果为0。所以提取结果只有一个记录时，不能求它的方差。此时需要改变检索条件，提取多个记录。

② 使用VARP函数也能求方差。但是如果带有检索条件，则VARP函数不能求方差。如果带检索条件，且需要求满足各种检索条件的结果，需使用数据库函数DVAR。

函数 11 DSUM
——求数据库的列中满足指定条件的数字之和

语法格式：=DSUM(database,field,criteria)

语法释义：=DSUM(数据库区域,操作域,条件)

 第10章 数据库函数的应用 **413**

参数说明：

参数	性质	说明	参数的设置原则
database	必需	表示构成列表或数据库的单元格区域	也可以是单元格区域的名称。数据库是包含一组相关数据的列表，其中包含相关信息的行为记录，而包含数据的列为字段。列表的第一行包含着每一列的标志项
field	必需	指定函数所使用的数据列。列表中的数据列必须在第一行具有标志项	field 可以是文本，即两端带引号的标志项，如"使用年数"或"产量"。此外，field 也可以是代表列表中数据列位置的数字：1 表示第一列，2 表示第二列
criteria	必需	表示一组包含给定条件的单元格区域	可以为参数 criteria 指定任意区域，只要它至少包含一个列标志和列标志下方用于设定条件的单元格。而且在检索条件中除使用比较演算符或通配符外，在相同行内表述检索条件时，需设置 AND 条件，而在不同行内表述检索条件时，需设置 OR 条件

● 函数练兵 1： **求指定的多个销售区域的业绩总和**

下面将根据销售样本数据和条件，对广州和上海两个区域的销售业绩进行求和。

① 选择F3:F4 区域的合并单元格，输入公式"=DSUM(A1:C13,C1,E2:E4)"。
② 按"Enter"键，即可计算出指定的两个区域的业绩总和。

提示：求满足条件的数字的和时，也可使用SUMIF 函数。但是，SUMIF 函数只能指定一个检索条件。数据库函数是在工作表的单元格内输入检索条件，所以可同时指定多个条件。

● 函数练兵 2： **使用通配符计算消毒类防护用品的销售总额**

检查条件不清楚时，可以使用通配符进行模糊查找。下面将使用通配符设置条件，然后用DSUM函数计算消毒类病毒防护用品的销售总额。

① 选择B13单元格，输入公式"=DSUM(A2:B11,B2,D2:D3)"。

② 按"Enter"键，即可计算出包含"消毒"两个字的商品的月销售总额。

B13	▼	:	× ✓ fx	=DSUM(A2:B11,B2,D2:D3) ❶

▲	A	B	C	D	E
1	数据库区域			条件区域	
2	商品名称	月销售额		商品名称	
3	一次性普通医用口罩	¥5,800.00		*消毒*	
4	一次性医用防护口罩	¥9,200.00			
5	一次性医用外科口罩	¥6,700.00			
6	75%消毒酒精	¥3,200.00			
7	酒精消毒湿巾	¥1,800.00			
8	免洗消毒洗手液	¥900.00			
9	消毒喷雾剂	¥2,300.00			
10	红外线体温枪	¥750.00			
11	防护手套	¥300.00			
12					
13	消毒类商品销售总额	¥8,200.00			
14			❷		

提示："*"是通配符，表示任意个数的字符。"*消毒*"表示"消毒"两个字的前面和后面可以有任意数量的字符，即条件为包含"消毒"两个字的商品名称。若要修改条件为最后两个字是"口罩"的商品名称，则要使用"*口罩"。

函数 12 DPRODUCT

——求数据库的列中满足指定条件的数值的乘积

语法格式：=DPRODUCT(database,field,criteria)

语法释义：=DPRODUCT(数据库区域,操作域,条件)

参数说明：

参数	性质	说明	参数的设置原则
database	必需	表示构成列表或数据库的单元格区域	也可以是单元格区域的名称。数据库是包含一组相关数据的列表，其中包含相关信息的行为记录，而包含数据的列为字段。列表的第一行包含着每一列的标志项
field	必需	指定函数所使用的数据列。列表中的数据列必须在第一行具有标志项	field 可以是文本，即两端带引号的标志项，如"使用年数"或"产量"。此外，field 也可以是代表列表中数据列位置的数字：1 表示第一列，2 表示第二列
criteria	必需	表示一组包含给定条件的单元格区域	可以为参数 criteria 指定任意区域，只要它至少包含一个列标志和列标志下方用于设定条件的单元格。而且在检索条件中除使用比较演算符或通配符外，在相同行内表述检索条件时，需设置 AND 条件，而在不同行内表述检索条件时，需设置 OR 条件

● 函数练兵： **计算产能500以上的女装的利润乘积**

　　下面将使用DPRODUCT函数根据样本数据和条件计算产能500以上的女装的利润乘积。

C11	:	× ✓ ƒx	=DPRODUCT(A1:C10,C1,E1:F2) ❶			
▲	A	B	C	D	E	F	G
1	产品	产能	利润		产品	产能	
2	休闲女装	500	2.3		*女装	>500	
3	运动女装	600	2				
4	时尚女装	1000	3				
5	职业女装	300	1.5				
6	男童装	700	2.5				
7	女童装	750	2.5				
8	商务男装	800	4				
9	休闲男装	600	2.6				
10	运动男装	850	3.1				
11	产能500以上的女装的利润乘积		6				
12			❷				

① 选择C11单元格，输入公式"=DPRODUCT(A1:C10,C1,E1:F2)"。

② 按"Enter"键即可求出指定条件下的利润乘积。

第 **11** 章

工程函数的应用

工程函数是用于工程分析的函数，主要应用于计算机、工学、物理等专业领域。工程函数大致可分为三种类型：对复数进行处理的函数，在不同的数字系统间进行数值转换的函数，以及在不同的度量系统中进行数值转换的函数。

为了方便读者学习，将本章内容做成电子版，对工程函数的类型、参数的构成和含义以及使用方法进行介绍。读者可以使用手机扫描二维码，有选择性地进行学习。

扫码观看
本章内容

函数 *1* CONVERT——换算数值的单位

函数 *2* DEC2BIN——将十进制数转换为二进制数

函数 *3* DEC2OCT——将十进制数转换为八进制数

函数 *4* DEC2HEX——将十进制数转换为十六进制数

第
11
章

第 **12** 章

Web 函数的应用

Web 函数是与网络信息有关的函数，通过使用这些函数，能快速获取并过滤出有效的数据内容。

扫码观看
本章内容

为了方便读者学习，将本章内容做成电子版，对 Web 函数的类型、语法格式以及使用方法进行详细介绍。读者可以使用手机扫描二维码，有选择性地进行学习。

函数 1　ENCODEURL——提取 URL 编码的字符串

函数 2　WEBSERVICE——返回 Internet 上的 Web 服务数据

函数 3　FILTERXML——使用指定的 XPath 从 XML 内容返回特定数据